深部软弱煤岩巷道稳定性判别及合理支护选择

吴德义　著

北　京
冶　金　工　业　出　版　社
2018

内容提要

本书在分析巷道表面变形随时间变化以及深部软弱煤岩位移梯度分布特征的基础上，提出以巷道表面变形速度衰减系数以及煤岩位移梯度作为判据对煤岩稳定性进行判别，确定了临界容许值。在分析深部软弱煤岩巷道复合顶板结构面分离机理以及层间离层分布规律的基础上，提出根据层间离层对结构面分离的稳定性进行判别并确定层临界值的方法。通过分析不同巷道支护形式能提供的极限承载力、深部软弱煤岩变形保持稳定所需支护反力以及复合顶板结构面分离保持稳定所需支护反力，确定了深部软弱煤岩巷道的合理支护形式及参数，将其应用于工程实际，取得了预期效果。

本书可供从事采矿工程、矿井建设工程、岩土工程、地下工程等专业的设计及施工人员阅读，也可供高校相关专业的师生参考。

图书在版编目(CIP)数据

深部软弱煤岩巷道稳定性判别及合理支护选择／吴德义著．
—北京：冶金工业出版社，2018.11
ISBN 978-7-5024-7924-4

Ⅰ.①深… Ⅱ.①吴… Ⅲ.①软煤层—巷道—稳定性—研究 ②软煤层—巷道支护—研究 Ⅳ.①TD322 ②TD353

中国版本图书馆 CIP 数据核字(2018)第 237625 号

出 版 人 谭学余
地　　址 北京市东城区嵩祝院北巷 39 号 邮编 100009 电话 (010)64027926
网　　址 www.cnmip.com.cn 电子信箱 yjcbs@cnmip.com.cn
责任编辑 杨 敏 美术编辑 彭子赫 版式设计 禹 蕊
责任校对 郑 娟 责任印制 牛晓波
ISBN 978-7-5024-7924-4
冶金工业出版社出版发行；各地新华书店经销；固安华明印业有限公司印刷
2018 年 11 月第 1 版，2018 年 11 月第 1 次印刷
169mm×239mm；12.25 印张；238 千字；185 页
59.00 元

冶金工业出版社 投稿电话 (010)64027932 投稿信箱 tougao@cnmip.com.cn
冶金工业出版社营销中心 电话 (010)64044283 传真 (010)64027893
冶金书店 地址 北京市东四西大街 46 号(100010) 电话 (010)65289081(兼传真)
冶金工业出版社天猫旗舰店 yjgycbs.tmall.com

前　言

深部软弱煤岩巷道帮部为软弱煤岩，顶板为复合顶板，由于帮部煤岩呈现显著变形及强流变性，顶板产生显著结构面分离，所以选择合理支护保持深部软弱煤岩稳定对于深部煤炭安全高效持续开采至关重要。但目前该类巷道支护还不令人满意，近年来支护成本虽数倍增长，但巷道返修率仍高居不下，冒顶及片帮事故频繁发生。对深部巷道煤岩松动破碎及其机理、复合顶板离层及其机理进行研究，选择合理煤岩稳定性标准及判据、复合顶板结构面离层稳定性及判据，在此基础上选择合理巷道支护形式及支护参数具有重要的工程实用价值。为此，作者与安徽淮北矿业股份有限公司、国投新集能源股份有限公司等大型国有企业合作开展了相关研究，申报了安徽省科技攻关项目“深部矿压综合治理技术研究”并获批，申报了国家自然科学基金项目“深井复合顶板离层分离及稳定性研究”(编号50974001)、“深部煤岩稳定性量化判别研究”(编号51374009)以及“深部煤巷帮部预应力锚索压缩拱合理承载机制及计算理论研究”(编号51674005)并获批，开展了深部软弱煤岩稳定性判别、深部软弱煤岩巷道复合顶板离层稳定性判别研究，以此为基础，确定了深部软弱煤岩巷道合理支护形式及参数选择的一般方法，将其应用于安徽淮南及淮北等矿区工程实际，保证了深部煤炭安全高效开采。本书对深部软弱煤岩变形及巷道复合顶板结构面离层机理进行了研究，其稳定性判据及临界容许值的确定具有学术研究价值。

本书主要由安徽建筑大学吴德义教授根据课题组多年研究成果撰写而成。其中，苏少卿副教授参与了第1章、第2章的撰写，王爱兰讲师参与了第3章~第5章的撰写，周利利讲师参与了第6章、第7章的撰写。

在此，感谢国投新集能源股份有限公司、淮北矿业股份有限公司以及合肥市轨道交通公司提供的现场试验场地，感谢安徽建筑大学建筑健康监测与灾害预防国家地方联合工程实验室提供的实验室实验场地，感谢国家自然科学基金项目（50974001、51374009、51674005）、安徽省自然科学基金项目（1608085ME105）等对研究课题提供的资金资助！

感谢安徽建筑大学专业综合改革试点项目“城市地下空间工程专业综合改革试点”以及校企合作实践教育基地项目“安徽建筑大学与合肥市轨道交通公司实践教育基地”提供的质量工程项目资金资助。

安徽建筑大学有关部门及领导给予作者很多关心和帮助，在此表示感谢！

在本书撰写过程中，参考了有关文献，在此向文献作者表示衷心的感谢！

由于作者水平所限，书中不足之处，恳请广大读者批评指正。

作 者

2018 年 7 月

目　　录

1 绪　论

1.1 研究背景及意义

我国煤炭目前已探明的储量中约53%埋深超过1000m，随着开采规模增大，全国大部分矿区如淮南、淮北、兖州、新汶、开滦、淄博等开采深度均超过800m，部分矿井采深已达到1000~1300m，而深部巷道一般都布置在软弱煤岩中，巷道两帮为软弱煤层，顶板为复合顶板。由于巷道埋置深、两帮煤岩软弱松散破碎以及构造应力存在且常受采动影响，帮部煤岩呈现大变形及强流变性，顶板产生显著结构面分离。巷道帮部大范围松动破碎及显著顶板层间离层引起深部巷道煤岩变形具有明显的分层性，一般情况下首先是两帮煤体被迅速挤出，紧接是强烈地鼓，然后是顶板下沉。因此，选择合理支护保持深部煤岩稳定，对于深部煤炭安全高效持续开采至关重要。

迄今为止，深部开采煤巷煤岩支护效果还不十分令人满意，有资料表明：近年来支护成本虽数倍增长，但巷道返修率仍高达200%，冒顶及片帮事故频繁发生，安全事故率约占矿山主要七类事故的30%以上。因此，对深部巷道煤岩松动破碎及其机理进行研究、复合顶板离层及其机理研究，选择合理煤岩稳定性标准及判据、复合顶板结构面离层稳定性及判据，在此基础上选择合理巷道支护形式及支护参数具有重要的工程实用价值。

1.2 研究现状

1.2.1 深部软弱煤岩巷道帮部煤岩松动破碎变形分析

近年来广大学者和工程技术人员对此进行了广泛研究，逐步认识到：

（1）深部开采软弱煤岩有较大自承载力，煤岩中松动破碎普遍存在，应容许煤岩产生一定范围及程度破碎；

（2）煤岩表面变形主要是由松动圈内破碎煤岩碎胀引起的，支护主要控制煤岩“过度”碎胀，只要煤岩碎胀在容许临界范围内，变形就能保持稳定；

（3）煤岩显著变形破碎不是在巷道开挖后立即产生，而是随时间的增加不断积累，呈现显著流变特点，变形是否稳定、碎胀是否达到容许临界值在开挖巷道初期并不能立即判断，一般需2~3月，有些甚至1~2年。

如图1-1所示，以圆形巷道为例，深部开采煤层巷道周煤形成松动破碎区、塑性软化区、塑性硬化区、弹性区。塑性软化区强度随时间衰减，当衰减至残余强度时，该范围内塑性软化区转化为松动破碎区，松动圈发展主要由塑性软化区转化为松动圈的演化确定。煤压不仅能使应变软化阶段岩石衰减后的残余强度提高[1~8]，而且能阻止塑性软化区向松动区转化，要保持煤岩变形稳定，必须提供足够的煤压保证塑性软化区转化为松动破碎区的范围随时间演化趋于稳定，该煤压大小和松动圈内破碎岩石碎胀显著相关，必须合理确定松动圈内破碎岩石碎胀临界容许值。深部开采支护反力可以显著地控制破碎岩石碎胀，合理的支护反力应控制破碎岩石碎胀在容许碎胀附近。深部开采煤层巷道帮部煤岩表面变形主要由煤岩松动圈内煤岩破碎碎胀引起，煤岩表面容许变形是破碎岩石碎胀达到容许碎胀时的大小，超过临界容许碎胀，煤岩表面变形将处于加速阶段。碎胀主要由松动圈厚度和破碎程度确定[5]，但由于对松动圈厚度和破碎程度缺乏较为“量化”的认识，采用什么指标来定量表达煤岩容许碎胀，深部开采煤岩容许碎胀到底有多大，这些煤岩稳定性“量化”标准的科学问题没有解决，也就不能较为“量化”地选择合理支护形式及参数。这使得目前支护形式及参数选择只能从经验出发，造成安全事故频繁发生。

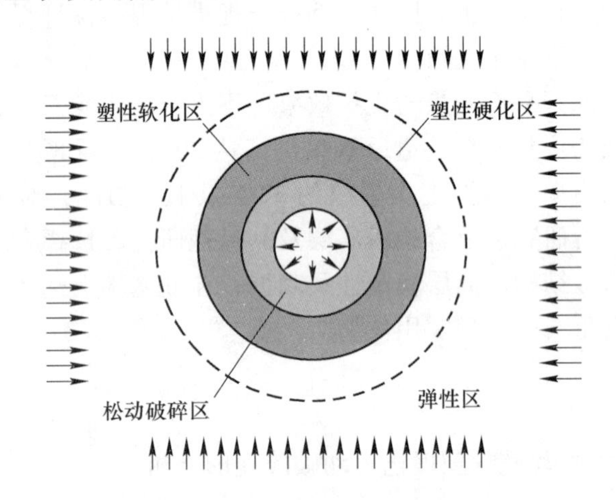

图 1-1 深部巷道煤岩分区示意图

由于煤岩表面变形工程易测，根据煤岩表面变形对煤岩稳定性进行判别有工程实用价值。深部巷道软弱煤岩显著流变，煤岩表面变形是否达到临界容许值必须经过较长时间才能判别，但由于目前对煤岩表面变形与松动破碎关联性以及煤岩变形不同阶段随时间演化相关性认识不够，无法找到和稳定性显著相关的煤岩初期变形特征量作为工程判据对稳定性发展趋势进行早期推断，只能待巷道掘进较长一段距离后，才对煤岩稳定性进行判别，有时不得不进行较大范围返修。

关于煤岩松动破碎变形及随时间演化分析，目前主要采用理论分析、数值模拟及现场实验方法。

分析圆形巷道破碎区及塑性区半径确定方法已有报道，但主要采用静态分析方法；有关文献理论分析得出了圆形巷道煤岩表面变形随时间的演化，但是以煤岩处于塑性体积不可压缩为前提；陈建功、贺虎、张永兴考虑巷道开挖的动力作用，由巷道周边的拉应变确定破碎区及煤岩表面变形随时间的演化，然后根据弹塑性静力分析，确定塑性区半径，但认为煤岩松动圈是由洞壁煤岩的瞬时卸载引起弹性波对煤岩动力作用形成的。目前理论分析得出的解析解是在特殊条件下并作了一定假设得出的，针对目前深部开采煤层巷道复杂条件，很难得出具体解析解，作了简化的结果和工程实际有很大差距，但根据理论分析对煤岩松动破碎变形大小及随时间演化作定性分析具有一定的参考价值。

采用数值模拟方法分析煤岩蠕变及损伤破碎随时间演化已得到广泛应用，常用的 ANSYS 和 FLAC 软件都建立了较为通用的计算模型，但一般多建立在黏弹、黏塑性基础上，对分析深部开采煤岩蠕变及损伤破碎随时间的演化具有一定局限性，应对模型进行修改。深部开采煤岩容许产生非线性大变形，反映煤岩加速蠕变过程，考虑岩石变形损伤、裂纹发生与发展的非线性损伤蠕变数值计算模型可以更充分反映深部开采煤岩蠕变不同阶段变化特点及煤岩裂隙的形成与发展。为此，很多学者如 G. N. Boukharov、M. W. Chanda、佘成学、范庆忠、高延法、李连崇、徐涛卜、唐春安等都进行了该方面研究，计算和工程实测结果吻合较好，取得了令人满意的效果。蠕变参数可以通过实验室实验或工程反演获得，损伤对煤岩蠕变及裂隙形成发展的影响可用损伤因子反映，损伤因子可用不同方法表示。煤岩表面蠕变变形在实验室及现场容易得到。实验室采用扫描电镜法、声发射法以及现场采用钻孔摄像技术可以观测煤岩中裂隙形成、演化过程，可以通过多点位移计测量煤岩中不同位置位移从而判断煤岩松动破碎程度。现场及实验室结果可以对数值计算模型的合理性进行验证。已有研究成果表明：随着建立的数值计算模型与工程实际相符度明显提高，计算精度已能较好符合工程要求。在理论分析基础上，建立合理数值计算模型，选择合理参数，采用数值模拟结合实验室、现场实验及工程实测可以较好分析煤岩松动破碎。本书通过选择合理 FLAC3D 数值计算模型，采用数值模拟方法计算不同条件深部巷道软弱煤岩松动圈厚度及分布，现场实测表明能较好符合工程实际。工程实测由于直接和工程实际结合，测试精度较高。目前，松动圈厚度及破碎程度测试通常有声波法、多点位移计法、地质雷达法等。随着钻孔摄像技术应用，通过获得不同时刻煤岩破碎、裂隙发展范围及程度的数字化岩芯彩色照片，可以对松动圈扩展及煤岩破碎程度随时间的演化进行定量分析，且和传统的声波法比较，测试精度也未降低，现已用于深部煤巷煤岩破碎观测，效果较好。由于深部开采煤岩特别是煤巷煤岩不均匀性，原始裂隙较多，为避免误判，可以采用煤岩裂缝圆形度指标对煤岩松动圈厚度进行判别，采用和煤岩破碎体积碎胀系数显著相关的破碎块度指标对煤岩破碎程度进行分析。采用多点位移计测得煤岩内部不同位置变形，结合拉线法测量巷道表面变形，可以分析距巷道表面不同距离各测点及巷道表面变形随时间的演化，依据经验确定煤岩松动圈厚度及破碎程度随时间的演化。已有研究成果及大量工程实践表明：煤岩失稳破坏是从局部关键部位开始的，为此，必须首先找出巷道断面最易发生失稳的关键部位，分析该部位煤岩松动破碎变形随时间的演化，确定该部位松动圈内破碎岩石碎胀临界容许值。

1.2.2 深部软弱煤岩巷道帮部表面变形随时间演化不同阶段相关性及与松动破碎关联性分析

如图1-2所示，深部软弱煤岩表面变形随时间变化可分为减速阶段、等速阶段和加速阶段。

深部软弱煤岩表面变形主要是由于松动圈内破碎岩石碎胀引起的，煤岩表面变形随时间演化的不同阶段和松动圈厚度、破碎程度随时间的演化显著相关，煤岩表面变形是否出现加速阶段与煤岩碎胀是否达到临界容许碎胀直接相关，但较为定量地分析两者的相关性还未有报道。

已有研究表明：煤岩变形不同阶段显著相关；是否进入加速阶段，与等速阶段变形速度大小即与煤岩二次蠕变速度衰减快慢有较为显著关系，且该阶段和减速阶段变形特征密切相关。可以通过煤岩二次蠕变速度衰减的快慢来判别煤岩稳定性，但目前还未有相关报道。

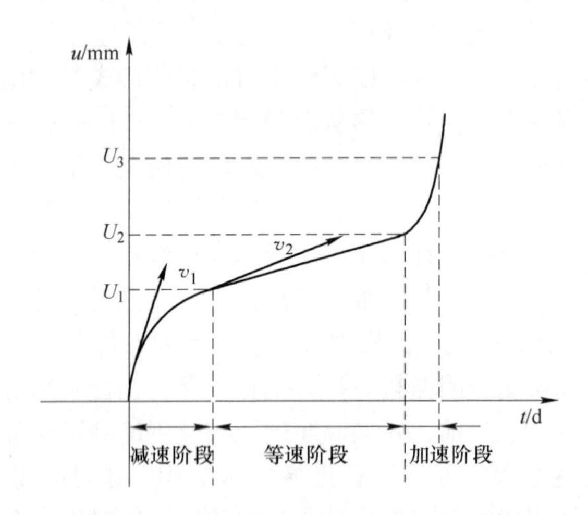

图1-2 深部软弱煤岩表面变形随时间变化的不同阶段

1.2.3 煤岩稳定性标准与预分类及工程判据研究

煤岩松动圈是多种因素共同作用出现于巷道周围的圈层松动体，深部软弱煤岩松动圈普遍存在。董方庭教授等在大量现场和实验研究基础上，认为支护对象是松动圈发展过程中的碎胀变形（碎胀力），提出可以采用工程实测的松动圈厚度对煤岩稳定性进行分类，并依此选择合理支护形式的著名松动圈理论。由于理论直观，操作性强在工程中得到广泛应用，取得了显著效果。但由于煤岩碎胀是松动圈内破碎岩石碎胀累积，应由煤岩松动圈厚度和煤岩破碎程度共同确定，该理论仅以工程实测的松动圈厚度对煤岩稳定性进行分类，并未定量确定煤岩碎胀，支护选择只能是经验与理论参半。当煤岩松动圈厚度和碎胀显著相关时，该理论有较好的适用性；但当巷道埋深超过一定值，随煤矿开采深度进一步增加，松动圈厚度增长十分缓慢，测量误差都可能显著影响测量结果的可靠性，而工程实践表明煤岩碎胀却显著增加，此时用松动圈厚度对煤岩稳定性进行判别已明显不合适。这一点早在1996年靖洪文、董方庭等教授对开滦矿务局赵各庄矿开采深度为343.0～1159.0m不同水平中细粉砂岩巷道煤岩松动圈的实测结果得到证明，对实测数据进行拟合分析，可以看出当原岩应力与岩石抗压强度比值超过一定范围，松动圈厚度几乎不再变化。刘刚、宋宏伟所做数值模拟结果也说明了这一点，其课题组不同埋深煤巷松动圈厚度的工程实测结果与此也基本一致；此时，地应力增加主要使松动圈内岩石破碎程度显著增加，从而使煤岩碎胀显著增加。对于深部软弱煤岩，应选用综合反映松动圈厚度与破碎程度指标来量化松动圈内煤岩碎胀并确定容许值，从查阅资料看，该方面研究还未有报道。基于多点位移计实测巷道煤岩位移，由于操作简单方便在工程中已广泛应用，根据实测结果经验分析煤岩松动圈厚度在工程上已有应用，但量化判别煤岩松动圈厚度还未有报道。深部巷道软弱煤岩松动破碎区内位移分布与塑性区、弹性区范围明显不同，根据深部巷道软弱煤岩位移场分布特征，选择合理指标估算深部巷道软弱煤岩松动圈厚度有工程实用价值。可以采用工程中常用的多点位移计工程实测深部煤层巷道软弱煤岩不同测点位置位移，得出测点位移随距巷道表面距离衰减量化表达式，进而获得测点位移梯度随距巷道表面距离衰减量化表达式。根据不同条件下处于松动破碎临界状态深部巷道软弱煤岩位移梯度值基本相同的特征及其临界容许值，结合位移梯度随距巷道表面距离衰减回归方程，估算深部巷道软弱煤岩位移梯度取临界容许值时松动圈的厚度。通过现场直接实时获得松动圈厚度进而及时判别深部巷道软弱煤岩稳定性及其支护合理性。通过分析深部煤巷帮部煤岩位移场分布，得出位移梯度的分布规律，在分析位移梯度与碎胀关联性基础上，得出深部煤巷帮部煤岩松动破碎程度及其碎胀分布特征。

1.2.4 深部软弱煤岩巷道复合顶板离层规律研究

深部软弱煤岩巷道顶板普遍为复合顶板，由于巷道埋置深，两帮为软弱煤层，复合顶板结构面层间离层不稳定而产生冒顶事故时有发生，必须采用合理判别标准和依据对复合顶板层间离层稳定性进行判别。目前，工程中主要以结构面层间离层值作为稳定性判据，通过多点位移计工程实测结构面中部层间离层大小并和临界值比较来判断层间离层稳定性，临界值确定从工程经验出发，往往整个矿区复合顶板层间离层临界值取相同值，缺乏理论依据，和工程实际不尽相符，造成安全隐患。必须分析深部软弱煤岩巷道复合顶板产生不稳定层间离层的力学机理，合理确定层间离层稳定性判别标准，弄清结构面层间离层和结构面分离之间相关性，合理确定层间离层临界值。影响层间离层的主要因素有原岩应力、复合顶板岩性、巷道断面宽度及复合顶板结构面特性等。本书通过数值模拟不同条件下的结构面受力及复合顶板层间离层特点，分析影响结构面层间离层的因素、层间离层的力学机制以及稳定性标准，确定以层间离层值作为稳定性的判据。深部软弱煤岩巷道复合顶板总离层中含有塑性变形，工程中多点位移计测得的离层值为总离层，包括层间离层和塑性变形两部分，为对复合顶板层间离层稳定性进行判别，必须将层间离层从总离层中分离，本书通过对层间离层和塑性变形的不同特点进行分析，确定了将层间离层从总离层中分离的方法。顶板离层是地应力、煤岩力学性质、煤岩体结构、锚杆参数、巷道断面等诸多因素综合作用的结果。顶板离层临界值是顶板由稳定向不稳定转化的一个判定指标。找出巷道顶板离层的变化规律，确定顶板离层临界值就显得尤为重要，具有十分重要的工程实用价值。工程实践中一般通过多点位移计测量锚固区内外复合顶板离层并与临界值比较对稳定性进行判别，但多点位移计工程实测值为锚固区内外复合顶板总离层，包含层间离层和塑性离层两部分，深部软弱煤岩巷道复合顶板塑性变形一般较为显著，塑性变形临界值也较大，如安徽淮南新集矿区复合顶板塑性离层临界值可达200mm。而目前工程判别中，离层临界值一般采用层间离层临界值，取值一般较小，工程中将实测的深部软弱煤岩巷道复合顶板总离层和层间离层临界值比较对离层稳定性进行判别不尽符合实际，必须将总离层分为层间离层和塑性变形。

层间离层、塑性变形临界值和地质条件密切相关，塑性变形临界值随复合顶板岩性不同而不同，层间离层临界值和复合顶板岩性、构成以及结构面力学特性紧密相关。但工程中临界值确定往往从经验出发，整个矿区复合顶板层间离层临界值取相同值，缺乏理论依据，和工程实际不尽相符，造成安全隐患。为此，必须分析深部巷道复合顶板产生不稳定层间离层的力学机理，弄清结构面层间离层和结构面分离之间的相关性，合理量化确定层间离层临界值。层间离层临界值量化确定不仅具有工程实用价值，同时，由于涉及层间离层与塑性离层特征分析（为区分层间离层和塑性离层），结构面分离及离层力学机制研究等机理性研究，具有重要的学术研究价值。

1.2.5 深部软弱煤岩巷道合理支护形式及支护参数选择

目前，深部软弱煤岩巷道支护形式及参数的选择仅从经验出发，缺乏“量”的标准，往往造成待巷道变形失稳后才知道该支护形式不合理。如何较为定量地选择合理的支护形式及参数已经成为广大工程技术人员最关心的问题。考虑煤岩-支架的相互作用，充分利用煤岩本身自承载力，容许煤岩产生一定变形，采用合理支护形式对煤岩进行支护已成为“共识”，现场工程技术人员进行巷道支护设计时，在支架和巷道保留一定的预留层厚度或将巷道设计断面扩大就是运用了该原理，但对容许煤岩变形到何种程度还缺乏较为准确的“量”的认识，往往根据经验确定煤岩表面的容许变形，造成有时煤岩变形较小，煤岩自承载力不能充分发挥，巨大的塑性能得不到充分释放而造成支架受荷过大，有时煤岩变形较大，煤岩塑性能虽能得以充分释放，但煤岩强度已经基本丧失，转加到煤岩的是失去自承能力的煤岩巨大载荷，使支架受荷过大。如果能确定煤岩变形保持稳定时煤岩表面的容许变形，同时确定深部软弱煤岩巷道表面变形与支护反力之间的量化关系，就能确定巷道变形保持稳定时所需的临界支护反力，再依据不同支护形式能提供的极限承载力，进而就能选择合理支护形式及支护参数。研究煤岩表面变形随时间的变化规律，可以在早期对煤岩稳定性进行判断，从而能够及时确定合理支护形式和参数。帮部煤岩常用支护形式有：以锚杆及锚索支护为主的锚杆（索）支护系列，以工字钢梯形棚支护及可缩性U型钢支护为主的架棚支护，锚杆（索）、架棚以及与煤岩注浆相结合的联合支护，针对不同地质条件采用合理支护形式是保证软岩巷道煤岩变形稳定的关键。巷道埋深、地质条件、断面大小及形状等因素对煤岩表面变形产生显著影响，同时也影响煤岩表面允许变形，应根据具体工程实际选用不同巷道支护形式及参数。深部软弱煤岩巷道支护在采用合理支护形式的同时，还需合理选择二次支护。自20世纪60年代奥地利专家提出新奥法以来，适时适地的二次支护已经成为软岩巷道支护的关键。支护过早，巨大塑性能得不到充分释放，二次支护强度难以抗拒煤岩巨大的塑性变形而产生破坏，不能充分发挥煤岩自身强度；二次支护过晚，煤岩塑性能虽能得以充分释放，但煤岩强度已经基本丧失，转加到支架上的是失去自承能力的煤岩巨大载荷。巷道开挖周围煤依次逐步形成松动破碎区、塑性区（塑性软化区、塑性硬化区）、弹性区已被大量的巷道模型试验及现场试验所证实。其中弹性区及塑性硬化区为主承载体；松动破碎区及塑性软化区强度较低，自承载能力较小，为次承载体，必须选择合理支护阻止次承载体扩展和主承载体外移，针对深部煤层巷道帮部软弱煤岩，常规支护难以有效阻止软弱煤岩变形。为此，科研技术人员对此进行广泛深入研究，在工程实践中总结形成了锚固区内外压缩拱形成叠加拱以提高次承载体承载能力的支护方法。其核心内容为：巷道软弱煤岩次承载体中及时进行锚喷网初次支护，高强度锚杆施加高预紧力对煤岩产生挤压并借助于锚网和钢带在煤岩浅部形成一定厚度锚固区内压缩拱（预应力锚杆压缩拱），锚固区外煤岩松动范围扩展及破碎煤岩碎胀至一定程度，次承载体中适当布置锚索，形成锚固区外压缩拱（预应力锚索压缩拱）。预应力锚杆压缩拱和预应力锚索压缩拱共同作用形成叠加拱（必要时联合煤岩注浆、U 形棚或梯形棚金属支架支护）显著提高次承载体强度，控制其扩展及主承载体外移。该种支护在工程中已有应用并取得较好效果，但由于对帮部软弱煤岩破碎分布特征、预应力锚索压缩拱及其承载机理认识不足，锚索布置仅从经验出发，造成锚索锚固失效、压缩拱不能有效形成、承载能力不能充分发挥、巷道帮部锚固区外煤岩变形失稳。巷道大部分地段不得不二次返修，但由于修复技术和支护手段不合理，巷道经常出现破坏—维修—再破坏—再修复的恶性循环，不能从根本上解决问题，也不能完全达到预期目的。量化分析深部煤巷帮部煤岩松动破碎进而量化选择预应力锚杆及锚索布置对于保持帮部煤岩稳定尤为必要。

在深部软弱煤岩巷道复合顶板层间离层及稳定性研究方面：黄超等对一起典型的煤巷锚杆支护巷道冒顶事故进行了调查并分析了事故原因，指出了复合顶板不稳定层间离层可能引起冒顶事故发生；较为详细介绍复合顶板层间离层值的现场确定方法及影响因素已有报道；关于复合顶板离层的现场监控和数据处理诸多文献都有报道；刘立等对层面力学特性对层状复合岩体变形影响进行了分析；孔恒等基于弹塑性理论研究及现场深基点位移观测，对岩体锚固承载结构体系作了深入探讨，在提出复合顶板离层概念基础上，对顶板离层与锚固系统的变形协调条件以及层间离层临界值、失稳临界值以及工程估算值进行了分析；顾士坦等基于巷道支护中锚杆与顶板复合作用和损伤机制分析，对锚固顶板稳定性潜力进行了探讨，实现了对加锚顶板稳定性较为“定量”描述；有关文献提出了增加锚杆预紧力是保持层间离层稳定性最关键的因素，而保持塑性变形稳定主要通过改变锚杆长度及间排距的方法；采用组合梁理论以直接顶高度为依据对复合顶板弯曲离层和错动离层进行分析已有报道；张百胜等针对大宁煤矿大断面全煤巷道层状顶板结构特征，建立了有限元计算模型，并运用 ANSYS 程序对大断面全煤巷道层状顶板离层变形进行了数值模拟；Shou. Gen. Chen 采用数值模拟对结构面离层进行了分析；Gregory Molinda 在对复合顶板离层进行现场监测的基础上提出了注浆可以加固顶板的结论；S. LIN 分析了复合顶板层面位移不连续性和应力变化特点。预应力锚杆及锚索能主动提供预紧力从而能有效地阻止复合顶板结构面产生不稳定层间分离，但由于对结构面分离机理以及结构面离层特征掌握不够，不能量化确定锚杆及锚索应施加的预紧力，施加预紧力不能有效均匀地作用于结构面上，不能有效阻止结构面分离。工程中不得不采用金属支架支护（主要为梯形棚），由于金属支架不能主动提供给结构面预紧力，金属支架受荷主要为离层失稳后松散破碎煤体重量，结构面分离仍不能保持稳定。选择合理的预应力锚杆、锚索参数及布置形式对于保持复合顶板离层稳定至为重要。

1.3 研究内容

1.3.1 深部软弱煤岩稳定性判别

（1）基于巷道表面变形随时间变化对煤岩稳定性进行判别。煤岩变形稳定性和裂隙圈及塑性区变化发展紧密相关，为了保持煤岩变形稳定，必须合理确定煤岩裂隙圈及塑性圈范围；测量支架受荷并分析其随时间变化的规律，以支架受荷随时间变化是否降低或波动作为煤岩稳定性判别标准；采用多点位移计测量煤岩内部不同点位移并根据其大小确定裂隙圈及塑性圈半径，分析煤岩变形保持稳定时裂隙圈及塑性圈半径。煤岩表面变形和煤岩裂隙圈、塑性圈大小紧密相关，煤岩表面变形现场易测，可通过确定煤岩表面允许变形作为煤岩稳定性的判据。采用数学分析的方法分析体积不可压缩条件下连续介质煤岩表面变形随时间变化的关系式，建立软岩巷道煤岩表面变形随时间变化典型蠕变模型并用工程实测对其进行验证，分析其规律性。结合工程实测支架受荷分析煤岩变形保持稳定性和煤岩表面变形随时间变化典型形式的对应关系，提出依据煤岩二次蠕变速度及其衰减对煤岩变形稳定性进行早期判别的方法。

（2）基于深部软弱煤岩位移梯度对煤岩稳定性进行判别。采用数值模拟与工程实测相结合的方法分析深部软弱煤岩典型部位不同位置位移及位移随距巷道中心距离的变化，提出位移梯度概念并以此作为该位置煤岩破碎程度的评价指标，研究不同埋深条件软弱煤岩松动破碎范围及显著碎胀范围，分析煤岩松动破碎程度及其分布特征，以此对深部软弱煤岩稳定性进行判别，为深部煤巷合理支护技术提供依据。

1.3.2 深部软弱煤岩巷道复合顶板离层稳定性判别

在对深部软弱煤岩巷道复合顶板赋存特征有充分认识的基础上，采用数值模拟结合现场实测对深部软弱煤岩巷道复合顶板结构面受力特征、离层机理、稳定性标准以及复合顶板离层临界值进行研究，分析影响复合顶板离层稳定性的主要因素。根据工程实测结合理论分析与数值模拟得出复合顶板塑性变形和层间离层随时间变化的特征曲线，依据该特征曲线对现场实测的顶板离层随时间变化曲线进行分析，将实测的复合顶板总离层随时间变化分解为塑性变形随时间变化以及层间离层随时间变化，从而判断顶板塑性变形及层间离层稳定性。

1.3.3 深部软弱煤岩巷道合理支护形式及参数研究

（1）深部软弱煤岩巷道合理支护形式及参数。理论分析和数值模拟分析煤岩岩性、巷道断面、原岩应力、支护反力以及锚杆支护参数等因素对煤岩表面变形的影响。分析不同条件煤岩表面变形和支护反力之间的定量变化关系，确定煤岩表面变形达到容许变形时应提供的支护反力。分析不同支护形式支架的允许承载力，确定合理支护形式与参数使煤岩表面变形达到容许变形的同时支架受荷达到极限承载力。对于深部极不稳定煤巷帮部软弱煤岩，依据煤岩碎胀分布特征确定合理预应力锚杆及锚索布置形成有效的承载拱保持煤岩稳定。

（2）深部软弱煤岩巷道复合顶板合理支护形式及参数。数值模拟与工程实测相结合，分析深部软弱煤岩巷道赋存条件及预应力锚杆及锚索参数对复合顶板离层的影响，确定合理支护形式及参数保持复合顶板离层及塑性变形稳定。根据多点位移计监测的顶板离层值并与临界值比较，实时分析顶板离层的稳定性并及时调整顶板支护形式及参数。

1.4 研究成果工程应用实例

（1）针对新集一矿厚煤层沿底掘进巷道支护的具体工程实际和目前巷道支护存在的问题，提出保持深部软弱煤岩稳定的合理支护形式和参数。

针对新集一矿全煤巷道工程实际，在理论分析、数值模拟及现场实测的基础上，形成由测量早期随时间变化的煤岩表面变形以及随时间变化的复合顶板层间离层推断深部软弱煤岩变形的稳定性，判断原巷道支护形式及参数的合理性以及应采用的合理支护形式和参数。

（2）针对新集二矿采准巷道复合顶板的具体工程实际和目前巷道支护存在的问题，提出保持深部软弱煤岩变形稳定的合理支护形式和参数。

通过多点位移计测量新集二矿锚杆支护条件下复合顶板离层随时间的变化，根据顶板塑性变形和层间离层的不同特点，将多点位移计实测的随时间变化的顶板总离层分离成塑性变形和层间离层，根据复合顶板层间离层临界值，及时改变锚杆支护参数，保持复合顶板层间离层的稳定性。

（3）针对新集三矿 -550m 水平轨道和皮带运输巷具体工程实际和原巷道支护存在的问题，提出保持巷道煤岩变形稳定的合理支护形式和参数。

测量新集三矿 -550m 水平轨道巷和运输巷帮部及顶底表面变形随时间的变化，通过分析煤岩表面变形随时间的变化，由早期巷道煤岩表面变形随时间的变化推断煤岩表面变形值，由此分析煤岩变形稳定性并判断原巷道支护形式及参数的合理性。通过实测支架受荷和煤岩表面变形，结合理论分析确定煤岩表面变形随支架反力变化较为“定量”的关系，结合分析各种不同支护形式容许承载力，选择新集三矿 -550m 水平轨道巷和运输巷道合理支护形式和参数。

（4）针对新集矿区口孜东矿 11 煤巷道复合顶板具体工程实际，确定 11 煤巷道复合顶板离层临界值，确定相应合理支护形式与参数。

根据数值模拟和现场实验结果分析结构面分离范围及层间离层量、松动破碎范围及程度。确定新集矿区口孜东矿 11 煤顶板塑性变形稳定性判别指标及其量化值、11 煤顶板层间离层稳定性判别指标及其量化值。对 11 煤巷道目前支护形式及参数进行合理性分析，提出应选用的合理支护方案及相应支护参数，使 11 煤顶板结构面层间离层及塑性变形保持稳定，支架受荷在极限承载力附近。

2　深部软弱煤岩变形稳定性判据

2.1　基于深部软弱煤岩巷道表面变形随时间变化的稳定性判据

2.1.1　深部软弱煤岩变形随时间变化规律分析

如图2-1所示，岩石在三轴压力作用下应力-应变主要分为以下五个阶段：*OA* 为岩石裂隙在压力作用下的压实阶段，*AB* 为岩石弹性变形阶段，*BC* 为岩石屈服阶段，*CD* 为岩石应变强化阶段以及 *DE* 为岩石峰值变形及破坏阶段。围压大小和岩石性质对围岩峰值压力、峰值后围岩变形以及残余强度有很大影响，矿井深部巷道围岩表现为"软岩"特点，围岩受压达到峰值压力后产生较大变形才产生破坏并具有较大残余强度。

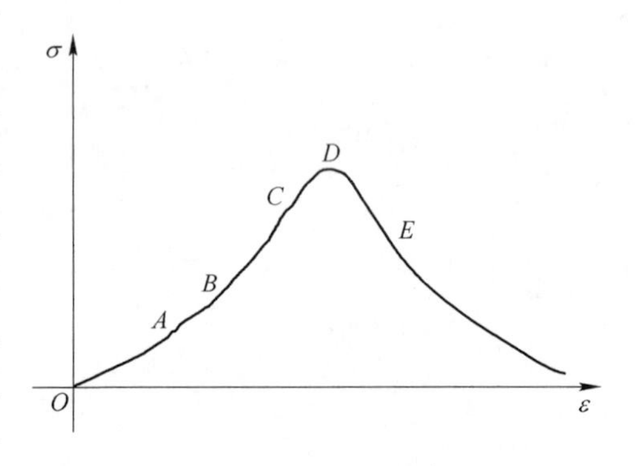

图2-1　三轴围压作用下岩石应力-应变曲线

假设塑性变形区围岩变形为体积不可压缩；巷道形状为圆形，初始地应力场为各向等值；围岩是均匀各向同性的黏性介质，符合连续介质力学假设，塑性区介质存在不可压缩性。依据以上假设，则塑性区的应变状态用极坐标可表示为：

$$\varepsilon_\theta + \varepsilon_r = 0 \tag{2-1}$$

式中　ε_θ——切向应变；

ε_r——径向应变。

$$\varepsilon_r = \frac{\mathrm{d}u}{\mathrm{d}r},\ \varepsilon_\theta = \frac{u}{r} \tag{2-2}$$

式中　u——点径向变形，mm；

r——点距巷道中心距离，mm。

考虑到黏塑性变形区岩石变形随时间的变化，将式（2-2）代入式（2-1）并积分，可得：

$$u = \frac{f(t)}{r},\ \varepsilon_\theta = \frac{f(t)}{r^2},\ \varepsilon_r = -\frac{f(t)}{r^2} \tag{2-3}$$

式中 $f(t)$——与时间有关的系数。

黏弹性区的应力可示为：

$$\sigma_r = \sigma_0 - \frac{2}{r^2}\left[Gf(t) + \eta \frac{\mathrm{d}f(t)}{\mathrm{d}t} \right]$$

$$\sigma_\theta = \sigma_0 + \frac{2}{r^2}\left[Gf(t) + \eta \frac{\mathrm{d}f(t)}{\mathrm{d}t} \right] \tag{2-4}$$

式中 σ_r——测点径向应力，MPa；

σ_θ——测点切向应力，MPa；

η——黏性系数，MPa/d；

G——剪切模量，MPa。

实验研究结果表明：三轴压缩煤岩大部分表现为剪切破坏，服从 Coulomb 强度准则，该准则认为岩石能承载的最大抗剪强度［τ］由黏结力 c、内摩擦角 φ 以及破坏面上正应力 σ 确定。最大剪应力可表示为：

$$[\tau] = \sigma \tan\varphi + c \tag{2-5}$$

式中 ［τ］——岩石抗剪强度，MPa；

σ——破坏面上正应力，MPa；

c——岩石黏结力，MPa；

φ——内摩擦角，(°)。

破坏面上最大剪应力为：

$$\tau = \frac{\sigma_1 - \sigma_3}{2} \tag{2-6}$$

式中 τ——破坏面上最大剪应力，MPa；

σ_1——最大主应力，MPa；

σ_3——最小主应力，MPa。

矿井深部巷道软岩摩擦角较小，黏结力较大，深部围岩塑性破坏准则可表示为：

$$\sigma_1 - \sigma_3 = 2k_1 \tag{2-7}$$

式中 k_1——常数。

围压大小对岩石黏结力 c 及 k_1 值产生较大影响，k_1 大小可结合现场实际条件确定。

黏弹性区和黏塑性区边界满足黏弹性区应力计算式（2-4）的同时还须满足式（2-7）。

由式（2-4）与式（2-7）可得：

$$Gf(t) + \eta \frac{\mathrm{d}f(t)}{\mathrm{d}t} = -\frac{1}{2}k_1 R^2 \tag{2-8}$$

式中 R——塑性圈半径，mm。

由式（2-8）可得：

$$f(t)=k_2\mathrm{e}^{-\frac{\sigma}{\eta}t}+k_3 \tag{2-9}$$

式中 k_2，k_3——系数。

$$k_3=-\frac{k_1R^2}{2G} \tag{2-10}$$

由 $t=0$ 时，$f(t)=0$，可知 $k_2+k_3=0$。由此可推断：

$$k_2=\frac{k_1R^2}{2G} \tag{2-11}$$

将式（2-10）代入式（2-9）可得：

$$f(t)=\frac{k_1R^2}{2G}\mathrm{e}^{-\frac{\sigma}{\eta}t}-\frac{k_1R^2}{2G} \tag{2-12}$$

令巷道半径为 R_0，将 $r=R_0$ 以及式（2-12）代入式（2-3），可得围岩表面变形随时间的变化为：

$$u=\frac{k_1R^2}{2GR_0}\mathrm{e}^{-\frac{G}{\eta}t}-\frac{k_1R^2}{2GR_0} \tag{2-13}$$

从式（2-13）可以看出，当围岩塑性变形满足不可压缩假设时，围岩表面变形随时间的变化满足指数关系，其中表面变形增加速度衰减系数和剪切模量 G 及黏性系数 η 有关，围岩稳定时表面最大变形和围岩性质（k_1，G，η）、巷道半径（R_0）以及地应力（反映在对塑性圈半径 R 的影响上）有关。

令

$$A=\frac{k_1R^2}{2GR_0} \tag{2-14}$$

式中 A——围岩表面最大变形，mm。

$$B=-\frac{G}{\eta} \tag{2-15}$$

式中 B——围岩表面变形增长速度衰减系数，d^{-1}。

故式（2-13）可表示为：

$$u=A(1-\mathrm{e}^{-Bt}) \tag{2-16}$$

当 $t\to\infty$ 时，也就是说围岩表面变形最大值可表示为：

$$u=A \tag{2-17}$$

工程实践中，由于施工条件的限制，有时需待一定时间后才可进行数据采集工作，假设从支护到开始数据采集的时间间隔为 t_0，设 $t=0$ 时刻的围岩表面变形 $u=0$，则 $t=t_0$ 时刻围岩表面变形可表示为：

$$u_0=A-A\mathrm{e}^{-Bt_0} \tag{2-18}$$

t 时刻围岩表面变形可表示为：

$$u=A-A\mathrm{e}^{-Bt} \tag{2-19}$$

令 $t_1 = t - t_0$，$u_1 = u - u_0$，则上式可表示为：

$$u_1 = A - A\mathrm{e}^{-Bt_0} \times \mathrm{e}^{-Bt_1} - u_0 \tag{2-20}$$

将式（2-18）代入式（2-20）中，则得：

$$u_1 = A\mathrm{e}^{-Bt_0} - A \times \mathrm{e}^{-Bt_0} \times \mathrm{e}^{-Bt_1} \tag{2-21}$$

从上式中可以看出：如果以 u_1，t_1 为新的变量，则两者之间仍然满足指数变化关系，围岩变形随时间增长速率衰减系数仍然不变。令 $D = A\mathrm{e}^{-Bt_0}$，可得反映围岩表面最大变形 A 为：

$$A = D\mathrm{e}^{Bt_0} \tag{2-22}$$

由上可知，从 $t = t_0$ 时刻进行数据采集经过换算可以得出围岩表面最大变形。

实际上，当围岩表面变形达到最大值的 99% 时，可以认为围岩已经基本稳定，此时围岩表面变形作用时间可作为围岩达到稳定时的围岩变形时间，可表示为：

$$t = \frac{4.61}{B} \tag{2-23}$$

随围岩应力增大，围岩变形不可压缩假设不成立，但当围岩应力不超过一定范围时，围岩表面变形随时间的变化可以采用如图 2-2 所示的鲍格斯模型计算。

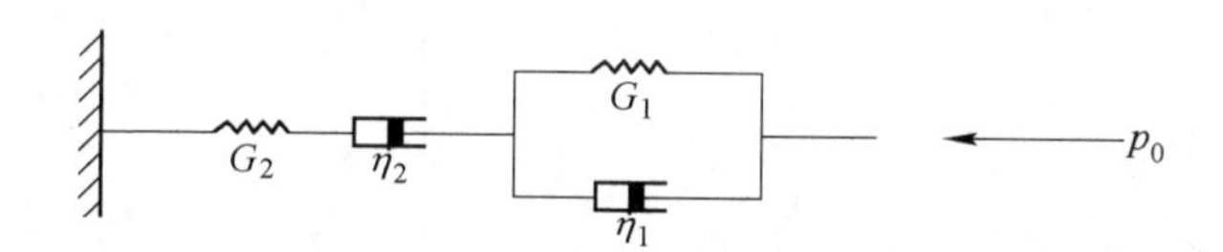

图 2-2 鲍格斯计算模型

由模型可知：

$$\tau = \tau_1 = \tau_2 = \tau_3 \tag{2-24}$$

$$\gamma = \gamma_1 + \gamma_2 + \gamma_3 \tag{2-25}$$

$$\tau_1 = G_1\gamma_1 + \eta_1 \frac{\mathrm{d}\gamma_1}{\mathrm{d}t} \tag{2-26}$$

$$\tau_2 = G_2\gamma_2 \tag{2-27}$$

$$\tau_3 = \eta_2 \frac{\mathrm{d}\gamma_2}{\mathrm{d}t} \tag{2-28}$$

由此可得，围岩表面变形随时间变化的关系可表示为：

$$u(t) = \frac{2p}{9k} + \frac{p}{3G_2} + \frac{p}{3G_1} - \frac{p}{3G_1}\mathrm{e}^{-(G_1t/\eta_1)} + \frac{p}{3\eta_2}t \tag{2-29}$$

式中 k——系数；

p——原岩应力，MPa；

G_1，G_2——剪切模量，MPa；

η_1，η_2——黏性系数，MPa/d。

2.1.2　深部软弱煤岩巷道表面变形随时间变化的典型形式

为了分析巷道表面变形随时间变化的规律，实测新集三矿 -550m 水平轨道和皮带运输巷随时间变化巷道表面的变形，得出以下几种煤岩表面变形随时间变化曲线的典型形式。

对应图 2-3(a) 所示巷道表面变形随时间变化的回归方程可表示为：

$$u = A_1(1 - e^{-B_1 t}) \tag{2-30}$$

式中　A_1，B_1——系数。

对应图 2-3(b)、(c) 所示巷道表面变形随时间的变化满足鲍格斯模型，为

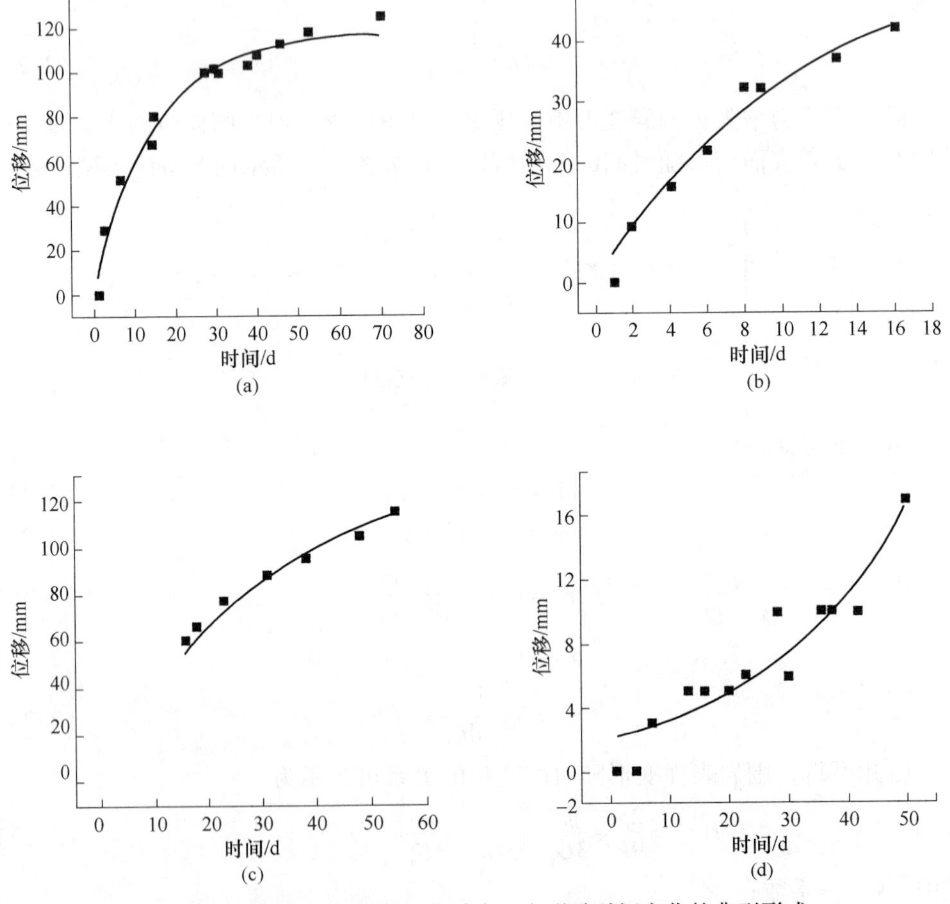

图 2-3　不同岩性软弱煤岩巷道表面变形随时间变化的典型形式

(a) 巷道表面产生一次蠕变；(b) 巷道表面变形初期一次蠕变

(c) 巷道表面变形后期二次蠕变；(d) 巷道表面变形随时间呈指数增长

便于分析将其变化过程分为两个阶段：

$$u = A_1(1 - e^{-B_1 t})\ (t \leqslant t_0)$$
$$u = u_0 + A_2(-e^{-B_2(t-t_0)})\ (t > t_0) \tag{2-31}$$

式中　A_2，B_2——系数。

对应图2-3(d) 所示巷道表面变形随时间变化的回归方程可表示为：

$$s = e^{A_3 + B_3 t} \tag{2-32}$$

式中　A_3，B_3——系数。

从式（2-32）可以看出巷道表面变形随时间呈指数增长。

式（2-30）和理论分析结果式（2-16）基本一致。煤岩变形满足体积不可压缩假设时，式（2-30）能较好符合实际。当围压增大到一定程度，式（2-30）并不能较好符合实际，煤岩变形分为两个阶段，经过一次蠕变后产生二次蠕变，巷道表面变形随时间的变化与图2-3(c) 及式（2-31）较为相符，围压继续增大，巷道表面变形随时间的变化表现为如图2-3(d) 和式（2-32）所示的指数变化。

对安徽新集三矿－550m水平巷道随时间变化的巷道表面变形实测结果进行分析，巷道表面变形随时间的变化满足式（2-30）时，得出不同岩性不同地段巷道表面变形随时间变化的两组典型实验结果对比，见表2-1。

表2-1　相同岩性不同地段巷道表面变形对比

测点位置	岩性	A_1/mm	B_1/d^{-1}
1	泥岩	84.0	0.11
2	泥岩	60.0	0.11
3	煤	118.0	0.09
4	煤	55.0	0.08

表2-1实测结果表明岩性相同，不同地段巷道表面变形随时间变化回归方程中的系数 B_1 近似相同，但系数 A_1 可能有较显著的变化，其他测点的现场实验分析结果也和此基本一致。该结果和实验室实验测得的 B_2 也基本一致。梯形棚、U形棚、锚杆等不同支护形式的现场实测结果还表明，支护形式仅影响系数 A_1，但对系数 B_1 影响较小；可以认为系数 B_1 仅和岩性有关，系数 A_1 不仅和岩性有关，而且和地压及支护反力显著相关，该结论和式（2-13）的理论分析结果基本一致。随围岩压力增大，巷道表面变形随时间的变化基本满足图2-3(b)、(c) 和式（2-31），反映一次蠕变速度快慢的系数 B_1 和表2-1基本相符，反映二次蠕变速度快慢的系数 B_3 明显比 B_1 小。

2.1.3　体积不可压缩巷道表面变形和围岩塑性圈形成、发展关系分析

2.1.3.1　理论分析

围岩塑性圈确定是判断围岩塑性变形剧烈程度的重要参数，是确定合理支护

形式及支护参数的依据。从式（2-13）中可以得出，稳定的围岩表面变形可表示为：

$$u_{\max} = \frac{k_1 R^2}{2GR_0} \tag{2-33}$$

现场实测可以得出 $u_{\max}$，依据下式计算围岩塑性圈的大小：

$$R = \sqrt{\frac{2GR_0 u_{\max}}{k_1}}$$

从上式中可以看出，要估算塑性圈的大小必须确定 k_1 值。为了验证公式的适用性和 k_1 取值范围，在新集三矿 -550m 水平运输巷采用多点位移计测量围岩内部变形并对塑性圈的大小进行估算。

2.1.3.2　巷道围岩塑性圈测量及估算

为了对围岩塑性圈大小以及裂隙圈形成进行估算，在新集三矿 -550m 水平皮带运输巷、轨道运输巷修复段不同地质条件、不同支护形式（梯形棚、U 形棚及锚杆）地段的顶板、帮部布置了如图 2-4 所示的多点位移计，实际测量围岩内部不同位置测点随时间变化的变形。

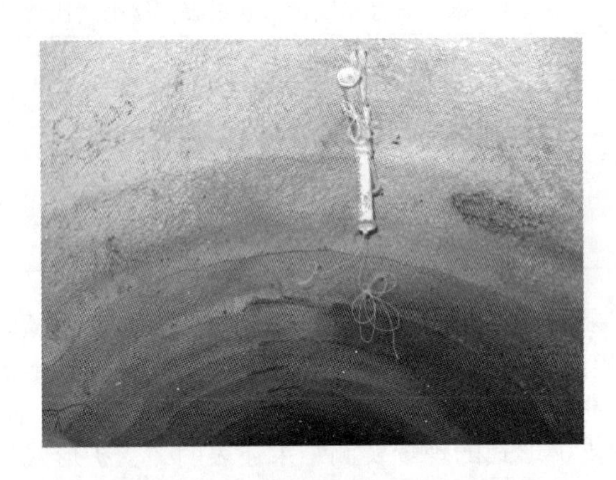

图 2-4　多点位移计测量围岩深部不同点变形现场

在黏塑性阶段的围岩表面以及内部各点的变形可用式（2-3）表示，从式中可以看出，围岩表面以及内部各点最大变形保持一定的关系，即：

$$\frac{u_r}{u_0} = \frac{r}{R_0} \tag{2-34}$$

式中　r——围岩内部点距巷道中心的距离，mm；

R_0——围岩表面距巷道中心的距离，mm。

实测不同时刻围岩表面及内部点的变形判断各点变形的最大值，估算围岩处于黏塑性的范围从而判断塑性圈的大小。

2.1.3.3 围岩塑性圈及裂隙圈大小现场实测结果

新集三矿 -550m 水平轨道巷与皮带巷不同位置典型实测结果及分析如下：

（1）轨道掘进巷 S62 点多点位移计实测结果。

新集三矿 -550m 水平轨道掘进巷 S62 点附近地质条件为：北帮砂质泥岩，南帮煤体。在此附近安装多点位移计测量北帮及南帮围岩内部不同测点相对巷道表面位移随时间的变化，数据分析结果如图 2-5 ~ 图 2-7 所示。

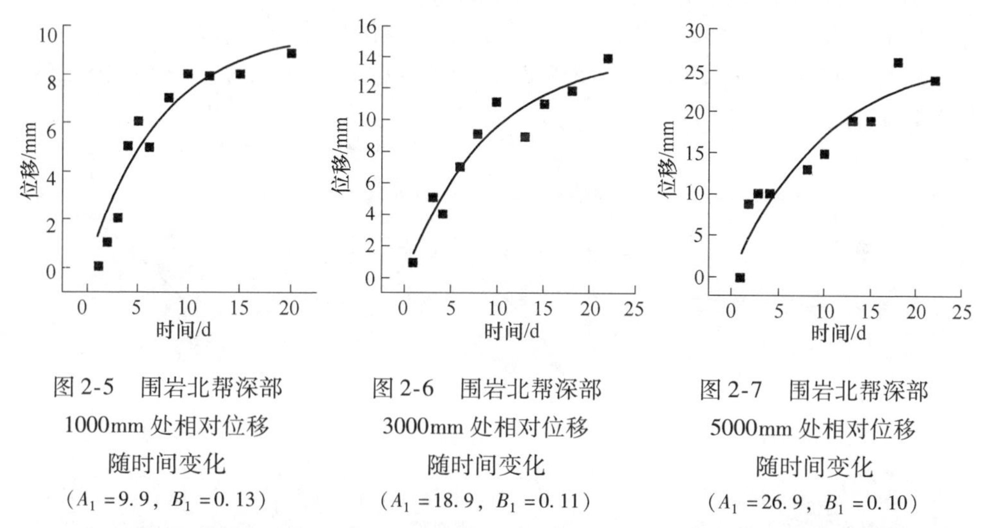

图 2-5 围岩北帮深部 1000mm 处相对位移随时间变化（$A_1=9.9$，$B_1=0.13$）

图 2-6 围岩北帮深部 3000mm 处相对位移随时间变化（$A_1=18.9$，$B_1=0.11$）

图 2-7 围岩北帮深部 5000mm 处相对位移随时间变化（$A_1=26.9$，$B_1=0.10$）

结合围岩表面变形的实测，围岩深部 5000mm 处点变形已经很小，由实测结果可以得出巷道北帮围岩表面、围岩深部 1000mm 以及 3000mm 处变形最大值以及变形增加速度衰减系数如表 2-2 所示。

表 2-2 S62 点附近巷道北帮不同测点最大变形及变形增加速度衰减系数

测点位置	最大变形/mm	变形增加速度衰减系数/d^{-1}
围岩表面	26.9	0.10
围岩深部 1000mm	17.0	0.13
围岩深部 3000mm	8.0	0.11

从测量结果中可以看出，北帮围岩表面及内部各点变形增加速度衰减系数基本相同，并和相同岩性岩石的其他测点变形增加速度衰减系数（$B_1=0.11$）基本相同。新集三矿 -550m 水平轨道巷掘进迎头巷道断面半径 $R_0\approx2000$mm，依据式（2-34）计算得出的距围岩表面 1000mm 处围岩内部点的最大变形与围岩表面最大变形的比值，距围岩表面 3000mm 处围岩内部点最大变形与巷道表面最大变形的比值与实际测量的比值对比如表 2-3 所示。

表 2-3　围岩深部测点变形与表面变形比值计算与实测结果对比

测点位置	实测结果	计算结果
围岩深部 1000mm	0.61	0.67
围岩深部 3000mm	0.21	0.40

计算结果表明：围岩内部点距巷道表面 1000mm 范围的理论计算结果和实测结果能较好地相符，表明式（2-34）在围岩内部 1000mm 范围内能较好符合实际，围岩塑性圈半径应在 1000 ~ 2000mm 范围。

（2）新集三矿 -550m 水平轨道巷 S59 点多点位移计实测结果。

新集三矿 -550m 水平轨道巷 S59 点东 3000mm 多点位移计实测结果如图 2-8 ~ 图 2-10 所示。

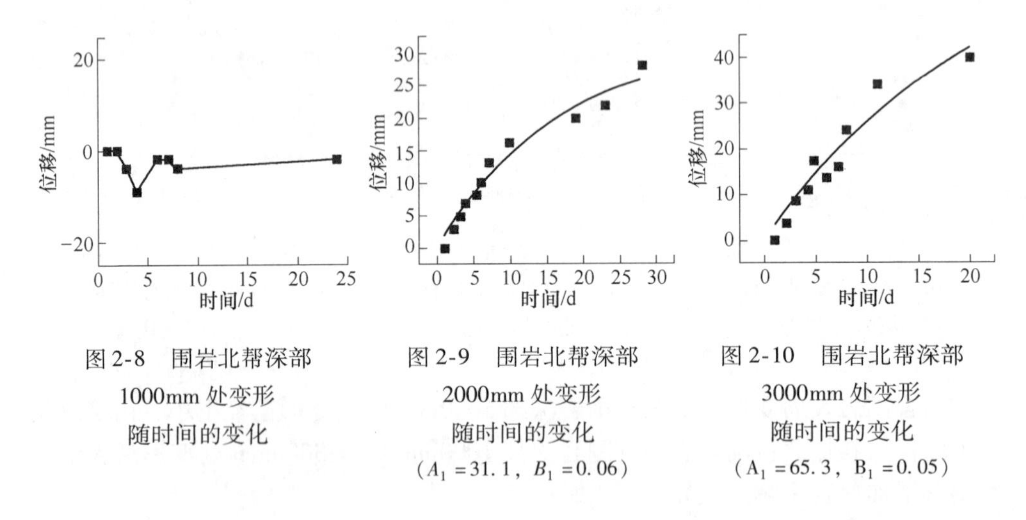

图 2-8　围岩北帮深部 1000mm 处变形随时间的变化

图 2-9　围岩北帮深部 2000mm 处变形随时间的变化（$A_1 = 31.1$，$B_1 = 0.06$）

图 2-10　围岩北帮深部 3000mm 处变形随时间的变化（$A_1 = 65.3$，$B_1 = 0.05$）

围岩帮部内部各点变形实测结果表明：围岩内部 1000mm 深处变形和表面变形相差很小，由于测量误差存在，测量值在零附近波动；围岩内部深度 2000mm 及 3000mm 处变形增长速度衰减速度和实测围岩帮部变形增长速度衰减速度基本相同。

图 2-10 所示围岩内部 3000mm 处不同时刻多点位移计测量值和不同时刻围岩表面变形值进行比较，两者基本相同。多点位移计测量值表示测点与围岩表面的相对变形，可以得出围岩内部 3000mm 处点变形很小，可认为塑性圈半径小于 3000mm；围岩内部 1000mm 深度范围内围岩产生松动，围岩帮部变形随时间衰减系数比实验室测量值要小，这是因为围岩帮部围岩压力大造成围岩在较短时间内处于二次蠕变阶段。

（3）新集三矿 -550m 水平轨道修复巷 S53 点梯形棚段多点位移计实测结果

S53 点梯形棚支护围岩顶板深部 3000mm 多点位移计实测结果与实测顶板表

面变形的变化对比如图 2-11、图 2-12 所示。对比图 2-11 与图 2-12 可以看出：两者基本相同，说明围岩塑性圈大小应在 3000mm 之内。

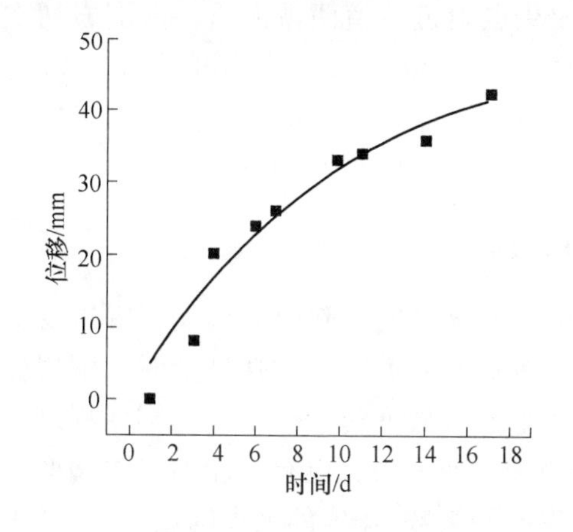

图 2-11　顶板深部 3000mm 处变形随时间的变化（$A_3=50.5$，$B_3=0.95$）

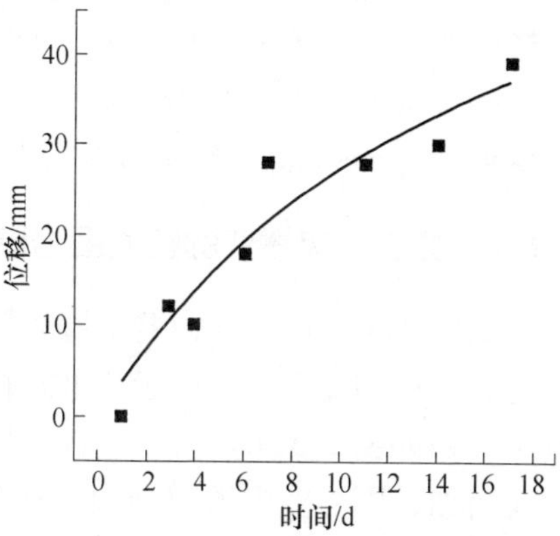

图 2-12　顶板表面变形随时间的变化（$A_3=60.5$，$B_3=0.98$）

2.1.3.4　围岩表面变形与塑性圈、裂隙圈之间的关系

S59 点西 18m 处巷道帮部多点位移计实测结果表明，当围岩变形产生一定扩容和软化时，围岩产生较为显著的二次蠕变，表面变形显著增大，围岩表面变形增长速度衰减系数明显减小，但实测的围岩塑性圈半径改变不明显，围岩破裂带范围却有较大扩展。围岩表面塑性变形和塑性圈大小无显著相关性，但和破裂半径显著相关，这一点也通过现场多点位移计实测围岩内部点的变形结果中得到证明，理论研究也与此相符。对围岩塑性圈半径进行估算时，围岩表面最大变形应满足体积不可压缩假设，此阶段，围岩表面变形随时间增长速度衰减系数值应为 G/η，后期围岩表面产生的二次蠕变主要是由围岩破裂带的扩展引起的，对围岩塑性圈发展贡献并不显著。

2.1.3.5　围岩塑性圈测量结果理论分析

依据式（2-13）确定围岩塑性圈大小必须确定系数 k_1 值大小，k_1 值大小和围岩性质及地压大小有关，在工程实测的基础上，可以采用下式对不同性质围岩 k_1 值进行估算：

$$k_1=\frac{2Gu_{\max}}{R^2} \tag{2-35}$$

（1）新集三矿 −550m 水平轨道巷 S62 点附近围岩北帮泥岩，最大变形 $u_{\max}=27\text{mm}$，塑性圈半径 $R=1500\text{mm}$，由此可得 $k_1\approx38.4$。

（2）新集三矿 –550m 水平轨道巷 S62 点附近巷道南帮煤体，由围岩初次蠕变产生的最大变形 u_{max} = 120mm，塑性圈半径 R = 5000mm，由此可得 k_1 ≈15.0。

（3）新集三矿 –550m 水平轨道巷 S59 点附近巷道两帮泥质，由围岩初次蠕变产生的最大变形 u_{max} = 70mm，塑性圈半径 R = 3000mm，由此可得 k_1 ≈40.0。

（4）新集三矿 –550m 水平轨道修复巷 S53 点附近梯形棚支护顶板煤体，最大变形 u_{max} = 60mm，塑性圈半径 R = 2500mm，由此可得 k_1 ≈18.0。

2.1.4　基于二次蠕变的巷道围岩稳定性判别

如图 2-3(a) 所示，巷道围岩仅产生一次蠕变时，随时间增长，围岩变形趋于稳定；如图 2-3(d) 所示，巷道围岩在较短时间即产生加速蠕变时，围岩变形趋于失稳如图 2-3(c) 所示，巷道围岩产生二次蠕变时，依据二次蠕变程度，随时间增加，围岩变形既可能由二次蠕变趋于加速失稳，也有可能由二次蠕变衰减而趋于稳定。具体由反映围岩二次蠕变程度的系数 B_2 值的大小确定。

在对淮南新集矿区新集三矿 –550m 水平运输巷不同部位围岩表面变形随时间的变化进行观测的基础上，为了判断围岩稳定性，采用压力枕观测支架受荷。如果支架受荷随时间增长呈稳定趋势，则围岩表面未产生严重破裂，围岩变形稳定；如果支架受荷增长一定程度后随时间变化呈波动趋势，则表明围岩表面破裂较为严重，围岩"失稳"。实际测量了 –550m 轨道巷及运输巷不同条件下巷道表面变形及支架受荷，较为典型的西二石门东 80m、S59 点、S63 点以及轨道修复巷 S53 点围岩表面变形及支架受荷实测结果分别如下：

（1）–550m 轨道巷西二石门东 80m 巷道两帮为泥岩，帮部围岩表面变形随时间的变化如图 2-13 所示，支架受荷随时间的变化如图 2-14 所示。

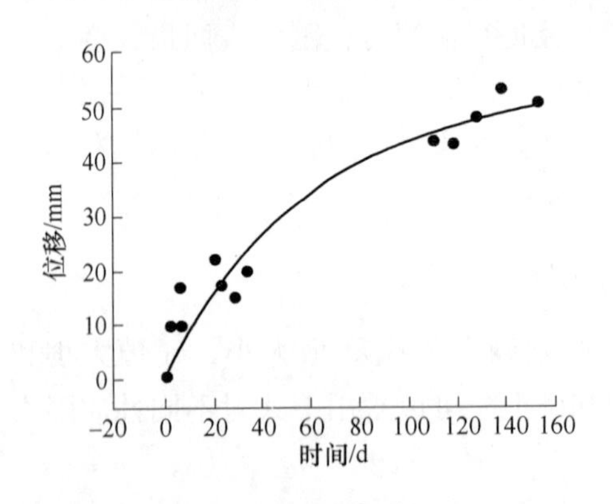

图 2-13　围岩表面变形随时间的变化

（A_2 = 220.4，B_2 = 0.024）

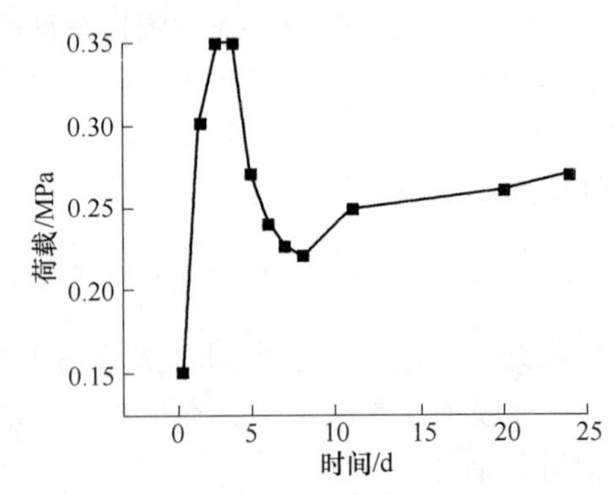

图 2-14　支架受荷随时间的变化

（A_2 = 220.4，B_2 = 0.024）

（2）–550m 轨道巷 S59 点巷道南帮为泥岩，帮部围岩表面变形随时间的变

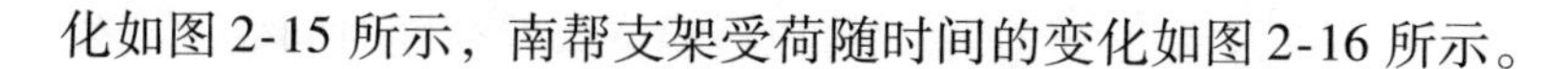

化如图 2-15 所示，南帮支架受荷随时间的变化如图 2-16 所示。

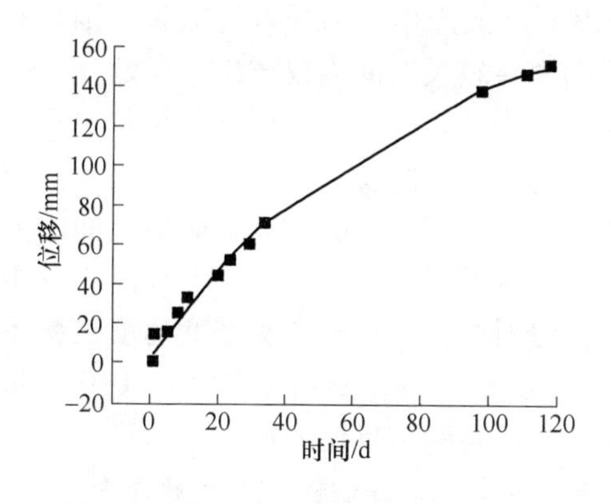

图 2-15 围岩表面变形随时间的变化

（$A_2=220.5$，$B_2=0.015$）

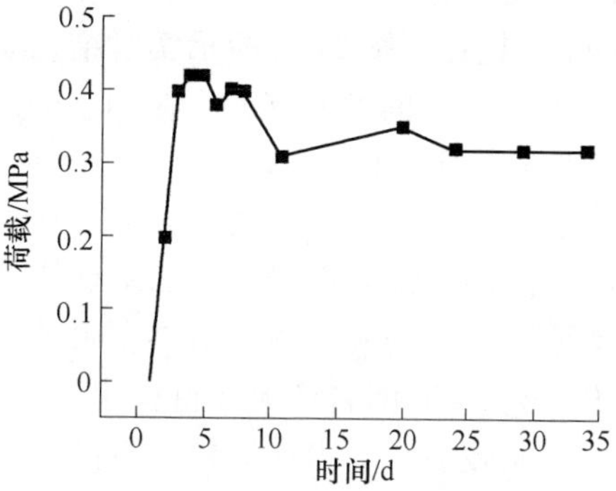

图 2-16 南帮支架受荷随时间的变化

（$A_2=220.5$，$B_2=0.015$）

（3） −550m 轨道巷 S63 点两帮为煤，帮部围岩表面变形随时间的变化如图 2-17 所示，支架受荷随时间的变化如图 2-18 所示。

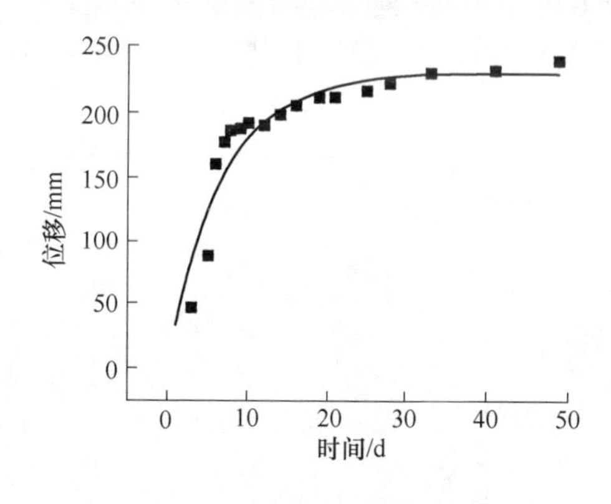

图 2-17 围岩表面变形随时间变化

（$A_1=237.4$，$B_1=0.14$）

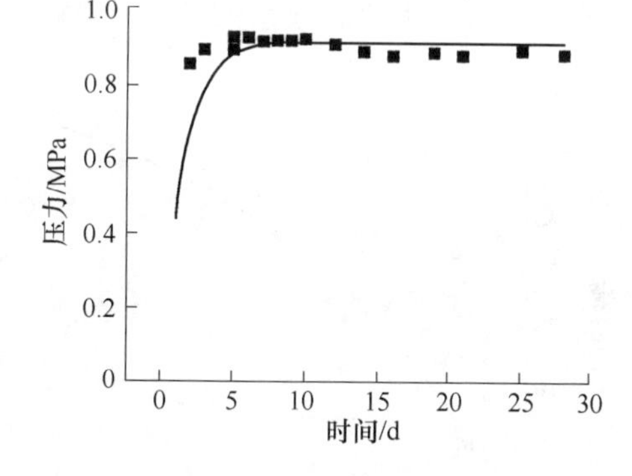

图 2-18 支架受荷随时间变化

（$A_1=0.91$，$B_1=0.64$）

（4） −550m 轨道修复巷 S53 点北帮为砂质泥岩夹煤，北帮围岩表面变形随时间的变化如图 2-19 所示，北帮支架受荷随时间的变化如图 2-20 所示。

围岩表面变形随时间的变化如式（2-30）~式(2-32）三种典型形式。当支架受荷随时间趋于稳定时，为较为定量分析支架受荷随时间变化的趋势，仍假设支架受荷随时间的变化满足式（2-30）。由图 2-13 及图 2-15 可以看出：围岩在较短时间内产生二次蠕变，这是由于地压较大、支护反力较小，现场实测围岩帮部表面变形时间比支架支护时间稍晚的缘故。图 2-13 所示泥岩二次蠕变速度衰减系数 $B_2=0.024$，图 2-15 所示煤体二次蠕变速度衰减系数 $B_2=0.015$；对应支架受荷随时间的变化如图 2-14 及图 2-16 所示，可以看出支架受荷随时间变化产生波动，表明对应图 2-13 及图 2-15，围岩表面已经产生较为严重的破裂，围岩有“失稳”趋势。图 2-17 所示实验结果表明围岩在较长时间内仅产生一次蠕变，图 2-18 所示实测的围岩支架受荷随时间的变化趋向稳定，说明随时间的增加，围岩变形趋向稳定。图 2-19 所示围岩变形初期 30d 左右的实测结果分析表明：围岩产生二次蠕变速度衰减系数 $B_2=0.04\sim0.05$，图 2-20 所示支架受荷随时间的变化略有波动，说明围岩产生二次蠕变速度衰减系数 $B_2=0.04\sim0.05$ 时围岩基本保持稳定。现场大量实测结果表明：不同岩性围岩，当围岩二次蠕变速度衰减系数 $B_2\geqslant0.04$ 时围岩变形保持稳定；当围岩二次蠕变速度衰减系数 $B_2<0.04$ 时，围岩表面破裂，围岩变形趋向不稳定。现场大量实测结果还表明，围岩产生二次蠕变的时间与岩石性质及地压大小等有关，围岩二次蠕变速度衰减系数 $B_2<0.04$ 时，一般在 10～20d。因此，现场可以通过测量 30d 左右围岩表面变形随时间的变化，通过式（2-30）可估算围岩二次蠕变速度衰减系数 B 值的大小，依据 B_2 值的大小判断围岩的稳定性。理论分析和现场试验表明：围岩破裂圈的大小和围岩二次蠕变速度衰减系数紧密相关，新集矿区围岩破裂圈范围为 2000mm 左右时，围岩二次蠕变速度衰减系数 $B_2\approx0.04$；围岩破裂圈范围大于 2000mm 时，围岩二次蠕变速度衰减系数 $B_2\leqslant0.04$，围岩变形有“失稳”趋势。

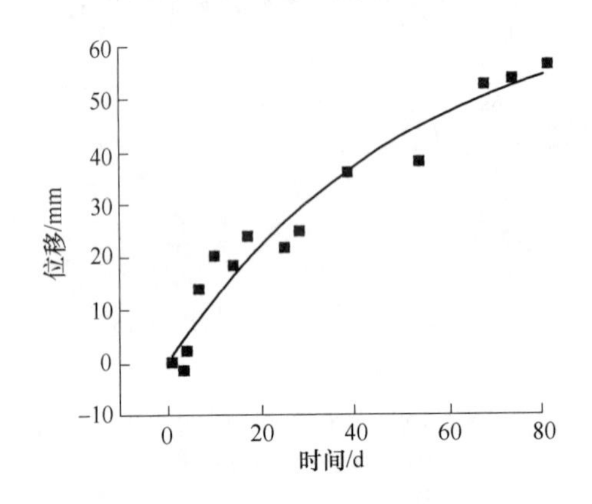

图 2-19　巷道表面变形随时间的变化
（$A_2=110.0$，$B_2=0.05$）

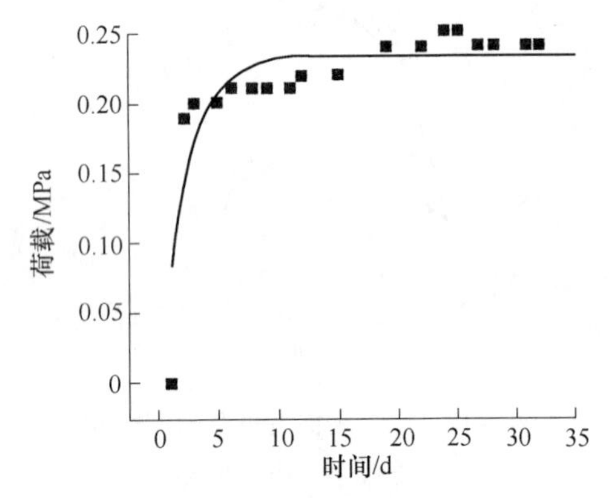

图 2-20　支架受荷随时间的变化
（$A_1=0.23$，$B_1=0.43$）

2.1.5　深部巷道软弱煤岩稳定性判别

2.1.5.1　深部巷道软弱煤岩稳定条件

结合工程实际，深部巷道软弱煤岩稳定应满足以下条件：

（1）巷道煤岩破裂仍具有一定承载力，煤岩保持稳定时破裂圈半径必须保持在一定范围内。

（2）煤岩变形随时间增长应趋于稳定，稳定后巷道断面应满足使用要求。

2.1.5.2 深部巷道软弱煤岩稳定性判别方法

（1）支架受荷随时间变化关系。煤岩稳定性和煤岩破裂圈范围有关，当煤岩破裂圈超过一定范围时，煤岩有“失稳”趋势，支架受荷随时间增长呈较为显著的波动。为了判断煤岩稳定性，采用压力枕观测支架受荷，如果支架受荷随时间增长趋于稳定，则煤岩表面未产生严重破裂，煤岩变形稳定；如果支架受荷增长一定程度后随时间变化呈较为显著的波动，则表明煤岩表面破裂较为严重，煤岩表面变形随时间呈不稳定增长，煤岩有“失稳”趋势。

（2）煤岩松动圈大小。以支架受荷产生较为显著“波动”作为煤岩变形“失稳”标准，通过理论分析、数值模拟结合工程实测以煤岩松动圈半径 $R_{松}=2000$mm 作为评价煤岩稳定性标准。

（3）煤岩表面变形随时间变化关系。如果煤岩破裂圈在一定范围内，煤岩变形保持稳定，此时煤岩表面变形随时间增长，趋向稳定；如果破裂圈超过一定范围，煤岩变形有“失稳”趋势，煤岩表面变形随时间增长，趋于不稳定。可以通过煤岩表面变形随时间的变化规律分析煤岩变形的稳定性。

如果煤岩表面变形随时间呈式（2-30）所示的一次蠕变，煤岩变形趋于稳定；如果煤岩表面变形随时间呈式（2-32）所示指数变化，煤岩变形趋于不稳定；如果煤岩表面变形随时间呈式（2-32）所示的二次蠕变，煤岩变形稳定性需根据二次蠕变速度衰减系数确定。一般通过测量 30d 左右煤岩表面变形随时间的变化确定煤岩二次蠕变速度衰减系数 B_2 值，通过 B_2 值判断煤岩的稳定性，针对新集矿区的工程实际，以 $B_2=0.04$ 作为煤岩变形稳定的判别标准。煤岩表面变形和煤岩二次蠕变速度衰减系数 B_2 值的大小紧密相关，可以通过煤岩表面变形对煤岩稳定性进行判断。煤岩表面变形容许值和煤岩性质有关，针对新集矿区常见的煤、泥岩、泥质砂岩、砂质泥岩，巷道表面变形容许值可取为 100～200mm，其中岩性较好的泥质砂岩及砂质泥岩煤岩表面变形容许值取为 100mm，岩性较差的煤体表面变形容许值取为 200mm。

2.1.6 深部软弱煤岩稳定性早期判别

工程中不仅需对煤岩稳定性进行判别，而且需在煤岩变形早期对煤岩稳定性进行推测，对有“失稳”倾向的巷道进行及时修复以保持煤岩的稳定性，避免煤岩变形后期巷道失稳而进行修复造成的浪费。

煤岩表面变形满足式（2-30）时，虽然煤岩保持稳定，但变形量 A_1 并不大，煤岩自承载力并未充分发挥。合理支护应容许煤岩产生二次蠕变，煤岩表面变形随时间的变化满足式（2-31），煤岩二次蠕变速度衰减系数 $B_2=0.04$。煤岩变形早期满足体积不可压缩假设，煤岩表面变形随时间的变化满足式（2-30），B_1 值由岩性确定，考虑煤岩二次蠕变的 B_2 值比 B_1 小，A_1 取值应比煤岩表面容许变形小，通过对现场实测数据分析，A_1 应比煤岩表面容许变形值小约 30%，可以通过煤岩表面容许变形确定 A_1 值，依据式（2-30）确定。

实测煤岩变形初期（0～15d）表面变形并和容许变形值对比，判断煤岩稳定性。如果实测值与理论值相差不超过 20% 表明煤岩稳定；如果实测值超过理论值 20%，表明煤岩变形不稳定；如果煤岩表面变形实测值小于理论值的 20% 表明煤岩变形“过于”稳定。有时由于施工影响，煤岩表面变形前期（0～15d）不能进行数据观测时，可以在煤岩表面变形前期（20～25d）进行连续 15d 的数据观测。

2.1.7　深部软弱煤岩二次支护合理时段确定

由于煤岩地质条件及地压的不同，不同地段巷道煤岩变形不同，采用相同支护形式及参数可能造成巷道局部地段“失稳”，为保持煤岩变形稳定，应在有“失稳”趋势的地段和部位进行二次支护。如果煤岩表面变形随时间的变化满足式（2-32），需对煤岩进行二次支护；如果煤岩表面变形随时间的变化满足式（2-31），$B_2 \leqslant 0.04$ 时可在煤岩产生二次蠕变地段及时段附近进行二次支护。

2.1.8　基于深部软弱煤岩二次蠕变速度衰减系数的工程判别

如图 2-21 所示，为量化判别深部软弱煤岩碎胀稳定性进而选择合理支护保持煤岩稳定，通过位移计实测煤岩碎胀位移随时间演化，根据碎胀位移随时间演化特征分析碎胀位移速度随时间演化，选择碎胀位移速度减缓快慢系数来判断煤岩稳定并量化确定容许临界值。为实现其目的，研制了一种可直接分析深部煤岩稳定性的装置，主要包括位移计、数据分析仪。位移计主要为爪头位于近原岩位置并用于测量随时间变化的巷道表面位移。数据分析仪包括用于记录巷道表面碎胀位移的数据记录器，用于分析碎胀位移数据的数据处理器以及用于显示碎胀位移数据处理结果的数据显示器。位移计及数据分析仪通过信号线连接。位移计通过信号线与数据分析仪的数据记录器连接；数据分析仪中的数据处理器通过对数据记录器记录不同时刻的碎胀位移分析，得出巷道表面位移不同时刻碎胀位移速度、碎胀位移速度减缓快慢系数；数据分析仪中数据显示器显示碎胀位移及碎胀位移速度随时间演化曲线、不同时刻碎胀位移速度减缓快慢系数，设定碎胀位移速度减缓快慢系数的容许临界值，动态比较碎胀位移速度减缓快慢系数的实测值与容许临界值，及时对锚固区内外碎胀稳定性进行预警。

如图 2-21(a) 所示，巷道煤岩易于失稳关键部位钻孔内近于原岩位置孔底布置位移计锚固爪头，位移计通过信号线与巷道内数据分析仪中数据记录器连

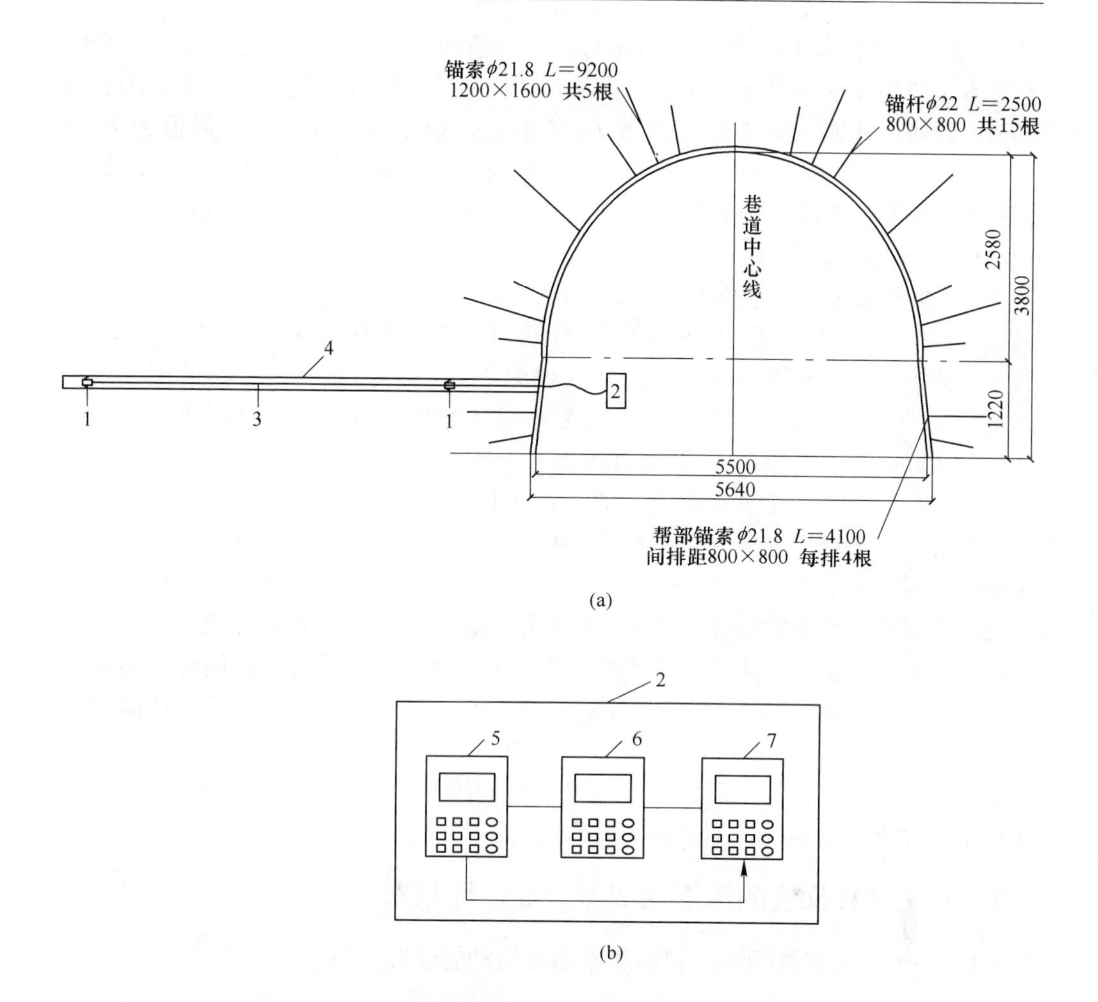

图 2-21 深部软弱煤岩稳定性工程实测示意图

（a）基于二次蠕变速度衰减系数测定煤岩稳定性装置布置示意图；（b）数据分析仪结构示意图

1—锚固爪头；2—数据分析仪；3—钢丝绳；4—关键部位钻孔

5—数据记录器；6—数据处理器；7—数据显示器

接，数据分析仪中数据记录器将数据传送至数据分析仪中的数据处理器，数据分析仪中数据显示器将煤岩表面碎胀位移以及碎胀位移速度随时间演化处理结果以曲线动态显示，每天显示煤岩位移速度减缓快慢系数 1 次并与设定的容许临界值实时动态比较并及时报警。图 2-21(b) 为数据分析仪的结构示意图：5 为记录不同时刻锚固体内外碎胀位移的数据记录器，可以记录 1000 次煤岩表面碎胀位移值；6 为根据数据记录器记录结果分析煤岩表面碎胀位移速度随时间演化及不同时刻煤岩表面碎胀位移速度减缓快慢系数的数据处理器，以碎胀位移随时间演化曲线的切线斜率作为不同时刻碎胀位移速度 v，分析时间段内碎胀位移速度 v 随

时间 t 演化依据 $v=A_2\mathrm{e}^{B_2t}$ 回归，得出分析时间段内煤岩碎胀位移速度减缓快慢的系数 B_2；7 为显示煤岩表面碎胀位移及碎胀位移速度随时间演化及每天 1 次的煤岩表面碎胀位移速度减缓快慢系数 B_2 值的数据显示器，取容许临界值为 $B_2=0.04$，$B_2>0.04$ 时煤岩碎胀处于容许临界范围即处于稳定状态，$B_2\leqslant 0.04$ 时煤岩碎胀超过容许临界范围即有失稳发展趋势，实时比较 k_2 值与其容许临界值 $B_2\leqslant 0.04$ 的大小，对锚固体内外碎胀位移的稳定性进行“动态”监测并及时预警。

以安徽国投新集口孜东矿 11-2 煤行人上山为例。

口孜东矿 11-2 煤埋深约 900.0m，中央（11-2）采区行人上山位于 11-2 中，沿煤层顶板掘进，巷道断面及支护形式如图 2-21(a) 所示。由于巷道位于松散破碎 11-2 煤层中，巷道两帮为煤体且变形最易产生失稳，尤其以两帮中部最为显著。帮部锚杆、锚索间排距为 800.0mm × 800.0mm，锚杆及锚索长度分别为 2.5m 及 4.1m，锚杆及锚索直径分别为 ϕ22.0mm 及 ϕ21.8mm。以直墙半圆拱形巷道两帮中部为巷道煤岩易于失稳的关键部位，两帮中部布置直径 ϕ40.0mm 孔深 10.0m 的钻孔，距巷道表面距离 10.0m 位置即近于原岩位置布置位移计锚固爪头；数据分析仪中数据处理器根据数据记录器记录的煤岩表面碎胀位移，分析得出煤岩表面碎胀位移速度随时间的演化，进而得出了不同时间段内煤岩表面碎胀位移速度衰减快慢系数 B_2 值；数据分析仪中的数据显示器实时显示锚固体内外 B_2 值的大小，当巷道掘进 35d 左右时，B_2 达到容许临界值 $B_2=0.04$，巷道煤岩变形有失稳趋势，由于预警及时，未待煤岩碎胀失稳就加大了巷道支护强度，保证了帮部煤岩稳定，避免了多次返修现象。

2.2 基于位移梯度的深部软弱煤岩稳定性判别

2.2.1 基于位移梯度的深部软弱煤岩巷道松动圈厚度估算

2.2.1.1 位移梯度评价深部软弱煤岩松动圈厚度合理性分析

如图 2-22 所示，取巷道帮部煤层内任意点 G，沿巷道中心 O 与该点连线方向 OG 取微元体，定义微元体碎胀系数为：

$$k=\frac{\Delta v}{v} \tag{2-36}$$

式中 v——微元体体积，m^3；

Δv——微元体体积增量，m^3。

帮部煤岩变形按平面应变处理，巷道轴向取 1 个单位长度，巷道开挖引起微元体沿 GO 方向碎胀，微元体体积 v 可示为：

$$v=r\mathrm{d}r\mathrm{d}\theta \tag{2-37}$$

微元体体积增量 Δv 可示为：

$$\Delta v=(\mathrm{d}r-\mathrm{d}u)(r-\mathrm{d}u)\mathrm{d}\theta-r\mathrm{d}r\mathrm{d}\theta \tag{2-38}$$

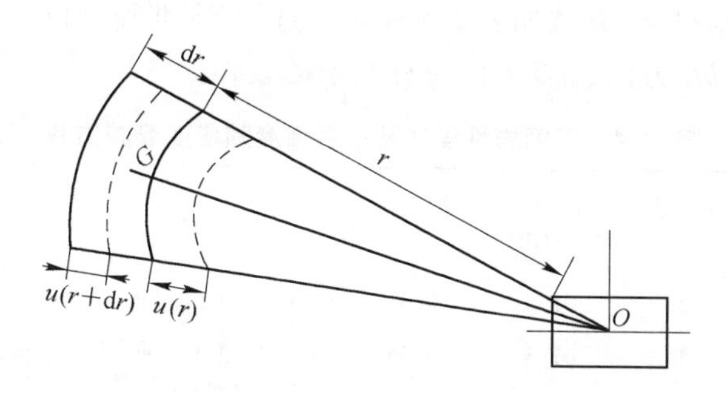

图 2-22 巷道开挖前后帮部煤岩微元体变化示意图

忽略二阶无穷小，微元体碎胀系数 k 可示为：

$$k = -\frac{\mathrm{d}u}{\mathrm{d}r} \tag{2-39}$$

式中 u——帮部煤岩 G 点位移，m；

r——沿 OG 方向点 G 距巷道表面距离，m；

$\mathrm{d}u$——微元体沿 OG 方向位移改变量，m；

$\mathrm{d}r$——微元体沿 OG 方向长度，m。

以上分析表明，微元体体积碎胀系数可用该位置位移梯度绝对值来表达。

以上表明，微元体体积变化率 k 可用沿该位置与巷道中心连线方向位移梯度来表达，其大小与所处状态有关。深部软弱煤岩松动范围内微元体体积变化主要由碎胀引起，体积变化率即位移梯度明显增大；而塑性区内主要由煤岩微裂隙引起，体积变化率即位移梯度较小。可以依据深部软弱煤岩位移梯度分布估算松动破碎范围，为此需确定临界破碎状态值 $k_{\min}$。

2.2.1.2 深部软弱煤岩位移场及松动破碎数值模拟

A 数值计算模型

如图 2-23 所示，按照平面应变问题建立模型并进行网格划分，边界条件为两侧水平方向约束，底部垂直方向约束，考虑巷道支护反力 $P_i = 0.15\text{MPa}$。考虑原岩应力、煤岩岩性及巷道断面为主要影响因素，结合两淮矿区具体工程实际，选取原岩应力 P 为 10.0MPa、12.0MPa、14.0MPa、18.0MPa、20.0MPa，矩形巷道断面为 4.0m × 3.5m、5.0m × 4.0m、6.0m × 5.0m，不同煤岩岩性如表 2-4 所示。实验室测定不同煤岩黏结力 c

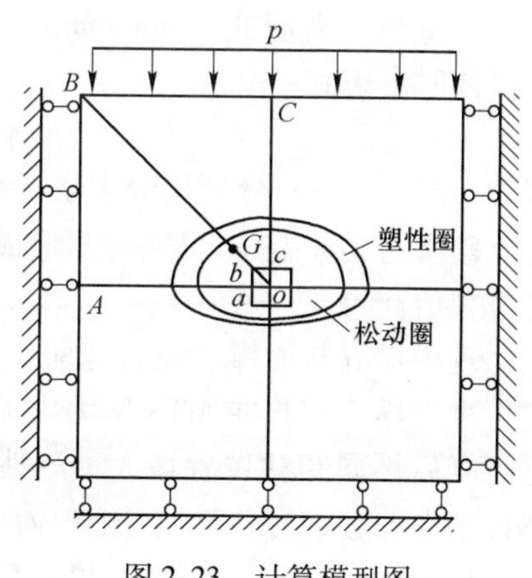

图 2-23 计算模型图

及内摩擦角 φ 随应变 ε_{ps} 衰减如表 2-4 所示，选择 SS 准则分析不同条件巷道周围煤岩沿 aA 方向、bB 方向、cC 方向位移及松动破碎。

表 2-4　不同岩性煤岩及峰后强度随应变衰减方程

岩性	黏结力 c/MPa	内摩擦角 φ/°	弹性模量 E/GPa	泊松比 λ	峰后强度随应变衰减模型	
岩性Ⅰ	1.5	28	1.5	0.33	$c=1.0+0.5\mathrm{e}^{-\varepsilon_{ps}/0.00068}$	$\varphi=25.0+3.0\mathrm{e}^{-\varepsilon_{ps}/0.00212}$
岩性Ⅱ	1.0	22	1.3	0.35	$c=0.7+0.3\mathrm{e}^{-\varepsilon_{ps}/0.00068}$	$\varphi=20+2\mathrm{e}^{-\varepsilon_{ps}/0.00212}$
岩性Ⅲ	0.7	18	1.2	0.36	$c=0.5+0.2\mathrm{e}^{-\varepsilon_{ps}/0.00068}$	$\varphi=16.5+1.5\mathrm{e}^{-\varepsilon_{ps}/0.00212}$

B　本构关系类型

FLAC3D 中应变软化 SS 本构关系通过塑性参数 ε^{ps} 表征岩石峰后损伤程度，依据煤岩强度参数 c、φ 随塑性参数 ε^{ps} 的变化规律来表征 c、φ 的衰减特征。岩样峰后卸载损伤强度 c、φ 与相应塑性系数 ε_{ps} 较好满足以下形式回归方程：

$$\left.\begin{aligned} c&=\bar{c}+k_1\mathrm{e}^{-\varepsilon^{ps}/k_2}\\ \varphi&=\bar{\varphi}+k_3\mathrm{e}^{-\varepsilon^{ps}/k_4}\end{aligned}\right\}\tag{2-40}$$

式中　$\bar{c}$——残余黏结强度，MPa；

$\bar{\varphi}$——残余内摩擦角，(°)；

k_1——系数，MPa；

k_2——系数；

k_3——系数；

k_4——系数。

针对深部煤岩：

$$\varepsilon^{ps}=0.664\gamma^{p}\tag{2-41}$$

式中　ε^{ps}——塑性系数；

γ^{p}——剪应变，mm/mm。

同时考虑到：

$$\gamma^{p}=|\varepsilon_1-\varepsilon_3|\tag{2-42}$$

式中　ε_1，ε_3——分别为最大主塑性应变和最小主塑性应变，mm/mm。

塑性剪切应变 γ^{p} 可通过测量最大主塑性应变 ε_1 与最小主塑性应变 ε_3 并通过计算差值获得。

现场提取巷道煤、泥岩芯样，实验室加工成直径为 50mm、高度 100mm 的规定标准试样。实验在 MTS 压力实验机上进行，标准试样粘贴纵向与横向应变片进行峰后不同卸载位置最大主塑性应变 ε_1、最小主塑性应变 ε_3 实测，获得相应条件塑性参数 ε^{ps}，同时实测相应的峰后不同卸载位置损伤试样的强度 c、φ 值。

根据式（2-40）~式(2-42）即可确定不同卸载条件峰后损伤破裂煤岩强度

c、φ 与塑性参数 ε^{ps} 的对应关系，实现采用 FLAC3D 软件对深部煤巷煤岩强度 c、φ 衰减的数值模拟。不同煤岩岩性峰后强度随应变衰减本构关系如表 2-5 所示。

表 2-5　不同原岩应力回归方程系数 *A*、*B* 值

位置	p = 10.0MPa	p = 12.0MPa	p = 14.0MPa	p = 18.0MPa	p = 20.0MPa
aA 方向	A = 147.0 B = 1.87	A = 200.0 B = 2.02	A = 280.0 B = 2.23	A = 449.0 B = 2.63	A = 615.0 B = 2.80
bB 方向	A = 55.7 B = 6.51	A = 75.6 B = 6.82	A = 91.3 B = 6.90	A = 146.5 B = 7.24	A = 177.2 B = 8.65
cC 方向	A = 57.0 B = 7.14	A = 77.9 B = 7.41	A = 108.9 B = 7.78	A = 190.0 B = 8.06	A = 241.0 B = 8.70

C　深部软弱煤岩位移场数值计算结果及分析

取巷道断面为 6.0m × 5.0m，煤岩岩性及其峰后强度随应变衰减模型为表 2-4 中的岩性Ⅰ，不同原岩应力 P 作用煤岩位移分布如图 2-24 所示。

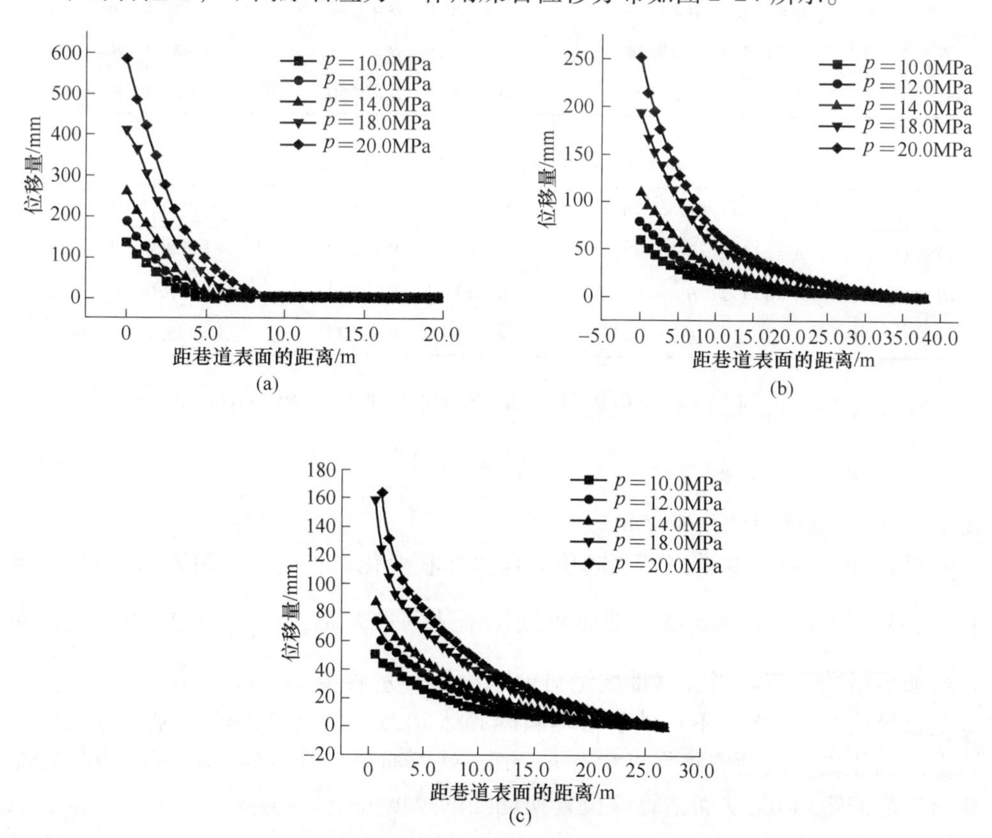

图 2-24　不同原岩应力煤岩位移随距巷道表面距离的变化

（a）aA 方向；（b）bB 方向；（c）cC 方向

选择式（2-43）对图 2-24 中数据进行回归分析，不同原岩应力回归方程相关系数都满足 $\lambda \geqslant 0.92$，具有较好相关性。

$$u = A\mathrm{e}^{-r/B} \tag{2-43}$$

式中 A——回归系数，mm；

B——回归系数，m。

不同条件回归方程系数 A、B 值如表 2-5 所示。

对不同煤岩岩性及巷道断面数值模拟结果进行分析，式（2-43）也能较好表征该条件下位移场分布。

巷道断面 4.0m×3.5m，原岩应力 $p = 20.0\text{MPa}$，不同煤岩岩性回归方程系数如表 2-6 所示。原岩应力 $p = 20.0\text{MPa}$，煤岩为表 2-6 中的岩性Ⅰ，不同巷道断面回归方程系数 A、B 值如表 2-7 所示。

表 2-6 不同煤岩岩性位移回归方程系数

位置	岩性Ⅰ	岩性Ⅱ	岩性Ⅲ
aA 方向	$A = 339.0$ $B = 1.48$	$A = 926.0$ $B = 3.49$	$A = 1550.0$ $B = 5.76$
bB 方向	$A = 105.0$ $B = 7.36$	$A = 280.0$ $B = 7.91$	$A = 400.0$ $B = 9.16$
cC 方向	$A = 115.7$ $B = 7.92$	$A = 300.0$ $B = 8.50$	$A = 450.0$ $B = 9.54$

表 2-7 不同巷道断面回归方程系数

位置	巷道断面 6.0m×5.0m	巷道断面 5.0m×4.0m	巷道断面 4.0m×3.5m
aA 方向	$A = 615.0$ $B = 2.80$	$A = 459.0$ $B = 1.80$	$A = 339.0$ $B = 1.48$
bB 方向	$A = 177.2$ $B = 8.65$	$A = 128.5$ $B = 8.13$	$A = 105.0$ $B = 7.36$
cC 方向	$A = 241.0$ $B = 8.70$	$A = 158.0$ $B = 8.27$	$A = 115.7$ $B = 7.92$

据式（2-43），煤岩不同位置体积变化率即位移梯度绝对值可示为：

$$k = -\frac{\mathrm{d}u}{\mathrm{d}r} = \frac{A}{B}\mathrm{e}^{-r/B} \tag{2-44}$$

式中 k——位移梯度，mm/m。

据式（2-44），巷道周围不同位置煤岩体积变化率不同，巷道表面位置即 $r = 0$ 时位移梯度绝对值达到最大即体积变化率达到最大 $k_{\max} = \dfrac{A}{B}$，随据巷道表面距离增加呈指数衰减。当位移梯度绝对值减小至一定程度，该位置体积变化率 r 降低至临界值 $k_{\min}$，煤岩不再处于松动破碎碎胀状态，而是进入微裂隙赋存的塑性状态。如能确定松动破碎临界状态 $k_{\min}$ 值，就可通过式（2-44）计算相应位置距巷道表面的距离 r，从而估算该位置松动圈的厚度 L。

D 深部软弱煤岩松动破碎数值计算结果及分析

由于煤岩松动破碎主要呈现黏结力 c 衰减，而内摩擦角 φ 衰减并不明显，为此，主要分析不同条件煤岩黏结力 c 分布。不同原岩应力 p 作用煤岩黏结力 c 分布数值模拟结果如图 2-25 所示。

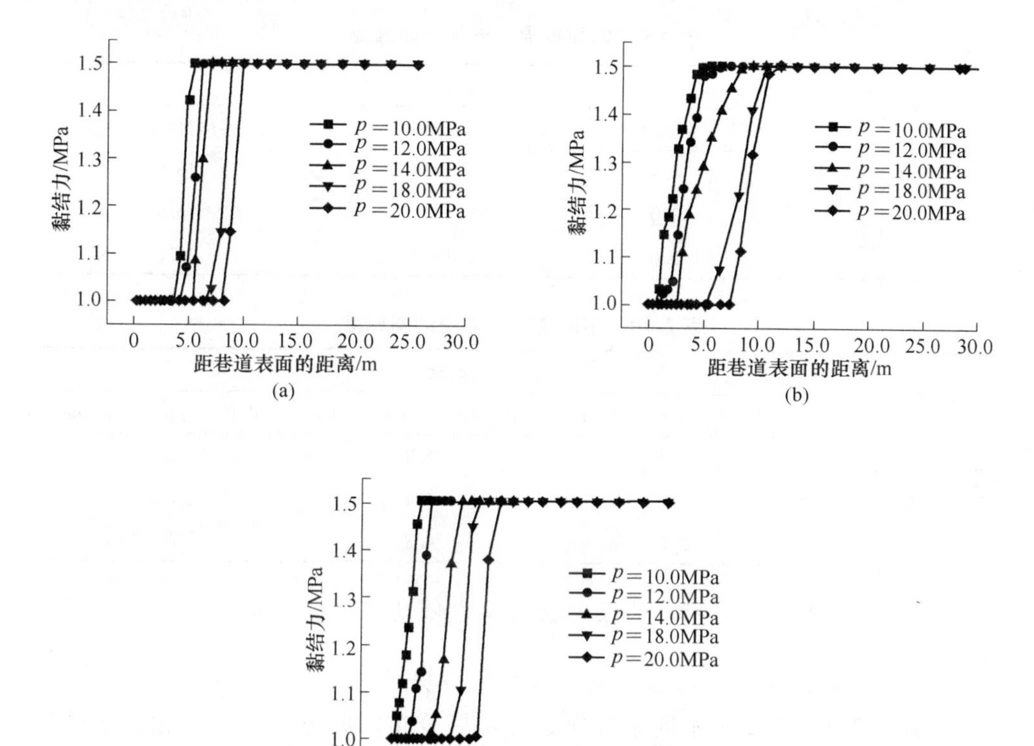

图 2-25　不同原岩应力煤岩黏结力随距巷道表面距离的变化

（a）aA 方向；（b）bB 方向；（c）cC 方向

以上计算结果表明，距巷道表面一定范围，煤岩黏结力为残余强度值 $\bar{c}$，随后逐渐增加至初始强度值 c。以煤岩黏结力为残余黏结力 $\bar{c}$ 范围作为松动破碎范围，可得不同原岩应力 p 作用下松动破碎圈厚度 L 如表 2-8 所示。

表 2-8　不同原岩应力煤岩松动圈厚度

位置	松动圈厚度 L/m				
	$p=10.0$MPa	$p=12.0$MPa	$p=14.0$MPa	$p=18.0$MPa	$p=20.0$MPa
Aa	3.8	4.6	5.5	7.2	8.4
Bb	0.0	0.5	2.5	5.2	7.0
Cc	0.0	1.2	3.0	6.0	7.8

依据不同煤岩岩性及巷道断面煤岩黏结力分布数值模拟结果，可得相应煤岩松动破碎圈厚度如表 2-9 及表 2-10 所示。

表 2-9　不同煤岩岩性松动圈厚度

位置	松动圈厚度 L/m		
	岩性Ⅰ	岩性Ⅱ	岩性Ⅲ
Aa	4.4	11.4	18.9
Bb	3.0	9.9	13.4
Cc	3.6	10.0	13.5

表 2-10　不同巷道断面松动圈厚度

位置	松动圈厚度 L/m		
	巷道断面 4.0m×3.5m	巷道断面 5.0m×4.0m	巷道断面 6.0m×5.0m
Aa	4.4	5.8	8.4
Bb	3.0	4.4	7.0
Cc	3.6	4.8	7.8

2.2.1.3　基于位移梯度的深部软弱煤岩松动圈厚度估算

A　不同条件煤岩松动破碎临界状态位移梯度

依据表 2-5～表 2-7 不同条件煤岩位移场分布回归方程系数及相应条件表 2-8～表 2-10 煤岩松动圈厚度，据式（2-44）计算得出不同条件煤岩松动破碎临界状态位移梯度绝对值分别如表 2-11～表 2-13 所示。

表 2-11　不同原岩应力煤岩临界松动破碎状态位移梯度绝对值

位置	煤岩位移梯度				
	p=10.0MPa	p=12.0MPa	p=14.0MPa	p=18.0MPa	p=20.0MPa
Aa	10.30	10.16	10.66	11.05	10.94
Bb	8.55	10.30	9.21	9.86	9.28
Cc	7.98	8.93	9.51	11.19	11.35

表 2-12　不同岩性煤岩临界松动破碎状态位移梯度绝对值

位置	煤岩位移梯度		
	岩性Ⅰ	岩性Ⅱ	岩性Ⅲ
Aa	11.70	10.00	10.11
Bb	9.50	10.07	11.11
Cc	10.05	10.88	11.36

表 2-13 不同巷道断面煤岩临界松动破碎状态位移梯度绝对值

位置	煤岩位移梯度		
	巷道断面 4.0m×3.5m	巷道断面 5.0m×4.0m	巷道断面 6.0m×5.0m
Aa	11.70	10.16	10.94
Bb	9.50	9.40	9.28
Cc	10.05	10.70	11.35

B 煤岩松动破碎位移梯度绝对值临界容许值确定

表 2-8～表 2-10 计算结果表明：巷道埋深（原岩应力）、巷道断面及煤岩岩性等原始条件影响煤岩松动破碎范围，但表 2-11～表 2-13 计算结果却表明：不同条件深部软弱煤岩临界松动破碎状态位移梯度绝对值变化较小，一般 $k_{min} \approx 20.0$mm/m，表 2-11 中原岩应力 $p=10.0$MPa 时巷道周围煤岩沿 *Bb* 方向及 *Cc* 方向位移梯度计算值较小是由于原岩应力较小致使沿该方向未产生松动破碎即巷道周围煤岩都未达到松动破碎临界状态的缘故。针对深部软弱煤岩，松动圈内煤岩不仅要产生强度衰减，同时要产生一定程度碎胀，为此，取煤岩松动破碎位移梯度绝对值临界容许值 $k_{min}=20.0$mm/m。位移梯度 $k_{min} \geqslant 20.0$mm/m 范围即为煤岩松动圈范围。

C 基于位移梯度的深部软弱煤岩松动圈厚度估算

通过获得不同条件煤岩位移 u 随距离 s 变化的回归方程式及回归系数 A、B 值，考虑 $k_{min}=20.0$，可按下式对深部软弱煤岩松动圈厚度进行估算：

$$L = B\ln(20B/A) \tag{2-45}$$

2.2.2 基于位移梯度的巷道煤岩碎胀程度估算

2.2.2.1 深部煤巷帮部煤岩位移分布数值模拟

取淮南矿区口孜东矿具有代表性煤巷为数值计算模型。根据已有工程资料结合工程实测，该巷道埋深 $H=750.0$m，原岩垂直应力 $p=17.0$MPa，侧压系数 $k_0=1.2$；煤层厚度约 5.0m，沿煤层底板布置，巷道两帮为煤岩，顶板为复合顶板，依次为顶煤、直接顶泥岩及老顶砂质泥岩，底板以泥岩为主，各层岩石力学参数如表 2-14 所示。断面为净宽×净高=5.0m×3.0m 的矩形，采用梯形棚支架对棚支护，支护反力 $p_i \approx 0.15$MPa。如图 2-26 所示，按照平面应变问题建立 FLAC 3D 计算模型，模型尺寸(长×宽)50.0m×50.0m，边界条件为两侧水平方向约束，底部垂直方向约束，顶部施加垂直自重应力 P，选择应变软化模型模拟煤岩松动破碎，接触面单元模拟结构面分离，考虑到巷道两帮变形对称性，数值模拟分析巷道左帮煤岩位移分布。

表 2-14　不同岩层力学参数

岩性	黏结力 c/MPa	内摩擦角 φ/(°)	弹性模量 E/GPa	泊松比 λ
泥岩	2.0	32.0	1.8	0.30
硬煤	1.5	28.0	1.5	0.33
砂质泥岩	3.5	35.0	2.6	0.25

如图 2-26 所示 aA、bB、cC、dD、eE、fF、gG 7 个方向，各个方向均经过巷道中心 O 点；a 点位于巷道帮部表面中间位置；b、c、d 点位于巷道帮部上方表面，距巷道帮部中间位置 a 点距离分别为 0.45m、0.72m、1.32m；e、f、g 位于巷道帮部下方表面，以 a 为中心，与 d、c、b 点对称布置。计算各方向不同位置煤岩位移大小及方向，分析深部煤巷帮部煤岩位移分布特征。

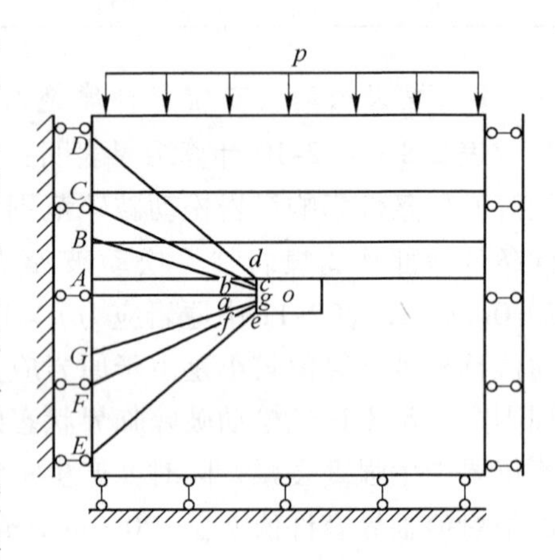

图 2-26　计算模型

实验室获得的煤及泥岩峰后损伤强度 c、φ 随塑性系数 ε^{ps} 衰减的回归方程可表示为：

煤：

$$\left.\begin{aligned} c &= 0.7 + 0.3\mathrm{e}^{-\varepsilon^{ps}/0.0035} \\ \varphi &= 20.0 + 2.0\mathrm{e}^{-\varepsilon^{ps}/0.0006} \end{aligned}\right\} \tag{2-46}$$

泥岩：

$$\left.\begin{aligned} c &= 1.3 + 0.7\mathrm{e}^{-\varepsilon^{ps}/0.0025} \\ \varphi &= 27.0 + 5.0\mathrm{e}^{-\varepsilon^{ps}/0.0004} \end{aligned}\right\} \tag{2-47}$$

2.2.2.2　帮部煤岩位移计算及分析

A　各方向帮部煤岩位移随距巷道表面距离的变化

计算得出的各方向帮部煤岩位移随距巷道表面距离的变化如图 2-27 所示。

对图 2-27 计算结果进行回归分析，沿各方向帮部煤岩位移随距巷道表面距离的变化较好满足回归方程：

$$u = A\mathrm{e}^{-r/B} \tag{2-48}$$

式中　u——沿各方向帮部煤岩位置位移，m；

r——帮部煤岩沿所取方向距巷道表面距离，m；

A——回归系数，mm；

B——回归系数，m。

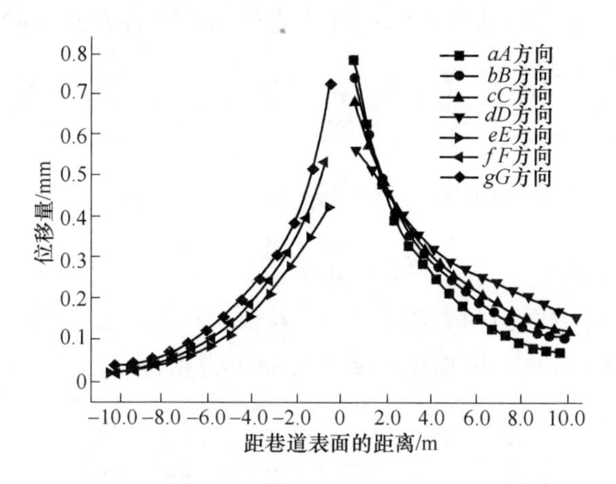

图2-27 各方向帮部煤岩位移随至巷道表面距离的变化

相关系数 $\lambda \geqslant 0.92$，具有较好相关性。

各方向回归方程系数 A、B 值详见表2-15。

表2-15 各方向回归方程系数 A、B 值

典型方向	dD 方向	cC 方向	bB 方向	aA 方向	gG 方向	fF 方向	eE 方向
系数 A	546.23	692.02	781.69	886.19	810.50	681.75	508.50
系数 B	5.15444	3.56900	3.02308	2.46955	2.32400	2.41774	2.69270

B 各方向巷道帮部煤岩位移方向

图2-26计算模型 X 轴为水平方向、Z 轴为垂直方向、Y 轴为垂直巷道截面方向。取巷道帮部上方 aA 方向、bB 方向、cC 方向以及 dD 方向不同位置 X 方向位移 X_d、Z 方向位移 Z_d 详见表2-16。

表2-16 各方向巷道帮部煤岩不同位置 X_d、Z_d 值

典型方向	aA 方向				bB 方向				cC 方向				dD 方向			
X/m	3.05	6.11	7.94	9.77	3.07	6.74	8.57	9.80	3.05	6.72	7.94	9.15	3.06	5.52	6.75	7.69
Z/m	0	0	0	0	0.61	1.28	1.61	1.84	0.94	1.98	2.33	2.67	1.67	2.97	3.61	4.09
X_d/m	−0.78	−0.27	−0.16	−0.09	−0.69	−0.22	−0.12	−0.08	−0.59	−0.21	−0.14	−0.09	−0.40	−0.22	−0.14	−0.10
Z_d/m	0	0	0	0	−0.15	−0.04	−0.02	−0.02	−0.18	−0.07	−0.04	−0.03	−0.22	−0.12	−0.08	−0.06
Z_d/X_d	0	0	0	0	0.21	0.18	0.20	0.21	0.30	0.31	0.29	0.30	0.54	0.55	0.55	0.55
Z/X	0	0	0	0	0.20	0.19	0.19	0.19	0.31	0.30	0.30	0.29	0.55	0.54	0.54	0.53

依据表2-16计算结果，巷道帮部上方各方向煤岩不同位置位移方向与沿该

位置与巷道中心连线方向基本相同；对巷道帮部下方各方向不同位置煤岩位移方向进行分析，结论一致。

2.2.2.3　帮部煤岩松动破碎分布

帮部煤岩不同位置体积碎胀系数可示为：

$$k = -\frac{\mathrm{d}u}{\mathrm{d}r} = \frac{A}{B}\mathrm{e}^{-r/B} \tag{2-49}$$

据表 2-15 中各方向回归方程系数 A、B 值，可得典型方向帮部煤岩不同位置位移梯度如图 2-28 所示，依据位移梯度分布可得帮部煤岩体积碎胀系数分布。

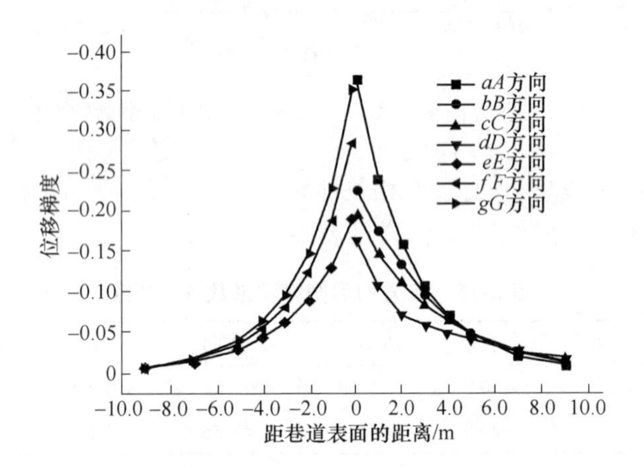

图 2-28　各方向帮部煤岩位移梯度随至巷道表面距离的变化

A　各方向帮部煤岩不同位置体积碎胀系数分布

依据图 2-28，各方向不同位置煤岩碎胀程度不同，距巷道表面一定范围具有显著的体积碎胀系数 k 值，可认为煤岩处于破碎充分的极显著碎胀。随距巷道表面距离 r 增加，煤岩体积碎胀系数 k 值呈指数衰减，当 k 值减小至某临界值 k_{min} 时，可认为煤岩由极显著碎胀状态进入显著碎胀状态，根据煤岩体积碎胀系数确定显著松动破碎范围，取煤岩处于显著松动破碎临界状态时体积碎胀系数 k_{min} = 50mm/m；如果以煤岩处于完全松散状态作为极显著碎胀范围，可取煤岩完全松散状态碎胀系数显著碎胀临界状态体积碎胀系数 k = 150mm/m。

B　帮部表面煤岩体积碎胀系数分布

各方向不同位置煤岩体积碎胀系数不同，巷道表面位置即 $r = 0$ 时体积碎胀系数达到最大 $k_{max} = \frac{A}{B}$，帮部表面不同位置 $a \sim g$ 点煤岩体积碎胀系数如表 2-17 所示。

表 2-17 帮部表面不同位置煤岩体积碎胀系数

帮部表面位置	*d* 点	*c* 点	*b* 点	*a* 点	*g* 点	*f* 点	*e* 点
煤岩体积碎胀系数	110	190	260	360	350	280	190

C 帮部煤岩显著松动破碎范围及极显著碎胀范围

沿所取方向距巷道表面距离 r 即为该方向巷道帮部煤岩松动破碎范围，计算得出的帮部煤岩显著松动破碎范围以及极显著松动破碎范围如表 2-18 所示。

表 2-18 各方向巷道帮部煤岩松动破碎范围及显著碎胀范围

典型方向	*dD* 方向	*cC* 方向	*bB* 方向	*aA* 方向	*gG* 方向	*fF* 方向	*eE* 方向
显著松动破碎范围/m	3.87	4.84	4.97	4.87	4.51	4.18	3.58
极显著松动碎胀范围/m	0.00	0.92	1.65	2.15	1.96	1.53	0.62

D 深部煤巷帮部煤岩松动破碎分布特征

为进一步分析深部煤巷帮部煤岩松动破碎分布特征，结合淮南矿区煤巷地应力分布实际，分别取巷道埋深 $H=440.0\text{m}$，对应原岩垂直应力 $p=10.0\text{MPa}$，侧压系数 $k_0=0.90$；巷道埋深 $H=880.0\text{m}$，对应原岩垂直应力 $p=20.0\text{MPa}$，侧压系数 $k_0=1.20$。比较不同埋深巷道帮部煤岩松动破碎分布，结果表明：

（1）帮部表面煤岩破碎程度及分布差别显著。不同埋深巷道，帮部表面煤岩体积碎胀系数分布如图 2-29 所示，帮部表面中间位置 a 点煤岩体积碎胀系数 k_a 值最大，随距 a 点距离增加，帮部表面煤岩体积碎胀系数减小，巷道帮部上方及帮部下方不对称，上部衰减明显快于下方。埋深 $H=440.0\text{m}$ 时，巷道帮部上方表面仅在距中心位置 a 点距离 1.02m 范围煤岩体积碎胀系数满足 $k>50.0\text{mm/m}$，即该范围煤岩表面产生显著松动破碎，帮部下方表面煤岩体积碎胀系数都满

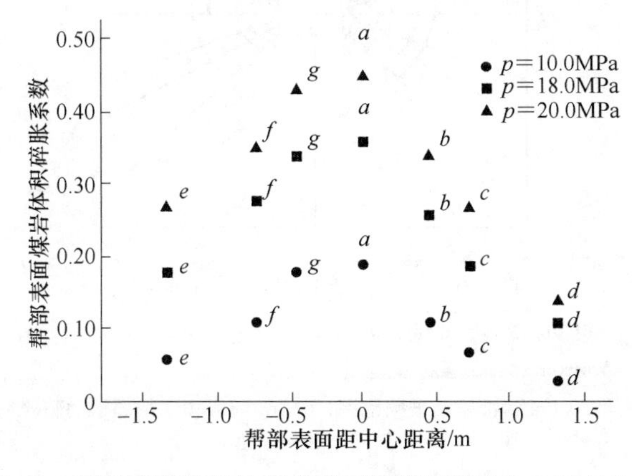

图 2-29 帮部表面煤岩体积碎胀系数随距帮部中心距离的变化

足 $k>50\text{mm/m}$，即帮部下方煤岩表面都产生显著松动破碎；仅在帮部表面中心 a 点附近约 0.2m 很小范围煤岩体积碎胀系数满足 $k>150.0\text{mm/m}$，即帮部表面中部很小范围产生极显著碎胀。埋深 $H=750.0\text{m}$ 时，帮部表面都产生了显著松动破碎，但巷道帮部上方表面仅在距中心位置约 1.0m 范围产生极显著碎胀，巷道帮部下方表面都产生极显著碎胀；埋深 $H=880.0\text{m}$ 时，帮部表面不仅产生显著松动破碎且产生极显著碎胀，但帮部下方表面碎胀程度更加显著。

（2）帮部煤岩松动破碎范围及分布差别显著。不同埋深巷道，帮部煤岩松动破碎范围及分布如图 2-30 所示。埋深 $H=440.0\text{m}$ 时，帮部不同部位松动破碎范围差别显著，分布不均匀，中间位置 aA 方向最大为 1.63m，随距中间位置距离增加，极显著松动破碎范围衰减明显，极显著松动破碎范围分布在 0.0～1.63m；帮部上方煤岩与帮部下方煤岩极显著松动破碎不尽相同，帮部下方煤岩极显著松动破碎范围稍大。埋深 $H=750.0\text{m}$ 时，帮部煤岩不同位置都产生大范围显著松动破碎，帮部中间部位尤为明显，极显著松动破碎范围接近 5.0m；帮部上方与下方煤岩极显著松动破碎范围不对称，帮部下方煤岩极显著松动破碎范围偏小；帮部煤岩极显著松动破碎范围分布在 3.5～5.0m 之间，整体分布趋于均匀。埋深 $H=880.0\text{m}$ 时，帮部煤岩都产生更大范围极显著松动破碎，在 5.30～6.40m 之间，整体分布更加均匀；与帮部下方煤岩比较，帮部上方煤岩极显著松动破碎范围偏大。深部煤巷帮部煤岩都产生大范围极显著松动破碎，尤其是在帮部中间偏上部位。

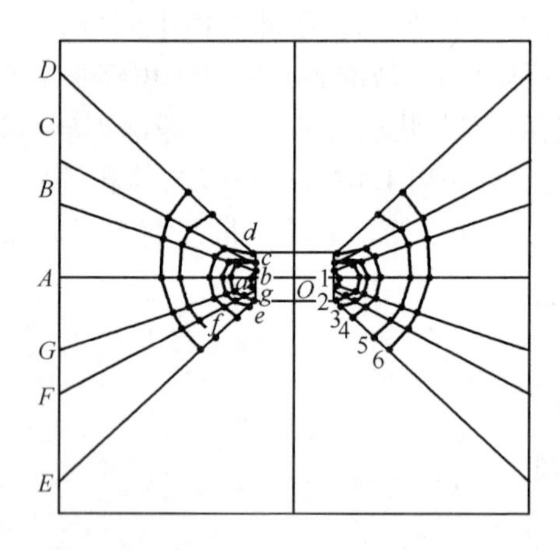

图 2-30 帮部煤岩松动破碎范围分布

1—$H=440.0\text{m}$ 帮部显著碎胀范围；2—$H=440.0\text{m}$ 帮部松动破碎范围；
3—$H=750.0\text{m}$ 帮部显著碎胀范围；4—$H=880.0\text{m}$ 帮部显著碎胀范围；
5—$H=750.0\text{m}$ 帮部松动破碎范围；6—$H=880.0\text{m}$ 帮部松动破碎范围

（3）帮部煤岩极显著碎胀范围及分布差别显著。埋深 $H=440.0\text{m}$ 时，仅在

巷道帮部中间位置 aA 方向具有约0.3m小范围极显著碎胀，其他部位并未产生显著碎胀。埋深 $H=750.0$m时，帮部中间位置 aA 方向极显著碎胀范围最大为2.15m；帮部上方 bB 方向及 cC 方向分别为1.65m及0.92m，距离 a 点1.0m的帮部上方表面位置煤岩处于极显著碎胀临界状态，煤岩极显著碎胀范围为零；帮部下方 gG 方向及 fF 方向分别为1.96m及1.53m，至 eE 方向仍有0.62m极显著碎胀范围。埋深 $H=880.0$m时，帮部煤岩中间位置 aA 方向极显著碎胀范围最大，达到3.01m；帮部上方 bB 方向、cC 方向极显著碎胀范围分别为2.69m、2.25m，至巷道表面 d 点极显著碎胀范围为零；帮部下方 gG 方向及 fF 方向极显著碎胀范围分别为2.90m及2.45m，至 gG 方向极显著碎胀范围仍达到1.70m。埋深 $H=440.0$m时，不存在极显著碎胀范围超过1.0m的区间；埋深 $H=750.0$m时，帮部上方表面距帮部中心 a 点距离0.69m范围极显著碎胀范围超过1.0m，帮部下方表面距离帮部中心 a 点1.07m范围极显著碎胀范围超过1.0m；埋深 $H=880.0$m时，帮部上方表面距帮部中心 a 点距离1.1m范围极显著碎胀范围超过1.0m，帮部下方极显著碎胀范围都超过1.0m。深部煤巷帮部不同部位煤岩极显著碎胀范围分布不均匀且上部、下部煤岩分布不对称，巷道帮部中下方具有较大范围极显著碎胀。

根据以上分析，埋深 $H=440.0$m时，仅在巷道两帮中部偏下约2.7m范围产生显著松动破碎，在帮部中部偏下约0.5m范围显著松动破碎范围超过1.5m，绝大部分帮部煤岩显著松动破碎范围在0.0～1.5m范围。根据巷道煤岩松动圈分类，帮部煤岩属于Ⅰ～Ⅲ类，从目前支护强度来看，帮部煤岩基本稳定，工程实践结果与此一致。当巷道埋置由浅部进入深部 $H=750.0$m时，巷道帮部煤岩显著松动破碎范围均大于3.0m，大部分地段达到5.0m；进入深部 $H=880.0$m时大部分地段显著松动破碎范围在6.0m左右，属于Ⅵ类极不稳定煤岩，目前常用的梯形棚支护不能有效阻止该类煤岩碎胀变形，帮部煤岩将产生变形失稳，这在该类巷道支护工程实践得到充分证实。对于极大松动圈厚度的帮部煤岩，产生大范围显著松动破碎，同时在帮部煤岩表面附近一定范围产生极显著碎胀，巷道帮部浅部施加高强预应力锚杆形成预应力锚杆主压缩拱，松动破碎范围内施加预应力锚索形成预应力锚索次压缩拱，如果参数选择适当，主、次压缩拱有效叠加形成叠加拱可有效保持帮部煤岩稳定。

2.2.3 基于位移梯度的松动圈厚度及碎胀程度的工程实测

针对深部软弱煤岩松动圈厚度大、常规测试方法操作复杂、成本高及工程中不宜推广应用的特点，设计了一种深部软弱煤岩松动圈厚度测试方法及装置，具体涉及一种根据深部软弱煤岩位移梯度分析松动圈厚度及其随时间演化的方法，一种能实时记录显示深部软弱煤岩松动圈厚度及其随时间演化的装置，在此基础上还可以分析巷道煤岩碎胀程度。

如图 2-31 所示，该测试方法估算松动圈厚度及碎胀程度基本步骤如下：

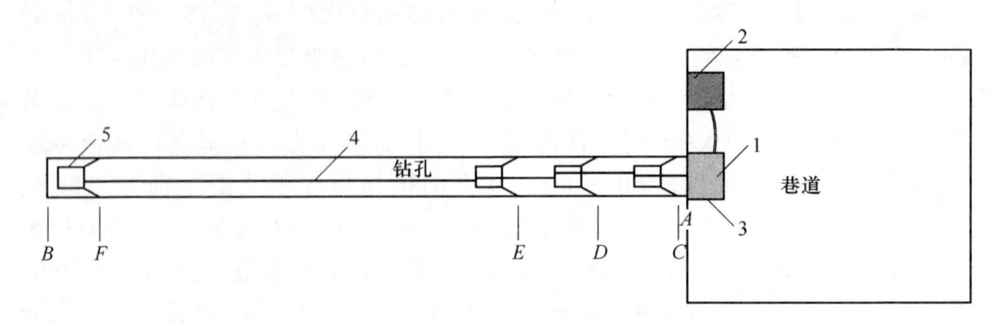

图 2-31　基于位移梯度的松动圈厚度及碎胀程度实测装置

1—多点位移计；2—数据分析仪；3—多点位移计的壳体；
4—多点位移计的拉绳；5—多点位移计的锚固头

（1）定义测点的初始位置距巷道表面的距离为 r，测点的位移为 u，所述测点在深部巷道软弱煤岩钻孔中并位于松动圈范围内，构建如下 u 随 r 变化的表达式：

$$u = u_0 + k_1 \mathrm{e}^{-r/k_2} \tag{2-50}$$

式中　u_0，k_1，k_2——系数。

上述 u 随 r 变化的表达式是根据大量实验结果，采用最小二乘法进行回归分析得出的，具有显著的相关性。不同条件都满足相关系数 $r \geqslant 0.92$，平均相对误差 $\delta \leqslant 8.0\%$，相对标准差 $e_r \leqslant 10.0\%$，这里的测点和测点的位移 u 也就是现有多点位移计实测巷道煤岩位移做法中的测点和测点的位移。

（2）测量两个以上测点的 u 随 r 变化的过程，计算得出 k_1 和 k_2 的值。一般情况测点的数量为 3 ~ 4 个，图 2-31 所示测点为 A、C、D、E 点。其中一个测点位于钻孔在巷道表面位置，图 2-31 所示 A 点在巷道表面位置，其余的测点 C 点、D 点、E 点位于松动圈内其他位置。

（3）将得出的 k_1 和 k_2 的值带入下式，计算得出深部巷道软弱煤岩松动圈厚度 L 的值为：

$$L = -k_2 \ln(20k_2/k_1) \tag{2-51}$$

上述公式是基于位移梯度所得，定义测点的位移梯度为 k，则 $k = \frac{\mathrm{d}u}{\mathrm{d}r} = -\frac{k_1}{k_2}\mathrm{e}^{-r/k_2}$，经过大量分析研究发现，当 k 取值 $k_{\min}$ 时，反推得到的 r 值基本上与深部巷道软弱煤岩松动圈厚度 L 相同，$k_{\min}$ 是指深部巷道软弱煤岩处于临界松动破碎状态位移梯度临界容许值，理论分析指导下大量工程实测结合数值模拟结果表明深部巷道位置地应力、煤岩岩性、巷道断面及支护强度等原始条件显著影响松动圈厚度，但不同条件松动圈边界即煤岩处于临界松动破碎状态位移梯度临界容许值 $k_{\min}$ 基本相同并可取 $k_{\min}=-20.0$，据此临界容许值 $k_{\min}$ 及 k_1、k_2 值结合式 $k=\frac{\mathrm{d}u}{\mathrm{d}r}=-\frac{k_1}{k_2}\mathrm{e}^{-r/k_2}$，反推得到 $r=-k_2\ln(20k_2/k_1)$，也就得到了深部巷道软弱煤岩松动圈厚度 L 的计算公式 $L=-k_2\ln(20k_2/k_1)$。

有了上述计算方法，再结合现有的多点位移计，设计得到一种能够测量深部巷道软弱煤岩松动圈厚度并实时显示的装置，参见图 2-31，该装置包括多点位移计 1 以及通过数据线与多点位移计连接的数据分析仪 2，所述多点位移计含有用于储存测点位移的数据储存器，所述数据分析仪 2 包括数据处理器和数据显示器，所述数据处理器和数据显示器采用现有的数据处理器和显示器即可，数据处理器用于对多点位移计储存的钻孔内不同测点位移数据进行分析获得煤岩位移梯度分布并按照上述计算方法得到煤岩松动圈厚度值，数据显示器用于实时显示松动圈厚度 L 的值。

多点位移计可以采用本领域使用的任意结构的多点位移计，下面以拉绳式的多点位移计为例，以工程中常用深部矩形巷道软弱煤岩为例，阐述本发明的具体实施过程：

如图 2-31 所示，在巷道帮部软弱煤岩中布置钻孔 AB，多点位移计 1 包括壳体 3、拉绳 4 和锚固头 5，钻孔内不同位置布置锚固头并与钻孔壁牢固连接，多点位移计的壳体固定在巷道表面，壳体内含有用于储存测点位移的数据储存器，多点位移计的各拉绳与钻孔内的各锚固头连接，这样通过测量各拉绳长度变化来反映不同位置锚固头位置与巷道表面相对位移从而计算各测点的位移。为计算巷道 AB 部位煤岩松动圈厚度 L，测量松动圈内不同测点位移 u，测点数目 3 ~4 个，其中 1 个位于巷道表面，另外 2 ~3 测点位于松动圈内其他位置。图中测点数目为 4 个，其中 1 个测点（图示 A 点）位于巷道表面，另外 3 个测点（图中 C、D、E 点）位于松动圈内其他位置；为测定图中例示测点位移 u，在该部位钻孔并在钻孔内布置多点位移计锚固头，图中例示测点 C、D、E 点分别布置 1 个锚固头，另外在距巷道表面较远（一般超过 10.0m）的原岩应力区再布置 1 个锚固头（图中 F 点），锚固头为类似爪状金属构件，可以由孔口方便进入钻孔内任意位置与孔壁固定，由于锚固头位置 F 点位于原岩应力区，位移 $u_F=0$。巷道表面测点 A 的位移值 u_A 可用连接测点 A 与测点 F 的拉绳伸长量 Δ_1 示之，即 $u_A=\Delta_1$；连接测点 A 与测点 C 的拉绳伸长量 $\Delta_2=u_A-u_C$，测点 C 的位移值可用 $u_C=u_A-\Delta_2$ 示之；连接测点 A 与测点 D 的拉绳的伸长量 $\Delta_3=u_A-u_D$，测点 D 的位移值可用 $u_D=u_A-\Delta_3$ 示之；连接测点 A 与测点 E 拉绳伸长量 $\Delta_4=u_A-u_E$，测点 E 的位移值可用 $u_E=u_A-\Delta_4$ 示之。多点位移计的数据储存器储存测点 A、测点 C、测点 D 及测点 E 的位移值，数据分析仪对多点位移计的数据储存器储存的各测点数据进行分析，数据分析仪固定悬挂于巷道两帮安全牢固处，深部巷道软弱煤岩测点的 u 随 r 变化较好满足 $u = u_0 + k_1 e^{-r/k_2}$，典型实测曲线如图 2-32 所示，数据分析仪中数据处理器依据式 $u = u_0 + k_1 e^{-r/k_2}$ 对多点位移计的数据储存器储存的巷道表面测点 A 处位移及松动圈内其他位置测点 C、测点 D、测点 E 等处位移值进行计算分析，得出系数 r_1、k_2 的值。依据松动圈内测点位移梯度 $k = \frac{du}{dr} = -\frac{k_1}{k_2} e^{-r/k_2}$ 即可得到深部巷道两帮中部 AB 部位松动圈内软弱煤岩 k 随 r 曲线如图 2-33 所示，对应 $k_{min} = -20.0$ 的 r 值即为松动圈厚度 L 的值。将计算出的 k_1 和 k_2 的值带入计算公式 $L = -k_2 \ln (20k_2/k_1)$，计算出深部巷道软弱煤岩松动圈厚度 L 的值。本装置中多点位移计是实时监测各测点的位移 u，多点位移计数据储存器是实时储存各测点的位移 u，数据分析仪的数据处理器是应用上述计算方法实时计算深部巷道软弱煤岩松动圈厚度 L 并通过数据显示器实时显示松动圈厚度 L 的值。根据分析得出 k_1 值及 k_2 值，选择式 $k = \frac{du}{dr} = -\frac{k_1}{k_2} e^{-r/k_2}$ 即可估算不同测点 A、测点 C、测点 D 及测点 E 位置位移梯度值，从而估算巷道煤岩碎胀程度及分布。

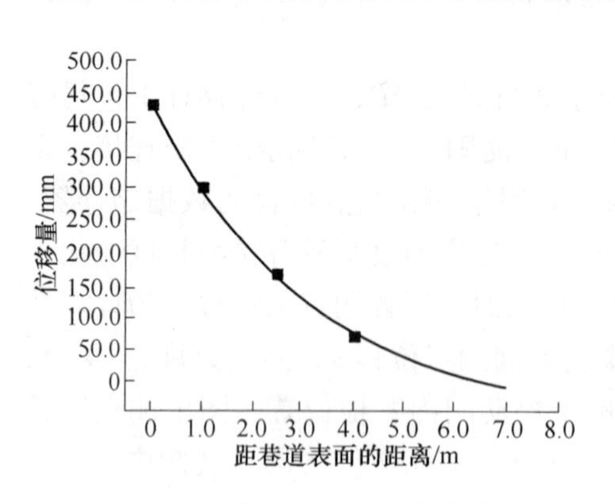

图 2-32　不同测点位置煤岩位移量

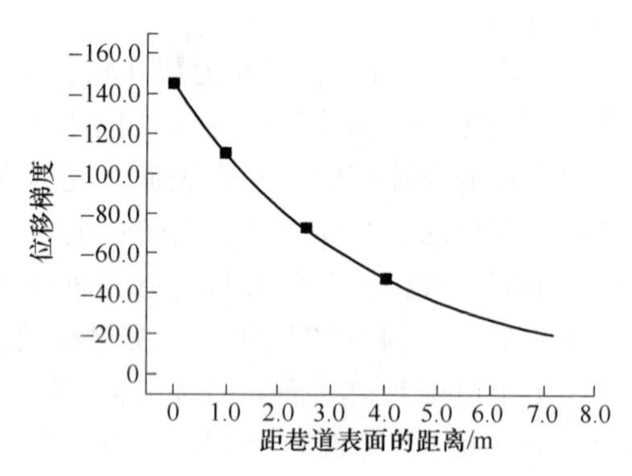

图 2-33　同测点位置煤岩位移梯度

以淮南矿区某煤矿采区轨道巷为例：

该巷道埋深约 800.0m，煤岩黏结力 $c = 1.0$MPa，内摩擦角 $\varphi = 22°$，弹性模量 $E = 1.4$GPa，泊松比 $\lambda = 0.34$，断面为 5.4m×4.8m 的矩形巷道。

如图 2-31 所示，测量深部巷道帮部 AB 部位软弱煤岩松动圈厚度值，依据经验估计，该部位松动圈厚度 L 的值应超过 4.0m，为此分别取锚固头位置 C、锚固头位置 D、锚固头位置 E、锚固头位置 F 距巷道表面距离 r 分别为 1.0m，2.5m，4.0m，12.0m。根据多点位移计监测结果，巷道开挖 120d 后各测点位移值 $u_A = 430.0$mm，$u_C = 302.0$mm，$u_D = 165.4$mm，$u_E = 75.3$mm。依据构建的 u 随 r 变化的表达式 $u = u_0 + k_1 e^{-r/k_2}$ 对各测点位移数据进行计算分析，得系数 $k_1 =$

530.0，$k_2=3.62$，$u_0=-100.0$，将 k_1 和 k_2 值带入计算公式 $L=-k_2\ln(20k_2/k_1)$，得到巷道帮部 AB 部位松动圈厚度 $L=7.2\text{m}$。本发明测量装置中数据分析仪的数据显示器实时显示 120d AB 部位松动圈厚度值 $L=7.2\text{m}$。

为验证该方法测试深部巷道软弱煤岩松动圈厚度的准确性，采用稳定性及精度高、适用性强、技术先进的地质雷达无损测试方法，地质雷达选择瑞典 SCAB 公司的 RAM AC/GPR 地质雷达，测得的松动圈厚度 $L=7.5\text{m}$，两者相对误差 4.0%，表明本发明计算法具有较高的准确性。

3 深部软弱煤岩复合顶板层间离层稳定性判别

3.1 复合顶板离层

3.1.1 顶板离层

顶板离层系指巷道顶板岩层中一点与其正上方一定深度某点间的相对位移量，当该相对位移达到一定数量时，下部岩层同上部岩层之间或者锚杆端部岩层同深部岩层之间产生明显的离层现象，即一般所称的广义顶板离层。工程实际中多将广义顶板离层划分为锚固范围内离层及锚固范围外离层。通常将“顶板离层”字面理解为顶板岩层中各分层层面间的相对分离，可称其为狭义顶板离层。广义顶板离层包含顶板的更多变形形式，它除包括狭义的“顶板离层”外，还包含弹塑性变形、扩容变形、碎胀变形、折曲变形等。在本书中顶板离层概念包括指狭义的顶板离层和塑性变形，即顶板离层中各分层层面的相对分离和塑性变形。

3.1.2 测量方法

工程中采用多点位移计监测锚固区内外复合顶板离层并对稳定性进行判别，如图3-1所示，多点位移计一般布置于巷道顶板中部，A 点布置于原岩中，一般距巷道表面6.0m，B 点布置在锚杆锚固端位置，一般距巷道顶板表面约2.0m，锚固区内离层可表示为：

$$\Delta l_1 = u_O - u_B \tag{3-1}$$

式中 u_O——巷道表面中部 O 点位移，mm；

u_B——锚固端 B 点位移，mm。

锚固区外离层可表示为：

$$\Delta l_2 = u_B - u_A \tag{3-2}$$

式中 u_A——原岩 A 点位移，mm。

巷道开挖后，围岩应力迅速释放，顶板由三向受载变为两向受载，巷道周围形成破碎圈、塑性圈及弹性圈，深部软弱煤岩巷道表现为显著两帮变形。

复合顶板破碎圈尺度较小，岩石碎胀现象也并不明显，巷道表面及距表面2.0m内的锚固端一般处于塑性变形。如图3-1所示，复合顶板巷道表面位移 u_O 由塑性变形 u_{O1} 和结构面 CD 的层间离层 u_{CD} 及结构面 EF 的层间离层 u_{EF} 组成，锚

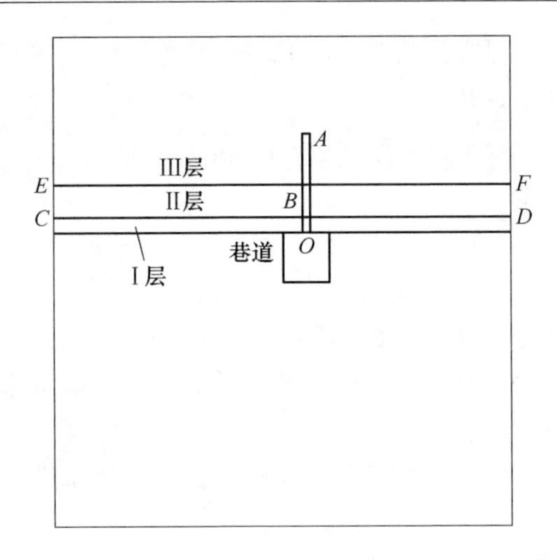

图 3-1 多点位移计布置示意图

固端 B 点位移由 B 点塑性变形 u_{B1} 和结构面 EF 层间离层 u_{EF} 组成，A 点一般位于原岩中，$u_A=0$。工程实测锚固区内离层为 O 点、B 两点塑性变形差和层间离层 u_{CD} 组成，锚固区外离层由 B 点塑性变形和层间离层 u_{EF} 组成。塑性变形一般不会超过容许值，工程中最关心层间离层是否保持稳定，必须将层间离层从测量值中分离，判断层间离层稳定性。本书在分析塑性变形和层间离层随时间变化不同特点的基础上，对工程实测的巷道复合顶板离层随时间变化的信号进行分析，分离出层间离层随时间变化的规律，为复合顶板离层稳定性判别提供依据。

3.1.3 复合顶板层间离层分离方法

本书主要研究深部软弱煤岩巷道复合顶板离层，其总的离层主要考虑复合顶板层间离层和塑性变形两个方面。复合顶板层间离层分离是指将层间离层从复合顶板总离层中分离出来，即用复合顶板总离层值减去复合顶板塑性变形值，从而得到层间离层值。

3.1.3.1 复合顶板塑性变形确定

巷道复合顶板塑性离层随时间的变化主要呈现式（2-30）~式（2-32）三种典型形式。

复合顶板塑性变形产生一次蠕变时，塑性变形一般经过 25d 左右较短时间保持稳定，离层初期塑性变形一般可达 10cm 量级，和塑性变形比较，层间离层一般不超过厘米的量级，占总离层不到 10%，说明离层初期 0~25d 复合顶板总离层主要表现为连续塑性变形，可通过工程实测复合顶板离层初期随时间变化总离层，按式（2-30）进行回归分析。

假定不同时间 t_i 工程实测值为 $u(t_i)$，按式（2-30）预测值为 $u_1(t_i)$，采用最小二乘法确定系数 A_1，B_1。

$$s = \sum (u(t_i) - u_1(t_i))^2 \tag{3-3}$$

取 $\frac{\partial s}{\partial A_1}=0$，即可得到 A_1，B_1 值。

复合顶板塑性变形产生二次蠕变时，一般经过较短时间 15d 左右为初次蠕变，随后产生二次蠕变，可以依据初期（0～15d）总离层值采用最小二乘法确定系数 A_1，B_1，据（15～35d）实测的随时间变化离层值采用最小二乘法确定系数 A_2，B_2。

复合顶板塑性变形产生加速蠕变时，巷道复合顶板塑性变形随时间加速增长而失稳破坏。

3.1.3.2 复合顶板层间离层确定

复合顶板一次蠕变塑性变形一般经过 25d 后塑性变形趋于稳定，25d 后总离层变化主要表现为层间离层值变化，25d 后塑性变形可通过式（2-30）计算 $u_1(t)$；复合顶板二次蠕变塑性变形一般经过 35d 后趋于稳定，塑性变形可通过式（2-32）计算 $u_1(t)$，层间离层 $u_2(t)$ 可据 35d 后工程实测复合顶板总离层与 $u_1(t)$ 差值示之。复合顶板加速蠕变时将产生塑性变形失稳，层间离层不需要分离。

3.1.3.3 工程实例

结合新集二矿 1608 机巷复合顶板离层实测对复合顶板层间离层进一步分析。巷道布置在 6-1 煤中，直接顶为泥岩，直接底为粉砂岩，围岩两帮为煤。直接顶为泥岩，厚度 2200～6200mm，平均 4400mm，泥质结构，向东逐渐转化成砂质泥岩结构。直接底为砂岩，厚度 2500～7500mm，平均 5000mm。老底为粉砂岩、细砂岩，厚度 8800～16200mm，平均 12500mm。巷道设计断面为 4800mm×2900mm 的矩形，复合顶板采用锚网索支护。设计参数为：复合顶板布置 7 根 $\phi 20\times$ 2200mm 全螺纹钢等强锚杆，锚杆间排距 750mm×750mm，锚固力不小于 10kN，螺母扭矩达 100N·m；锚索按三排五花型布置，间距 3000mm，排距沿顶板倾斜方向依次为巷中偏上帮 1250mm、250mm 和巷中偏下帮 1000mm，锚固到坚硬实体岩层中，预紧力为 100kN。

3.1.3.4 巷道复合顶板离层实测

距 1608 专用回风上山下口 950m，第 1～19 测点以内采用锚网支护时，每隔 50m 设一顶板离层监测仪分别对锚固区内 0～2000mm 以及锚固区外 2000～6000mm 复合顶板离层进行监测，复合顶板离层主要呈现为：

（1）距1608专用回风上山下口约550m，测点1～11顶板内外离层较小，离层稳定。典型测点8离层随时间的变化如图3-2所示。

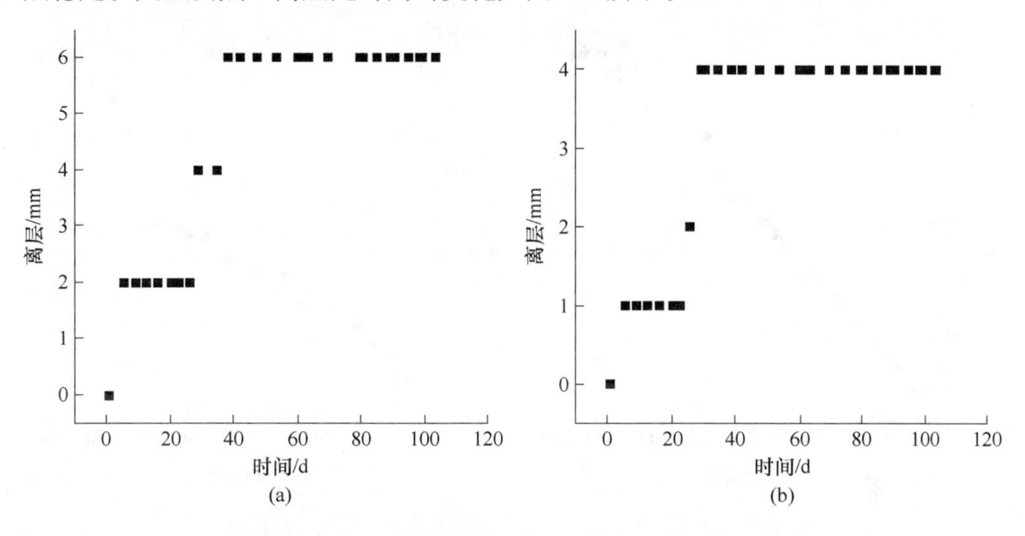

图3-2 测点8复合顶板锚固区内外离层随时间的变化
（a）测点8锚固区内离层；（b）测点8锚固区外离层

（2）距1608专用回风上山下口约550～950m范围内，测点12～19内外离层显著增加，大部分地段复合顶板层间离层有“失稳”趋势，顶板下沉，锚索受荷明显增大，部分锚索拉断。典型12～19测点复合顶板内外离层随时间的变化如图3-3～图3-10所示。

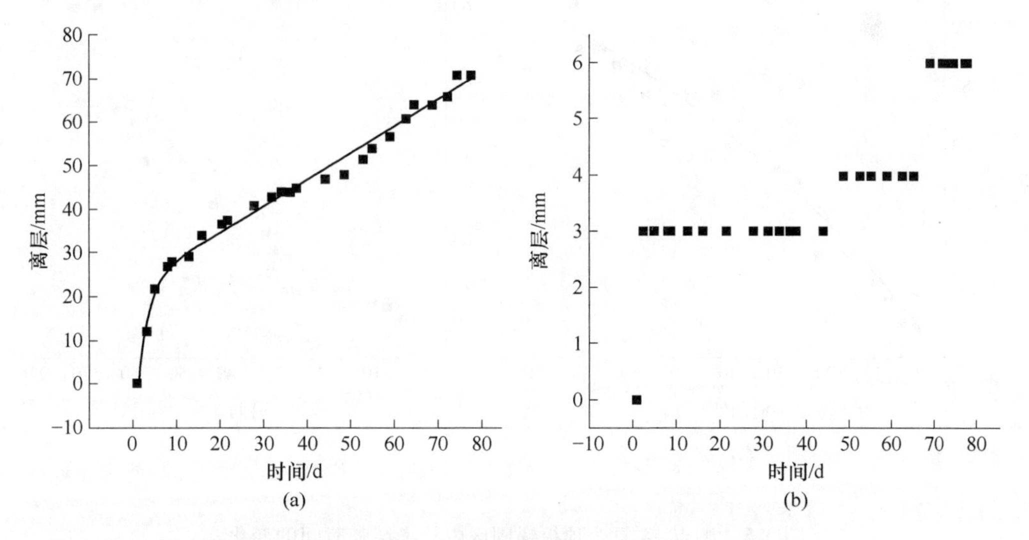

图3-3 测点12复合顶板锚固区内外离层随时间的变化
（a）锚固区内；（b）锚固区外

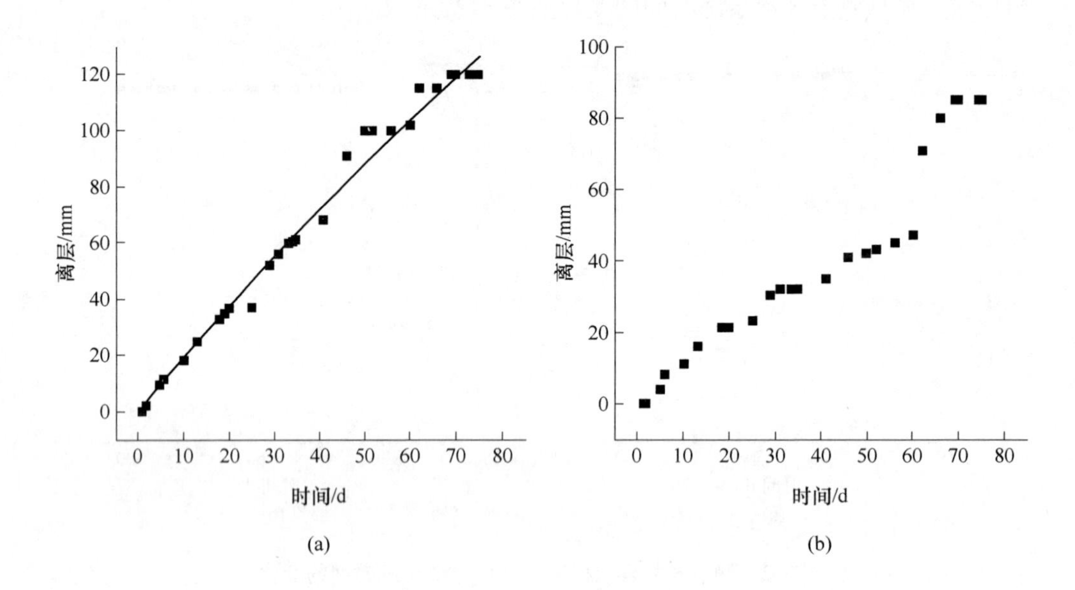

图 3-4　测点 13 复合顶板锚固区内外离层随时间的变化
(a) 锚固区内；(b) 锚固区外

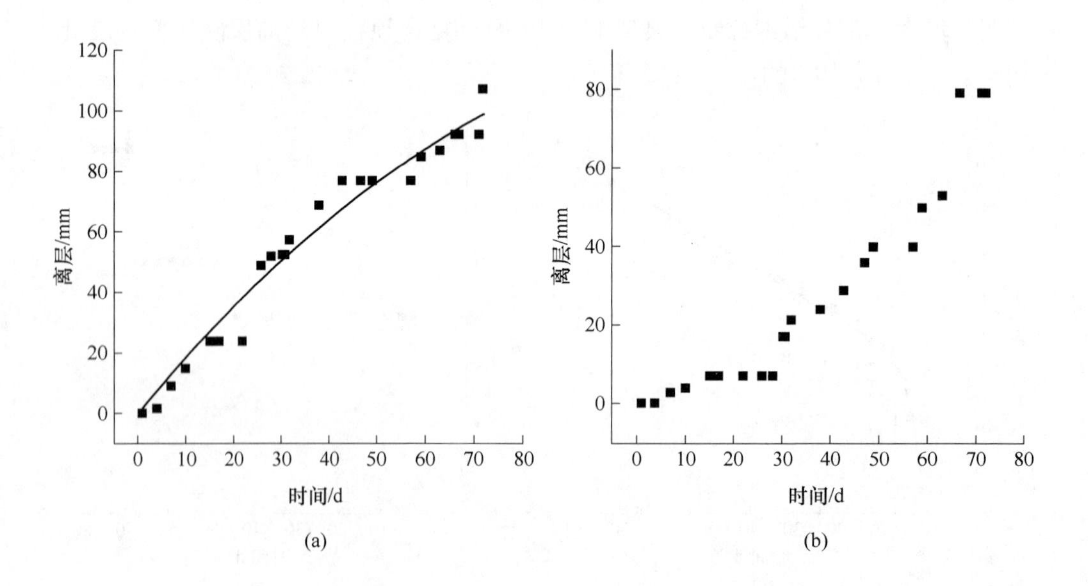

图 3-5　测点 14 复合顶板锚固区内外离层随时间的变化
(a) 锚固区内；(b) 锚固区外

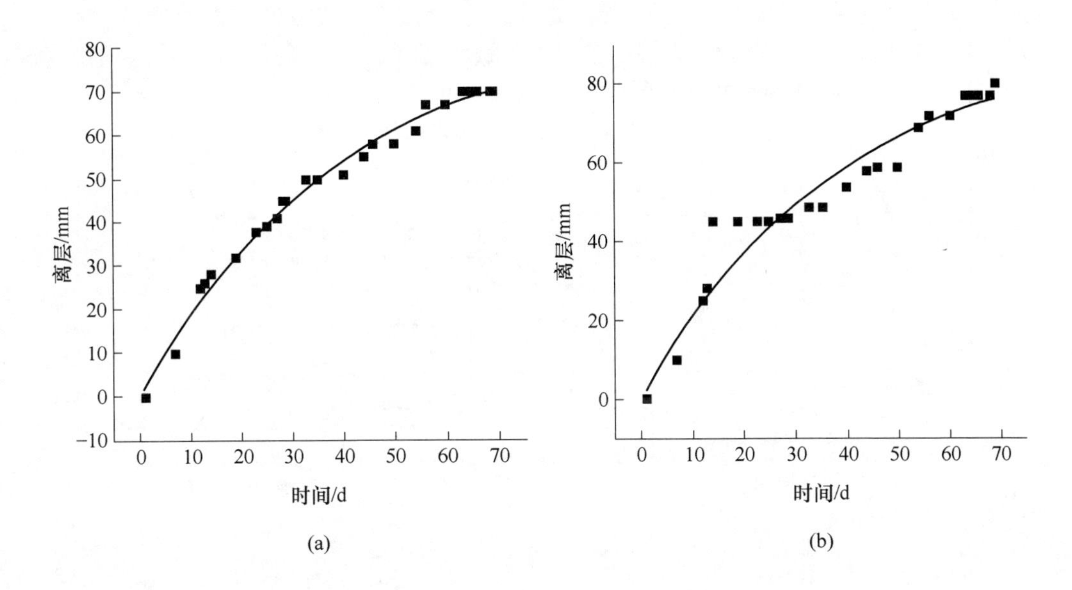

图 3-6 测点 15 复合顶板锚固区内外离层随时间的变化
（a）锚固区内；（b）锚固区外

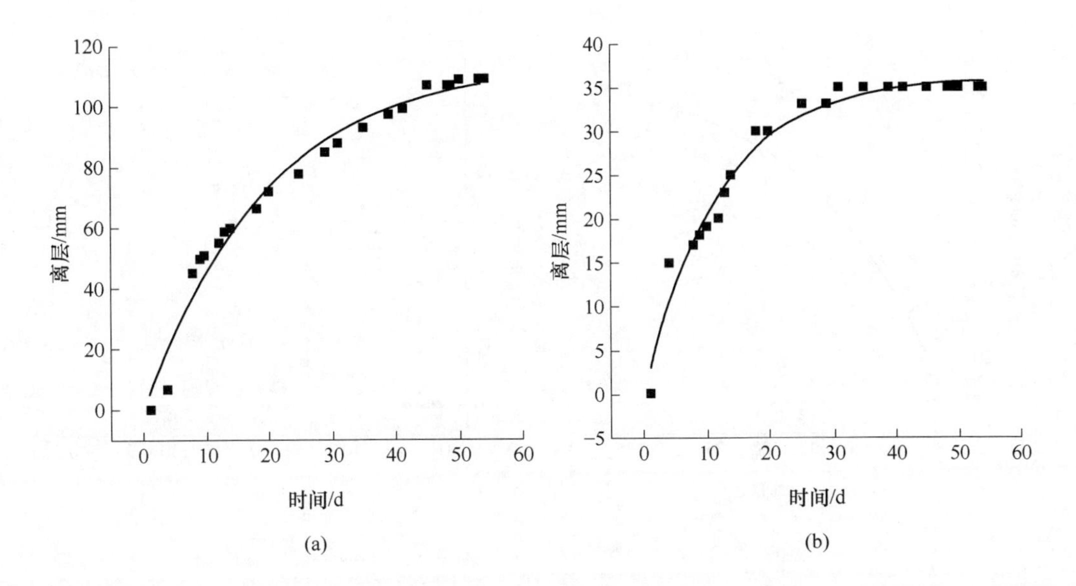

图 3-7 测点 16 复合顶板锚固区内外离层随时间的变化
（a）锚固区内；（b）锚固区外

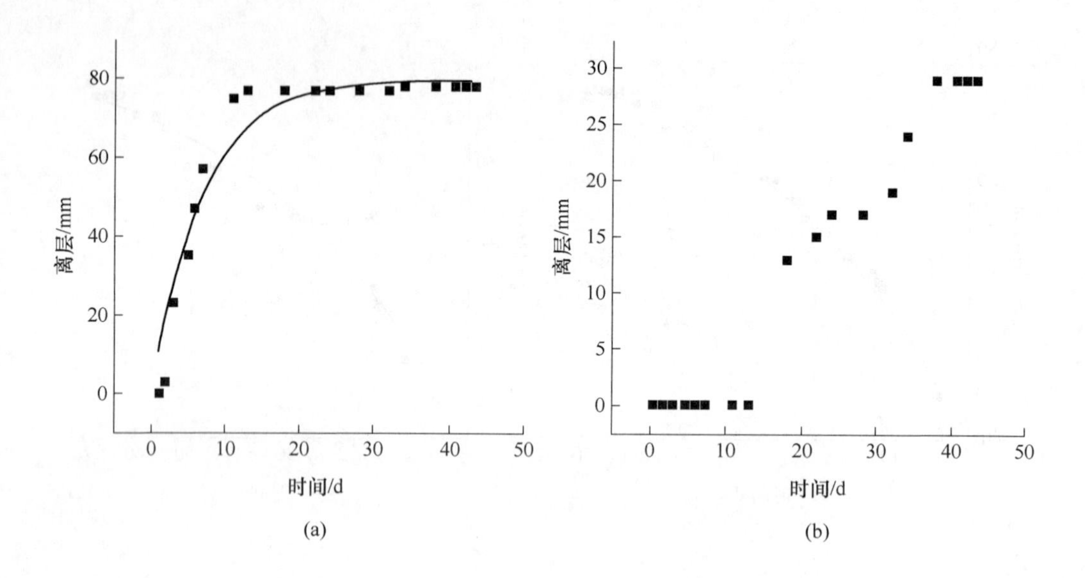

图 3-8 测点 17 复合顶板锚固区内外离层随时间的变化
（a）锚固区内；（b）锚固区外

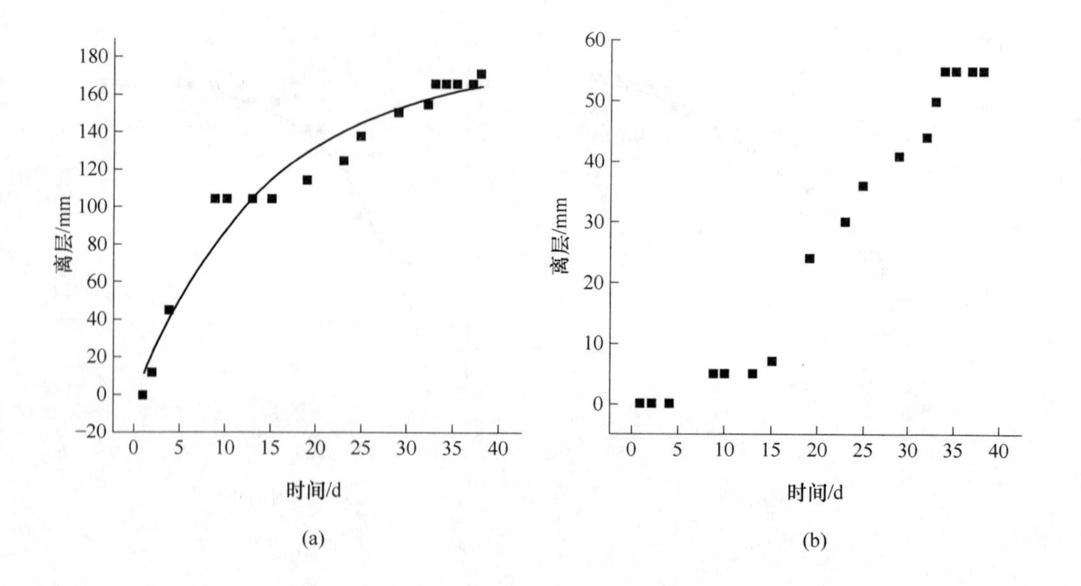

图 3-9 测点 18 复合顶板锚固区内外离层随时间的变化
（a）锚固区内；（b）锚固区外

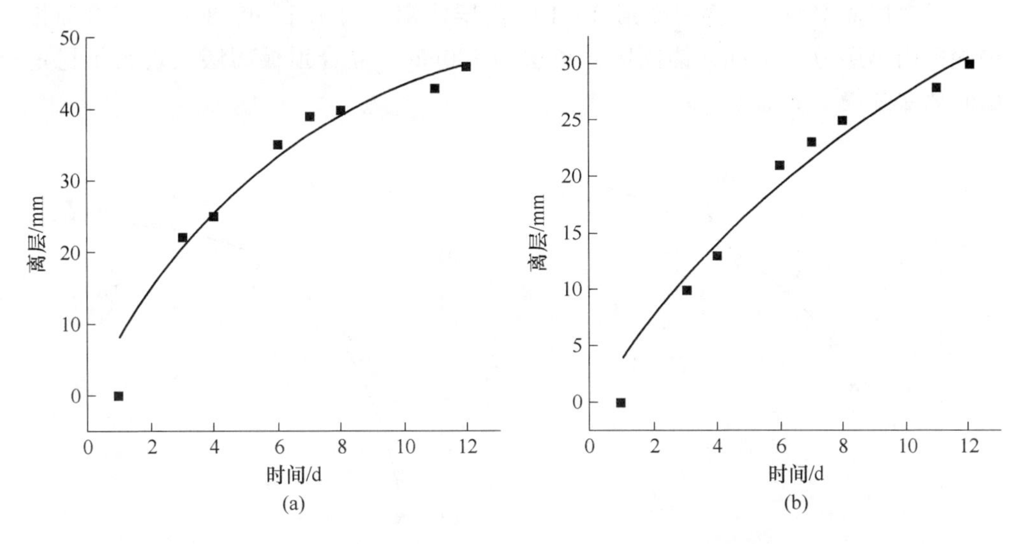

图 3-10 测点 19 复合顶板锚固区内外离层随时间的变化
（a）锚固区内；（b）锚固区外

3.1.3.5 深部煤岩巷道复合顶板离层分析

测点 1～11：顶板锚固区内外离层表现为层间离层且数值都较小并趋于稳定，说明复合顶板层间离层稳定。

测点 12：锚固区外层间离层很小，说明围岩内部点距表面距离超过 2000mm 时离层很小，无需加强支护；锚固区内，复合顶板变形初期，围岩表面变形随时间的变化可表示为：

$$u = 35.0(1 - e^{-0.16t}) \tag{3-4}$$

变化曲线如图 3-11(a) 所示。

0～50d 内围岩表面变形随时间的变化可表示为：

$$u = 46.0(1 - e^{-0.10t}) \tag{3-5}$$

变化曲线如图 3-11(b) 所示。

围岩产生一定二次蠕变，但不明显；复合顶板产生了塑性变形，但塑性变形趋于稳定。测点 12 复合顶板塑性变形随时间的变化依据式 $u = A(1 - e^{-Bt})$，50d 后复合顶板塑性变形应趋于稳定，塑性变形速率应在 0.03mm/d，但从图 3-3(a) 可以看出，围岩变形 50d 后复合顶板总离层有继续增加的趋势并呈现为跳跃式发展，后期复合顶板离层表现为层间离层，80d 后层间离层约 15mm，并未超过规定的容许层间离层值 20mm，层间离层保持稳定。如图 3-4 所示，测点 13 复合顶板内外离层随时间的变化表明，围岩变形初期复合顶板离层并不明显，但随时间增长，离层速率增大。围岩变形 0 ~ 10d 离层速率仅为 4mm/d，80d 后复合顶板锚固区内离层为 120mm，锚固区外离层为 100mm，复合顶板离层表现为不稳定层间离层并趋于不稳定。

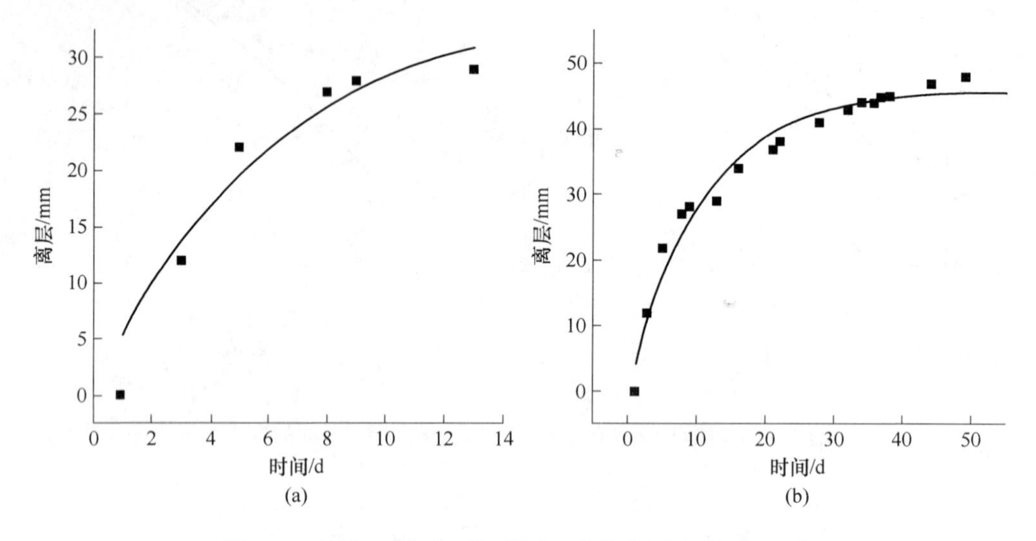

图 3-11　测点 12 复合顶板锚固区内外离层随时间的变化

（a）复合顶板塑性变形（0 ~ 15d）（A_1 = 35.0，B_1 = 0.16）；

（b）复合顶板塑性变形（0 ~ 50d）（A_1 = 46.0，B_1 = 0.1）

如图 3-5 所示，测点 14 复合顶板锚固区内外离层表现为层间离层，并有增长趋势。如图 3-6 所示，测点 15 复合顶板锚固区内总离层中含有塑性变形，分离后的层间离层趋于稳定，锚固区外离层也含有塑性变形，分离后的层间离层有增长趋势。

如图 3-7 所示，测点 16 复合顶板锚固区内外离层主要表现为塑性变形，围岩表面变形约为 150mm，变形趋于稳定。

如图 3-8 所示，测点 17 复合顶板锚固区内离层主要表现为塑性变形并趋于稳定，锚固区外离层表现为层间离层并趋于不稳定。

如图 3-9 所示，测点 18 复合顶板锚固区内既有塑性变形又有层间离层，塑性变形趋于稳定，锚固区外离层表现为层间离层并趋于不稳定。

如图 3-10 所示，测点 19 复合顶板锚固区内外离层表现为塑性变形并趋于稳定。

实测结果表明，1608 机巷复合顶板测点 12 ~ 19 锚固区内外离层主要表现为：锚固区内塑性变形和层间离层相结合，锚固区外层间离层；锚固区内外层间离层；锚固区内外表现为塑性变形和层间离层相结合；锚固区内外都表现为塑性变形；锚固区内塑性变形，锚固区外为层间离层；锚固区内既有塑性变形又有层间离层，锚固区外为层间离层。无论是锚固区内外塑性变形都趋于稳定，层间离层基本趋于不稳定。1608 机巷西部 1～11 测点离层较小，但随向东掘进，复合顶板测点 12～19 层间离层明显增大并表现为层间离层不稳定；这是由于 1608 机巷西部复合顶板泥质结构，向东增厚并转化为砂质泥岩结构，由于复合顶板结构层面层间黏结力及内摩擦角改变，使复合顶板易于产生层间离层。

3.2　复合顶板层间离层数值计算模型

目前，关于层间离层的理论计算主要采用组合梁理论并以直接顶高度作为组合梁厚度进行分析，仅考虑复合顶板变形处于弹性状态，这对于埋深较浅的复合顶板离层计算可能较为合适，但深部开采复合顶板处于塑性变形状态，复合顶板塑性发展对层间离层是否产生影响必须分析。而工程实测只能测得复合顶板总离层值，而且测量位置也有局限性。为了更合理地分析复合顶板层间离层，先用 ANSYS10.0 建立 Druck-Prager 模型，进行数值分析。为综合考虑原岩应力、顶板岩性、巷道宽度、顶板厚度、结构面黏结力及内摩擦角 6 因素对复合顶板层间离层的影响，制定 6 因素 5 水平的正交试验方案，分析各因素对复合顶板层间离层的影响程度，为复合顶板层间离层稳定性分析提供依据。

3.2.1　计算模型

如图 3-12 所示，参照深部巷道复合顶板常见组成，按照平面应变问题建立模型，选用六节点三角形 PLANE42 平面单元，结构面采用接触对单元 TARGE169 和 CONTA172。

（1）边界条件。该模型所要解决的问题为半无限体边界受法向均布荷载的问题，可将约束简化为模型两侧水平 x 方向约束，底部为竖直 y 方向约束。

（2）模型尺寸。在距离巷道 15m 时围岩受荷状态基本和原岩状态接近，模型尺寸可取：长 × 宽 = 30.0m × 30.0m，巷道高度取工程中最常见的 3m，宽度取 2.0～3.0m，复合顶板厚度取 1.0～2.5m，本章以宽度为 3.0m，复合顶板厚度为 2.0m，分别在弹性状态和弹塑性状态下计算不同原岩应力 p 作用下复合顶板结构面 AB 法向应力、剪应力及层间离层分布。

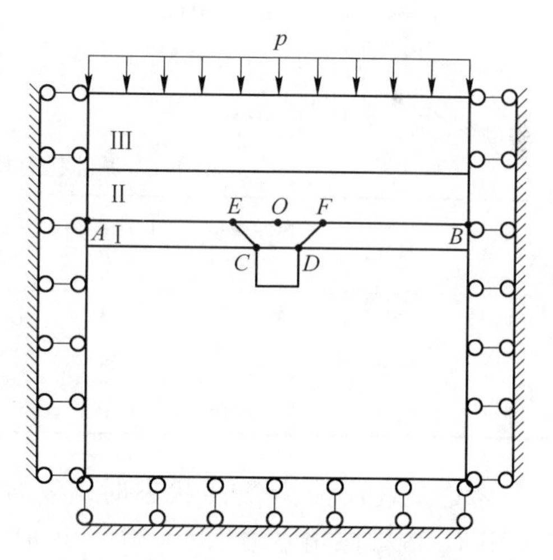

图 3-12　数值计算模型示意图

3.2.2　复合顶板材料力学参数

按弹性计算模型计算时，参照工程实际，选择的弹性模量及泊松比如表 3-1 所示；按塑性计算模型中需合理确定岩石屈服准则，岩石属颗粒状材料，深部开采岩体表现为软岩性质，可产生较大程度的屈服，容许处于体积碎胀阶段，ANSYS 程序中使用的 Druck-Prager 屈服准则可以比较精确地反映其特征。Druck-Prager 屈服准则可表示为：

$$F = 3\beta\sigma_{\mathrm{m}} + \left[\frac{1}{2}\{S\}^{\mathrm{T}}[M]\{S\}\right]^{1/2} - \sigma_y = 0 \tag{3-6}$$

$$\sigma_y = \frac{6c\cos\varphi}{\sqrt{3}(3 - \sin\varphi)} \tag{3-7}$$

$$\beta = \frac{2\sin\varphi}{\sqrt{3}(3 - \sin\varphi)} \tag{3-8}$$

式中　σ_{m}——平均应力，MPa，$\sigma_{\mathrm{m}} = \frac{1}{3}(\sigma_x + \sigma_y + \sigma_z)$；

$\{S\}$——偏应力，MPa；

$[M]$——Mises 屈服准则中的 $[M]$；

β——材料常数，MPa；

c——岩石黏结力，MPa；

φ——内摩擦角，(°)。

表 3-1　深部巷道复合顶板岩性参数

岩层	岩性	弹性模量 /Pa	内摩擦角 /(°)	泊松比	岩石黏聚力 /MPa	岩层厚度 /m	岩石密度 /kg · m^{-3}
Ⅰ	煤	3×10^9	23	0.3	0.5	20.0	1600
Ⅱ	泥岩	4×10^9	28	0.3	2.0	3.0	1600
Ⅲ	泥质砂岩	5.5×10^9	30	0.3	5.0	6.0	1600

考虑复合顶板为塑性状态时，复合顶板不同岩层材料黏聚力 c 取 0.5 ~ 5.0MPa，内摩擦角 φ 取 23° ~ 30°，现取一组进行弹性状态和弹塑性状态分析对比，如图 3-13 所示。

3.2.3　网格划分

ANSYS10.0 的网格划分方法有四种：其中自由划分法和映射划分法是最基本的方法，延伸划分法和自适应划分法是在前两种方法的基础上进行的延伸。

(1) 自由网格划分适合于复杂形状的面和体的网格，可避免分部划分网格后在进行组装时各分部网格不匹配的麻烦，但不适于六面体状的单元；

(2) 映射网格划分适合于规则的面和体，可将几何模型分割并分别赋予不同的单元属性和网格控制，不适于四面体状的单元；

(3) 延伸网格划分是在前两种方法的基础上将二维网格延伸成三维网格，主要用于体扫掠；

(4) 自适应网格划分适应于有边界条件的实体模型，可自动划分网格，分析离散误差，然后重新划分，重复至误差低于设定值。

本模型为平面问题，选取的单元为 PLANE42 单元，属四节点的四边形单元，所以本模型两种网格划分方法都可以，为方便控制本模型选用自由网格划分。

3.2.4 层间结构面模拟方法

3.2.4.1 接触单元法原理

为对深部软弱煤岩巷道复合顶板层间离层进行合理分析，必须采用适当方法对层间结构面进行模拟。层间交界处采用接触对单元 TARGE169 和 CONTA172 模拟，运用增广 Lagrange 方程求解，设两个接触面张开函数为 g_N，初始张开为 $g_0 \geqslant 0$，其接触条件为：

$$
\begin{cases} g_N = u \cdot n + g_0 \geqslant 0 \\ p_N(u) = n \cdot \sigma \leqslant 0 \\ p_N(u) \cdot g_N = 0 \end{cases} \tag{3-9}
$$

式中 u——接触边界的位移量，mm；

n——接触边界的法向；

σ——接触体的应力，MPa；

$p_N(u)$——接触边界的法向应力，MPa。

由 Coulomb 摩擦定律和 Kuhn-tucker 条件得到弱形式虚功方程为：

$$
\begin{aligned} G(u \cdot \delta u) &= \int_v [\sigma \cdot \mathrm{grad}(\delta u) - f \cdot \delta u] \mathrm{d}v - \int_{S_0} t \cdot \delta u \mathrm{d}s \\ &= \int_S (-p_N(u) n \cdot \delta u - p_T(u) \cdot \delta u_T) \mathrm{d}s \geqslant 0 \end{aligned} \tag{3-10}
$$

式中 $p_T(u)$——接触边界的切向应力，MPa；

u_T——位移向量的切向分量，mm；

f——施加接触体体力，N/m^3；

t——施加于接触体面力，N/m^2；

u, s, s_0——分别表示积分域是整个接触体、接触面及面力作用边界。

在 s 边界上，如果 $g_N = 0$，则 $\delta u \cdot n \leqslant 0$。

由于式（3-10）中的约束难以处理和求解，于是引入独立的 Lagrange 乘子 λ_N，λ_T 和罚规划，则式（3-10）可表示为：

$$
\begin{aligned}
G(u \cdot \delta u) &= \int(-p_N n \cdot \delta u - p_T \cdot \delta u_T)\,ds \\
p_N &= \lambda_N + \Delta_N g_N \\
u_T &= \frac{1}{\Delta_T}|p_T - \lambda_T|
\end{aligned}
\tag{3-11}
$$

式中　Δ_N，Δ_T——罚参数。

模型将各层层间相互作用简化处理，也就是说只考虑层间产生的局部脱离和滑移而造成的状态非线性。接触面摩擦系数为 u，则接触面接触条件为：

$p_N(u)<0, |p_T(u)|<-up_N(u)$时，接触点对不滑动；

$p_N(u)<0, |p_T(u)|>-up_N(u)$时，接触点相对滑动；

$p_N(u)<0, |p_T(u)|=0$ 时，接触点对分离；

$g_N=u \cdot n+g_0 \geqslant 0$ 时，接触点对不嵌入条件。

为反映接触面条件对层间离层的影响，需实验室实验确定接触面黏结力和内摩擦角。

3.2.4.2　接触单元法的优点

结构面问题实际上就是岩层之间的边界问题，结构面处的受力状态和位移处于高度的非线性状态，而接触单元法就可以解决这种复杂的非线性问题，与实际较为符合。

对于结构面的处理，之前将其作为一层很薄的岩层，这与工程实际有些不符，为了对顶板离层更合理的分析，本书在对结构面的处理上，将上下两层薄面看做一个由目标面和接触面组成的接触对，可以对该接触对的参数进行调整从而更合理地对结构面上的黏结力和内摩擦角进行模拟。

工程实际中顶板离层在荷载作用下，会发生两种情况的离层：结构面的上下两层刚度相差不大，两层面同时下沉，达到一定条件就会产生位移差，发生离层；当上下两层岩层刚度相差较大比如松散的煤层和坚硬的岩层，很容易因发生相互渗透而产生离层。在 ANSYS 软件模拟过程中，由于上下两层岩层的刚度不一，在加荷载过程中结构面和目标面发生了渗透（在参数定义时，选择可以渗透），也就是说接触面和目标面在同时下沉的同时，位置在下面的接触面下沉量比位置在上面的目标面的下沉量要少，造成目标面在结构面下方，理论上讲在距巷道中心无穷远处是不会发生离层的，但计算模型无法做到无穷远，距巷道中心最远处就会有较小的离层，目前的处理方法就是将这一很小的离层值直接去掉，为了减小误差，远端的离层值要尽可能小才能与工程实际均较为吻合。

3.2.4.3 参数的选择

目标面 TARGE169 的实常数控制只有两个设为默认值，接触面 CONTA172 的实常数较多，为了尽可能地还原结构面的受力和约束状态，现只对两个主要参数进行定义：

（1）接触黏结力 COHE。结构面的黏结力相对于复合顶板较小，结合工程实际并经调试取 0.02MPa。

（2）法向罚刚度 FKN。主要控制法向接触刚度，较高的刚度值可以减少渗透量，但可能会导致收敛困难；较低的刚度值可导致过多的渗透，并产生不准确的解决方案。初始值取 0.1，调试后取 0.08。

3.2.4.4 复合顶板弹性和弹塑性状态下计算结果对比分析

分别取复合顶板为弹性和弹塑性状态，对比分析弹性和弹塑性状态结构面法向应力、结构面离层和剪应力分布，计算结果对比如图 3-13 ~ 图 3-15 所示。

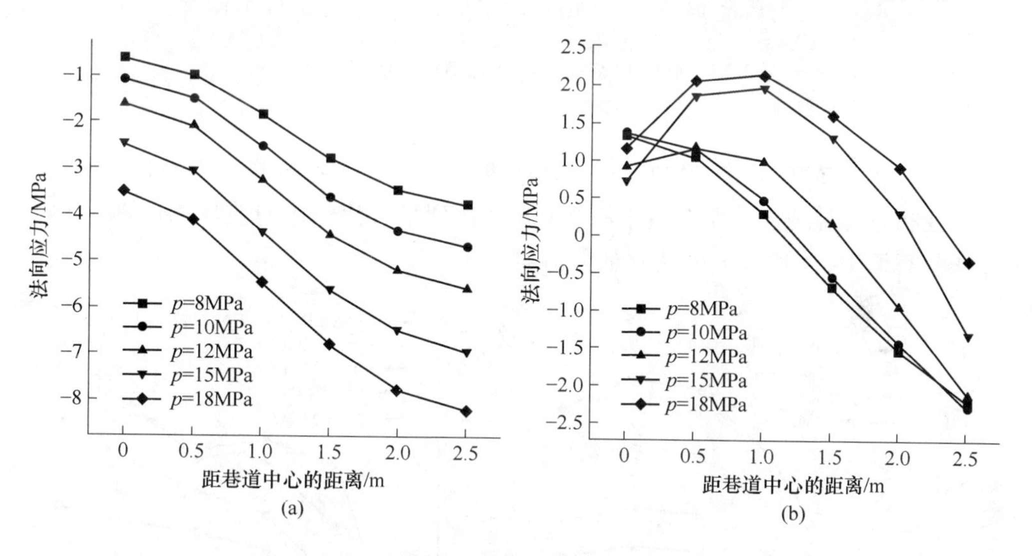

图 3-13 弹性状态和塑性状态结构面法向应力分布

（a）弹性状态结构面法向应力分布；（b）塑性状态结构面法向应力分布

（1）结构面法向应力。图 3-13 计算结果表明，在弹性状态时，计算得出的法向应力均表现为压应力，在塑性状态时，计算得出的法向应力在一定范围（距巷道中心约 2.5m 范围内）以内均表现为拉应力。

（2）结构面离层。图 3-14 计算结果表明，在弹性状态时，计算结构面中部离层为 0.1mm 量级，随着距结构面中心距离的增加，衰减比较快，距巷道中心距离超过 2.0m 时，层间离层值接近零值；按塑性状态计算结构面离层为 1mm 量级，随着距结构面中心距离的增加，衰减比较慢，特别是原岩应力较大时，距结构面中心 2. 0m 范围内层间离层值几乎不变。

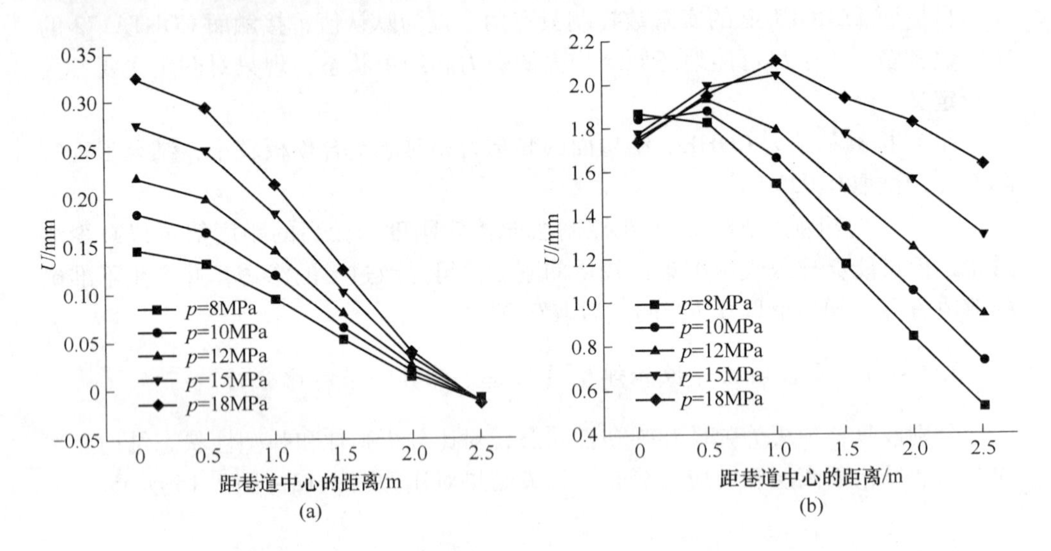

图 3-14　弹性状态和塑性状态结构面层间离层分布
（a）弹性状态结构面层间离层分布；（b）塑性状态结构面层间离层分布

（3）结构面剪应力。图 3-15 计算结果表明，剪应力在巷道中心位置最小，按弹性状态计算剪应力距巷道中心 2. 0m 处达到最大值，按塑性状态计算，剪应力在距巷道中心约 2. 5m 处达到最大值。

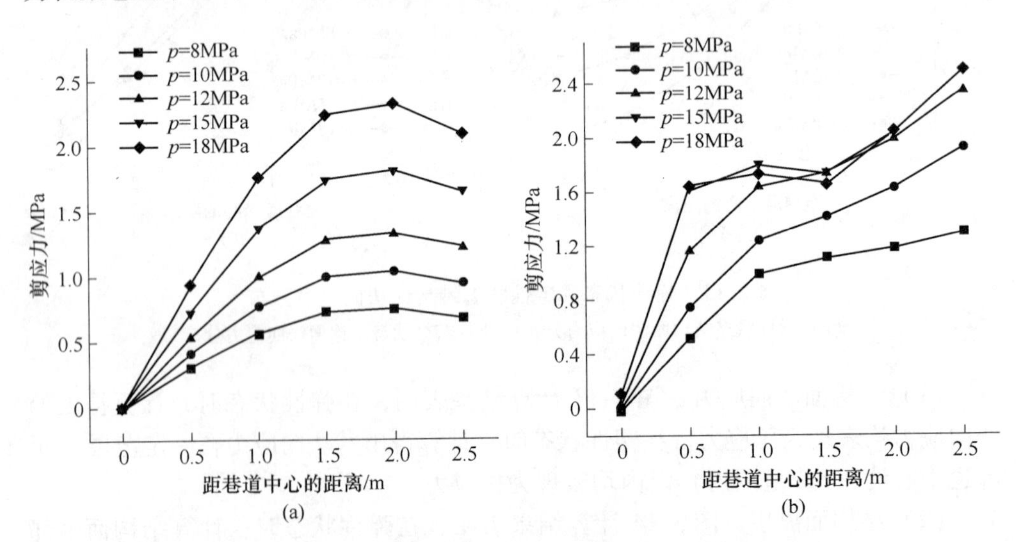

图 3-15 弹性状态和塑性状态结构面剪应力分布
（a）弹性状态结构面剪应力分布；（b）塑性状态结构面剪应力分布

而工程实测表明，结构面离层一般为毫米量级，显然弹性计算模型和工程实际相差过大，塑性计算模型结果和工程实测较为相近，所以深部软弱煤岩巷道复合顶板层间离层分析时应考虑复合顶板塑性对层间离层的影响。由于结构面法向抗拉强度较低，近似为零，而塑性状态下结构面中部法向拉应力较大，深部软弱煤岩巷道结构面分离主要是由法向拉应力造成的。

由此可见，深部软弱煤岩巷道复合顶板层间离层分析必须考虑塑性变形影响。

3.3 深部软弱煤岩巷道复合顶板层间离层数值模拟正交试验

深部软弱煤岩巷道复合顶板层间离层的影响因素较多，本书主要考虑6个因素，每种因素影响水平为5个。为了既能全面分析影响因素的不同影响水平，又能减少实验次数，采用正交试验设计法。

3.3.1 正交试验简介

正交试验设计法是一种研究与处理多因素实验的科学方法，主要包括试验方案设计和实验结果分析。利用规格化的表格——正交表，科学地挑选试验条件，合理安排实验。由于全面试验包含的水平组合数较多，工作量大，在有些情况下无法完成。正交试验设计法就用部分试验来代替全面试验，通过对部分试验结果的分析，从而了解全面试验的情况。

对所得数据的分析方法主要有两种：极差分析法和方差分析法。极差分析法较为简便、直观、简单易懂，故本书采用极差分析法。

3.3.2 正交试验方案

为全面分析诸多因素对复合顶板离层的影响，在合理选择模型的基础上，现依据正交试验原理做出具体分析如下：

本书考虑原岩应力、巷道宽度、Ⅰ层岩性、Ⅰ层岩层厚度、结构面黏结力和内摩擦角6种因素的影响，选用适用于6因素5水平正交试验的 L_{25}（5^6），实验设计因素方案如表3-2所示。根据正交试验设计原理和方法，共需进行25次试验数值模拟，试验方案如表3-3所示，5种不同复合顶板岩石力学性能参数如表3-4所示。

为了对层间离层进行合理判别，本书主要采用结构面分离范围和结构面离层临界值两个变量对深部巷道复合顶板离层的稳定性进行分析。

在选择合理数值计算模型的基础上，根据表3-3正交数值模拟试验方案，得出不同条件复合顶板层间离层模型的计算结果。通过分析不同数值模型计算得出的结构面法向应力、剪应力及层间离层值结果，从中分析得出复合顶板结构面分离力学机理，在此基础上确定结构面分离范围临界值，复合顶板层间离层临界值。得出复合顶板层间分离稳定性判别标准和依据。

表 3-2　正交数值模拟试验因素方案

水平	原岩应力/MPa	Ⅰ层岩性	巷道宽度/m	Ⅰ层岩层厚度/m	结构面内摩擦角/(°)	结构面黏结力/MPa
1	8	松散煤	2.0	1.0	0	0.00
2	10	煤	2.5	1.2	10	0.05
3	12	泥岩	3.0	1.5	20	0.15
4	15	砂质泥岩	3.5	2.0	25	0.20
5	18	泥质砂岩	3.0	2.5	30	0.25

表 3-3　正交数值模拟试验方案

序号	A 原岩应力/MPa	B Ⅰ层岩性	C 巷道宽度/m	D Ⅰ层岩层厚度/m	E 结构面内摩擦角/(°)	F 结构面黏结力/MPa
1	1	1	2	4	2	3
2	2	1	5	5	4	5
3	3	1	4	1	1	4
4	4	1	1	3	3	1
5	5	1	3	2	5	2
6	1	2	3	3	4	4
7	2	2	2	2	1	1
8	3	2	5	4	3	2
9	4	2	4	5	5	3
10	5	2	1	1	2	5
11	1	3	1	5	1	2
12	2	3	3	1	3	3
13	3	3	2	3	5	5
14	4	3	5	2	2	4
15	5	3	4	4	4	1
16	1	4	4	2	3	5
17	2	4	1	4	5	4
18	3	4	3	5	2	1
19	4	4	2	1	4	2
20	5	4	5	3	1	3
21	1	5	5	1	5	1
22	2	5	4	3	2	2
23	3	5	1	2	4	3
24	4	5	3	4	1	5
25	5	5	2	5	3	4

表 3-4 Ⅰ层岩性力学性能参数

岩性	黏结力/MPa	内摩擦角/(°)	弹性模量/GPa	泊松比
松散煤	0.3	16	2.0	0.35
煤	1.0	25	3.2	0.30
泥岩	1.5	23	2.8	0.28
砂质泥岩	3.0	27	3.3	0.25
泥质砂岩	5.0	30	6.0	0.20

3.3.3 数值计算结果及分析

根据正交试验方案，对计算结果进行分析，主要包括结构面离层值、剪应力和法向应力分析。

3.3.3.1 复合顶板及结构面剪应力计算结果及分析

不同条件下复合顶板及层间剪应力分布规律相同，典型原岩应力 $p=12.0$MPa，巷道宽度 $b=3.0$m，Ⅰ层岩石厚度 $h=2.0$m，Ⅰ层岩石黏结力 $c=0.5$MPa，内摩擦角 $\varphi=23°$时复合顶板剪应力分布云图如图 3-16 所示，复合顶板结构面剪应力分布云图如图 3-17 所示。典型Ⅰ层岩性 $c=0.5$MPa，$\varphi=23°$及 $c=1.5$MPa，$\varphi=30°$不同原岩应力结构面 AB 剪应力随距结构面中心 O 点距离的变化如图 3-18(a) 和图 3-18(b) 所示。

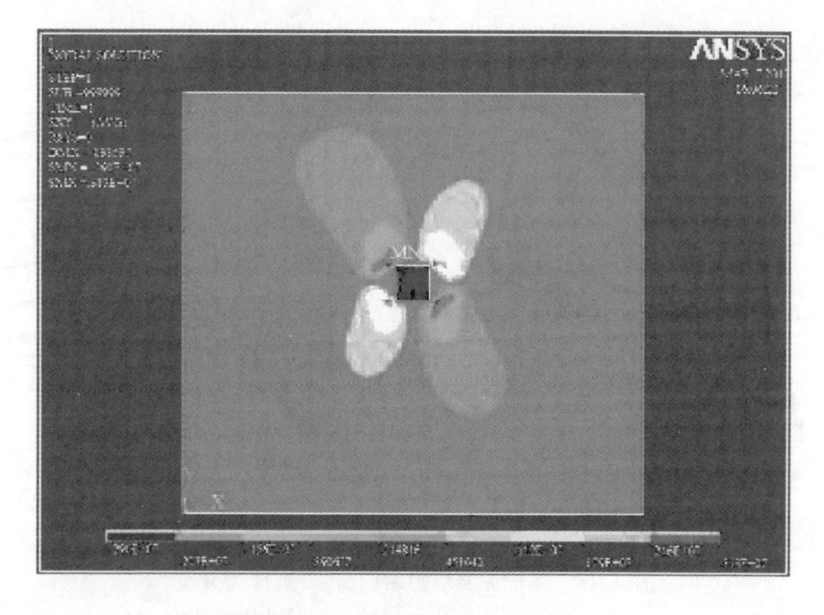

图 3-16 围岩剪应力分布云图

由图 3-16 可以看出巷道两端 C、D 位置具有较大剪应力。图 3-16 及图 3-17 计算结果表明：结构面 AB 剪应力在结构面中心 O 点位置最小，随距 O 点距离增加，剪应力增大，最大剪应力大约位于距结构面端部 A 及 B 点一定距离的 E、F 点。

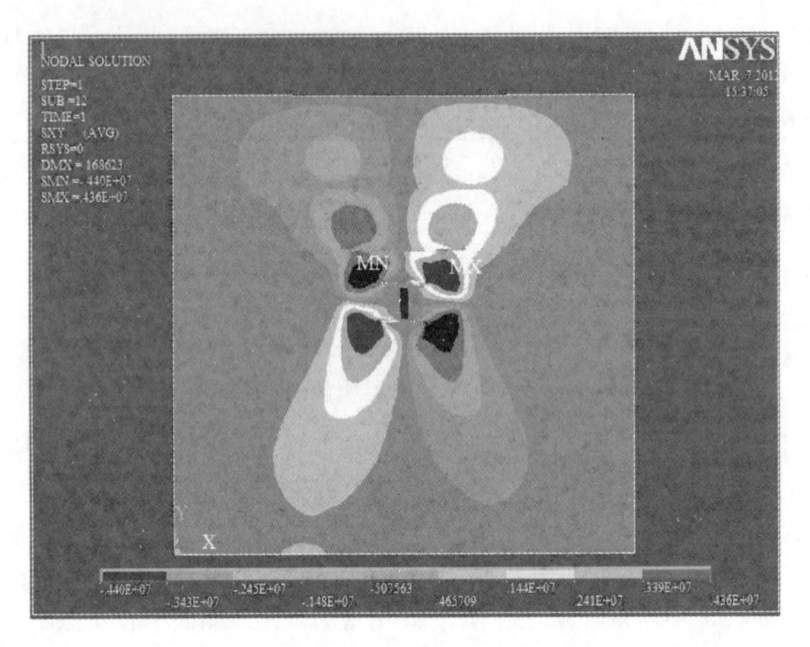

图 3-17　复合顶板结构面剪应力分布云图

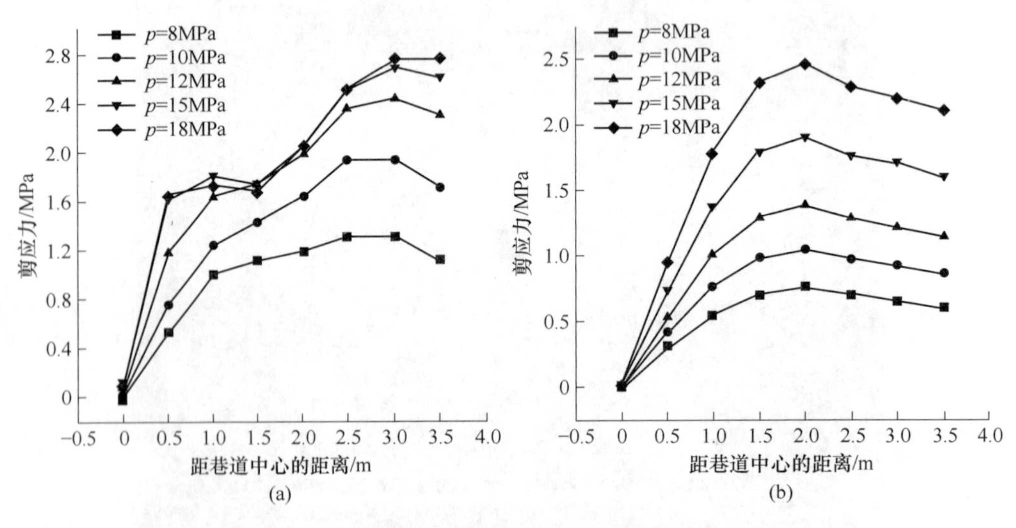

图 3-18　不同原岩应力结构面 AB 剪应力分布

(a) $c=0.5$MPa，$\varphi=23°$；(b) $c=1.5$MPa，$\varphi=30°$

由图3-18(a) 可知，层面最大剪应力位于距中心 O 约3.0m处；由图3-18(b) 可知，层面最大剪应力位于距中心 O 约2.0m处。不同条件数值计算结果表明，剪应力分布规律基本相同，结构面最大剪应力距结构面中心距离 L_1 约为：

$$L_1 = (0.75 - 1.0)b \tag{3-12}$$

当巷道端部 C、D 点剪应力超过岩石抗剪强度时，Ⅰ层岩石中会产生剪切裂隙，根据图3-17所示剪应力分布等云线图，裂隙可能沿 EC、DF 方向发展，如裂隙扩展至结构面附近，由于结构面在 E、F 点剪应力值较大，如仍满足裂隙开裂条件，裂隙便可能和结构面贯通形成图3-12所示的 CE 及 FD 裂隙。

3.3.3.2 复合顶板结构面法向应力计算及分析

A 复合顶板结构面法向应力计算结果

以拉应力为正，取 $b=3.0$m，$h=2.0$m，$p=10.0$MPa 和 $p=18.0$MPa 时不同Ⅰ层岩石黏结力 c 及内摩擦角 φ 结构面法向应力分布如图3-19(a) 及图3-19(b) 所示；Ⅰ层岩石黏结力 $c=0.5$MPa，内摩擦角 $\varphi=23°$时，不同原岩应力复合顶板结构面法向应力分布如图3-20所示；取Ⅰ层岩石黏结力 $c=0.5$MPa，内摩擦角 $\varphi=23°$，当Ⅰ层岩石厚度 $h=1.0$m，原岩应力 $p=12.0$MPa 及Ⅰ层岩石厚度 $h=2.0$m，原岩应力 $p=15.0$MPa 时结构面法向应力分布如图3-21所示。不同原岩应力结构面分离范围见图3-22。

B 复合顶板结构面法向应力计算结果分析

结构面承受抗拉能力较小，抗拉强度几乎为零，结构面受拉应力作用易产生分离，可用结构面法向拉应力作用范围作为结构面分离范围。

(1) 岩性。如图3-19(a) 所示，$p=10.0$MPa，当Ⅰ层岩石黏结力 $c=0.5$MPa，内摩擦角 $\varphi=23°$时，位于结构面中间位置 O 点拉应力最大，随距 O 点距离增加，拉应力减小，距 O 点约1.0m位置法向应力变为压应力，说明结构面在较小范围内即停止分离，当Ⅰ层岩石黏结力和内摩擦角取图3-19(a) 所示的其他值时，结构面法向应力均为压应力，说明结构面不易产生分离。

如图3-19(b) 所示，原岩应力 $p=18.0$MPa，Ⅰ层岩石黏结力 $c=0.5$MPa，内摩擦角 $\varphi=23°$时，距中心 O 点约2.5m范围内结构面法向应力均为拉应力，最大拉应力位于距中间位置 O 点约1.0m左右，说明结构面在较大范围内产生离层，已近结构面发生最大剪应力 E、F 位置，由于结构面分离范围较大，法向拉应力大小在离层范围内分布趋于均匀，最大拉应力位置偏离中间位置；Ⅰ层岩性为 $c=1.0$MPa，$\varphi=25°$时距 O 点约0.4m范围内法向应力为拉应力，随后改变为压应力，说明结构面产生了较小范围离层；其他岩性结构面法向应力均为压应力，结构面压应力分布也不均匀，说明结构面难于分离。

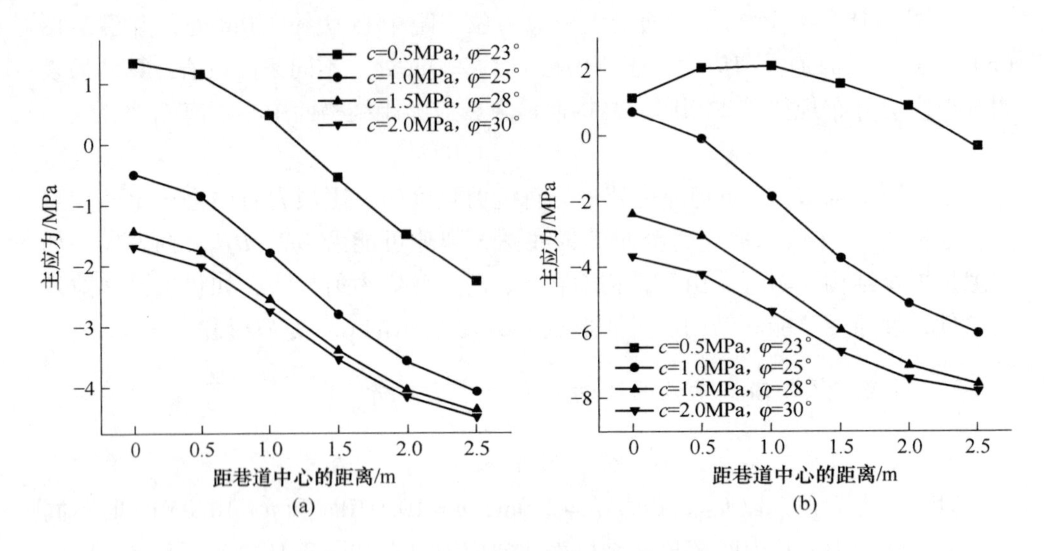

图 3-19 不同层岩性结构面 *AB* 法向应力分布

（$c=0.5$MPa，$\varphi=23°$）

（a）$p=10.0$MPa；（b）$p=18.0$MPa

（2）原岩应力。如图 3-20 所示，不同原岩应力作用下结构面法向应力为拉应力范围不同，$p=18.0$MPa 时距中心 O 点约 2.5m 范围内均为拉应力且大小分布均匀，拉应力作用范围较大，结构面分离范围也较大；$p=15.0$MPa 时距中心 O 点约 2.0m 范围内为拉应力；其他原岩应力作用，距中心 O 点约 1.0～1.5m 范围内为拉应力且随距中心 O 点距离的增加，拉应力衰减较快，说明结构面在较小范围分离即停止；原岩应力大小不同，结构面分离范围即难易程度也不同。

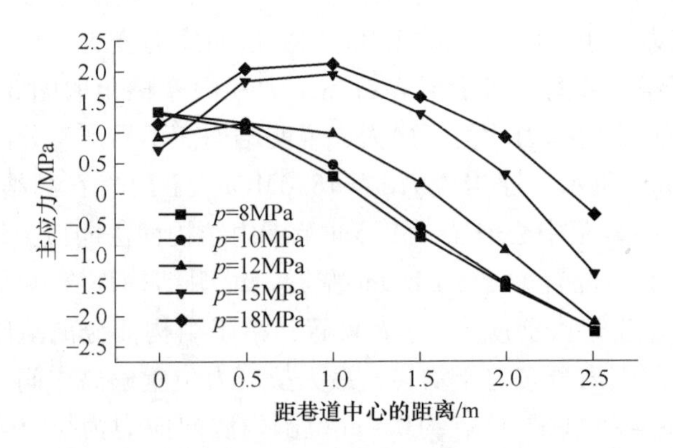

图 3-20 不同原岩应力结构面 *AB* 法向应力分布图

（$c=0.5$MPa，$\varphi=23°$）

（3）岩层厚度。如图3-21所示，当Ⅰ层岩石厚度 $h=1.0$m，$p=12.0$MPa时，距巷道中心约3.0m范围内结构面法向应力为拉应力，当Ⅰ层岩石厚度 $h=2.0$m，$p=15.0$MPa时，距巷道中心约2.0m范围内结构面法向应力为拉应力，说明Ⅰ层岩石厚度较薄时，即使原岩应力较小，结构面也容易分离，复合顶板岩层厚度影响结构面法向应力分布从而影响结构面分离范围。

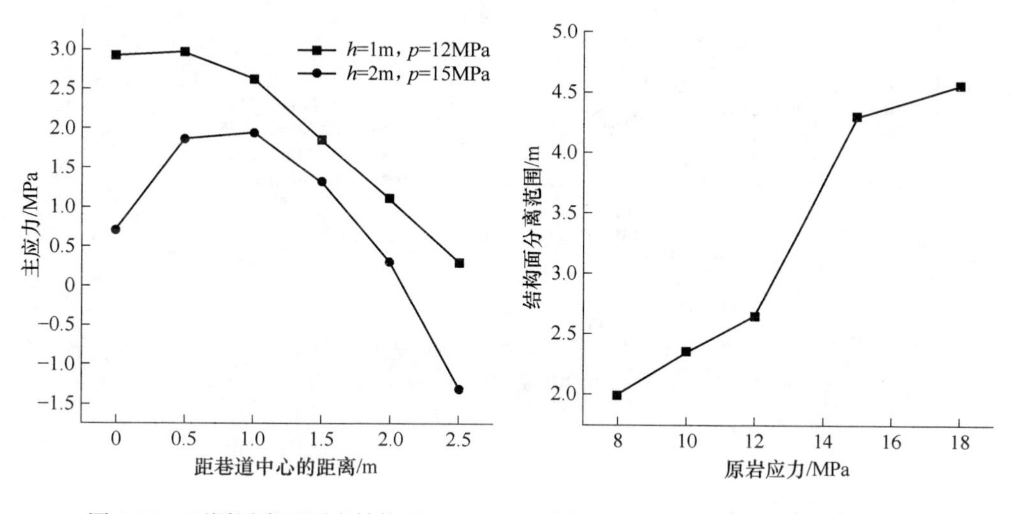

图3-21　不同层岩石厚度结构面AB法向应力分布（$c=0.5$MPa，$\varphi=23°$）

图3-22　不同原岩应力结构面分离范围（$c=0.5$MPa，$\varphi=23°$）

3.3.3.3　深部软弱煤岩巷道复合顶板结构面层间离层计算及分析

结构面分离范围工程中不易确定，采用多点位移计观测的层间离层值作为判据对离层稳定性进行判别是工程中常用方法。可以通过计算不同条件结构面层间离层，分析结构面层间离层和结构面分离范围的相关性，确定层间离层临界值。

A　不同条件层间离层计算

典型不同Ⅰ层岩性结构面离层分布如图3-23所示，不同原岩应力结构面离层分布如图3-24所示，不同Ⅰ层岩石厚度结构面离层分布如图3-25所示。

B　不同条件层间离层计算结果分析

如图3-23（a）所示，原岩应力 $p=10.0$MPa时，结构面中部层间离层值较大，随距结构面中心距离的增加，层间离层值减小，但不同Ⅰ层岩性，衰减幅度有差异，Ⅰ层岩石黏结力 $c=0.5$MPa，内摩擦角 $\varphi=23°$时，衰减较慢，其中距结构面中间位置 O 点约0.5m范围内层间离层相差不大；由图3-19（a）可知，该范围内结构面法向为拉应力，说明拉应力不仅使结构面分离，同时使结构面层间离层趋于均匀。如图3-19（b）所示，原岩应力 $p=18.0$MPa，Ⅰ层岩石黏结力 $c=0.5$MPa，

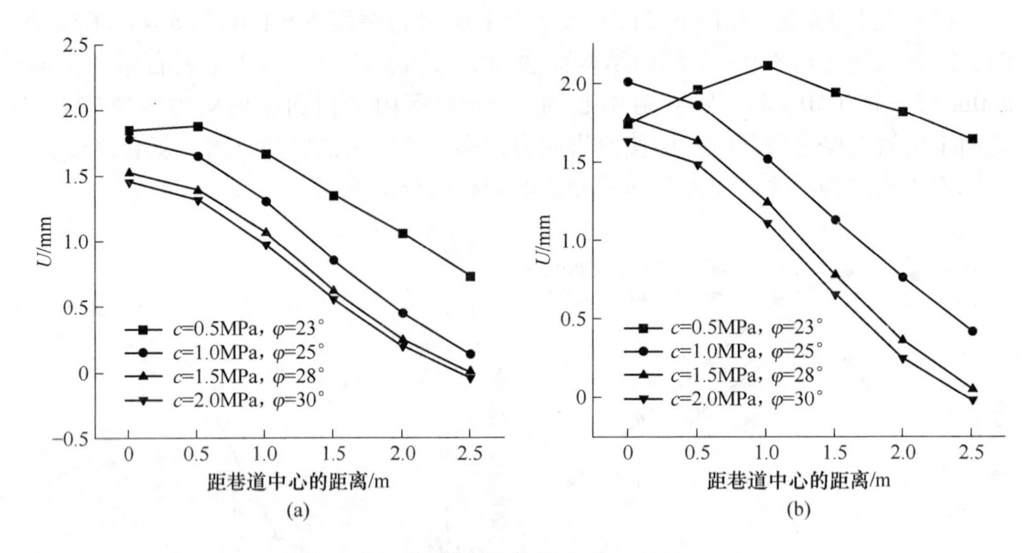

图 3-23　不同Ⅰ层岩性结构面 AB 离层分布

（a）$p=10.0$MPa；（b）$p=18.0$MPa

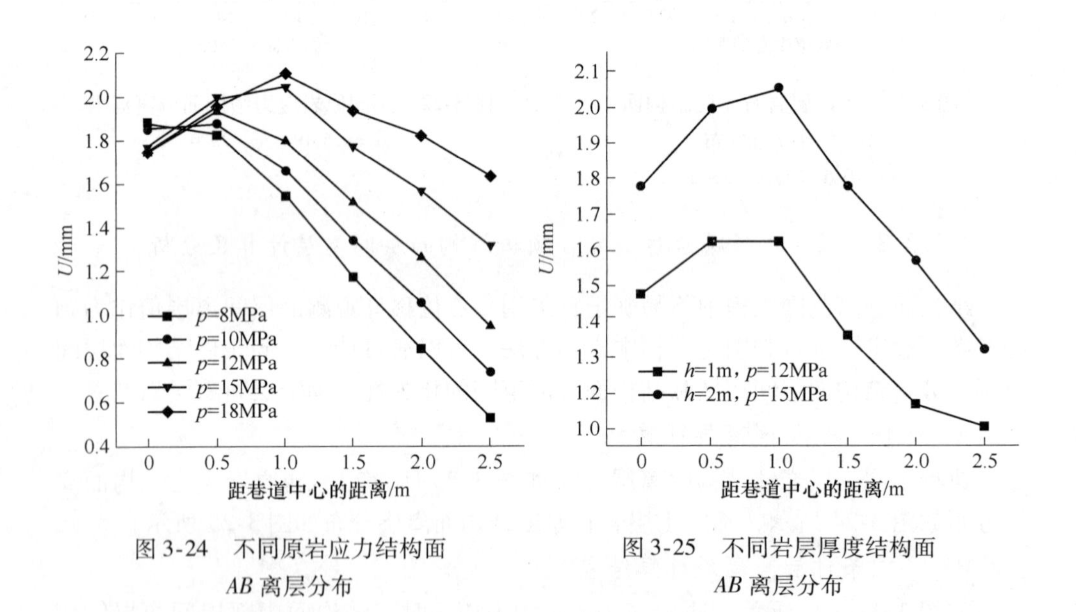

图 3-24　不同原岩应力结构面 AB 离层分布

图 3-25　不同岩层厚度结构面 AB 离层分布

内摩擦角 $\varphi=23°$时，结构面分离范围显著增加，层间离层趋于不稳定，和其他Ⅰ层岩性层间离层计算结果相比，结构面中部最大层间离层值相差并不显著，近似相同，但结构面层间离层值大小分布明显趋于均匀，在距结构面中心较远处也产生了较为显著的层间离层；Ⅰ层岩石黏结力 $c=0.5$MPa，内摩擦角 $\varphi=23°$，依据图 3-20，原岩应力 $p=18.0$MPa 时结构面分离范围比原岩应力 $p=10.0$MPa

时结构面分离范围显著增加，结构面明显易于产生不稳定。比较图3-23(a)及图3-23(b)层间离层计算结果，原岩应力 $p=10.0\text{MPa}$ 和 $p=18.0\text{MPa}$ 时结构面中部最大层间离层值相差不大，但 $p=18.0\text{MPa}$ 时结构面层间离层值分布明显均匀，随距结构面中心距离的增加，层间离层值衰减变缓，分离范围结构面不同位置层间离层近于相同。图3-20不同原岩应力作用下结构面法向应力分布计算结果表明，原岩应力 $p=15.0\text{MPa}$ 和 $p=18.0\text{MPa}$ 时结构面较大范围内产生分离。图3-24不同原岩应力结构面层间离层计算结果表明，不同原岩应力结构面中部层间离层值相差不大，但结构面层间离层分布不同，原岩应力 $p=15.0\text{MPa}$ 和 $p=18.0\text{MPa}$ 时最大层间离层位于距结构面中心约1.0m处且距结构面中心约2.5m范围内层间离层大小分布都较为均匀；其他原岩应力条件，随距结构面中心距离的增加，层间离层明显减小。

以上计算结果分析表明，工程中采用复合顶板结构面中部层间离层值对离层稳定性进行判别存在明显缺陷，结构面分离首先从中部开始并产生层间离层，但随结构面分离扩展，中部位置层间离层值并未显著增加，结构面分离范围和中部位置层间离层值并无显著相关性，但结构面分离范围内层间离层值大小分布趋于均匀，如果以层间离层值作为复合顶板离层稳定性判别依据，应以结构面分离容许范围内两端位置离层值是否超过层间离层临界值进行判断。

3.3.4 深部开采复合顶板结构面分离力学机理

结构面承受抗拉能力较小，抗拉强度几乎为零，受拉应力作用便产生分离。如图3-26所示，复合顶板结构面 AB 中部法向拉应力较大，剪应力较小，结构面中部由于拉应力作用而分离；端部 E 点及 F 点部位剪应力较大，结构面可能由于剪应力作用而分离，如果以拉应力作用为主产生的结构面中部裂隙和剪应力作用为主产生的端部 E、F 裂隙贯通，结构面便形成裂隙 EF。如图3-26所示，巷道

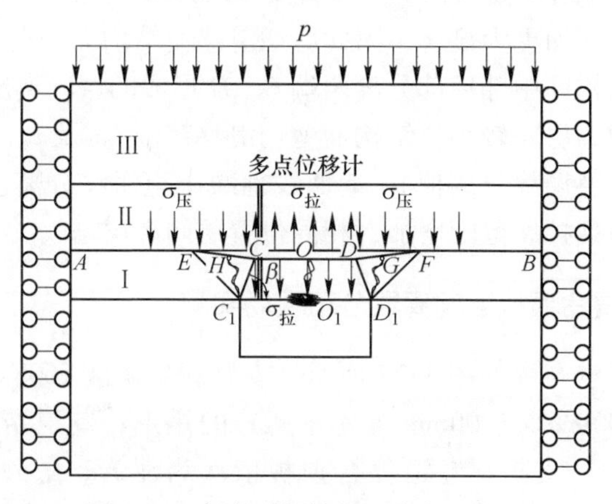

图3-26 复合顶板结构面分离示意图

复合顶板在巷道端部 C_1、D_1 点剪应力较大，当剪应力超过岩石抗剪强度时便产生裂隙，据图 3-26，最大剪应力大致沿 C_1E、D_1F 方向，裂隙可能沿 C_1E、D_1F 方向发展，如裂隙扩展至结构面 E、F 附近，由于复合顶板 E、F 点剪应力较大，当剪应力大小仍满足裂隙开裂条件，裂隙便可能和结构面贯通形成图 3-26 所示的 C_1E 及 D_1F 裂隙；由裂隙 EF、C_1E 及 D_1F 封闭而成的岩体在自重作用下脱落产生冒顶。为预防离层不稳定及冒顶事故发生，必须控制结构面 AB 分离范围不超过 E、F 位置，中部裂隙发展至一定程度停止，不与端部贯通是结构面分离保持稳定的前提，因此可用结构面分离范围作为结构面离层稳定性判别的标准。

（1）结构面中部一定范围呈现拉应力而局部脱离。结构面受荷、离层、失稳示意图如图 3-26 所示，根据不同条件数值模拟结果，结构面 AB 中部一定范围 L_{CD}法向呈现拉应力 $\sigma_{拉}$，由于结构面抗拉强度较低，使结构面中部 L_{CD}范围极易局部脱离而形成层间离层，分离范围内层间离层量 u_1 分布较为均匀；随地应力增加结构面中部分离范围 L_{CD}扩展但层间离层量大小 u_1 变化较小。

（2）紧邻结构面中部局部脱离之外一定范围结构面产生剪切滑移及撕裂扩展。数值模拟结果表明，拉应力作用范围 L_{CD}之外，结构面法向应力为压应力 $\sigma_{压}$，由于距局部脱离两端一定范围 L_{CE}及 L_{DF}结构面剪应力 $\tau>[\tau]$，剪切滑移使结构面分离，同时由于结构面粗糙度即起伏角 α 存在，结构面起伏使水平剪切位移 u_0 产生垂直方向剪胀，形成层间离层 u_2 为：

$$u_2 = u_0 \tan\alpha \tag{3-13}$$

剪切位移 u_0 随结构面剪应力 τ 增大而增大，当 $\tau>[\tau]$ 时，u_0 快速增长后产生滑移，由于 α 较小，与 u_1 比较，u_2 较小。

随距结构面 AB 中心 O 点距离的增加，法向压应力 $\sigma_{压}$ 增大，结构面抗剪强度 $[\tau]$ 增大。尽管结构面剪应力 τ 随距结构面 AB 中心 O 点距离增加而增大，但结构面抗剪强度增加更为显著，因此剪切滑移使结构面分离增加至一定范围后或将停止。由于结构面中部局部分离两端 C，D 形成的层间离层 u_1 较大，剪切滑移范围形成的层间离层 u 较小，结构面剪切滑移范围 L_{CE}及 L_{DF}产生撕裂分离并扩展，同时层间离层由局部分离值 u_1 近似线性减小至滑移分离值 u_2。随地应力增加，剪切滑移及撕裂扩展范围增加，相同位置层间离层增大。

3.3.5　深部巷道复合顶板层间离层分布现场实测

巷道断面及测点布置如图 3-27 所示，安徽新集矿区 1608 轨道运输巷埋深约 650m，断面为 4000mm × 3000mm（宽 × 高）的矩形；巷道帮部采用锚杆支护，顶板采用锚杆（索）支护；巷道复合顶板依次为泥岩、中砂岩、砂质泥岩等。现场实测采用 KZC-300 型顶板离层自动监测仪对巷道宽度范围内泥岩与中砂岩顶板结构面层间离层进行监测，相邻测点间距为500mm。不同测点层间离层监测结果如图3-28所示。实测结果表明：尽管各测点位置层间离层值与数值模拟结果有偏差，但分布规律基本相同。巷道顶板中部一定范围层间离层值较大且趋于相同，超过该范围，层间离层值随距结构面中心距离的增加而较快衰减。

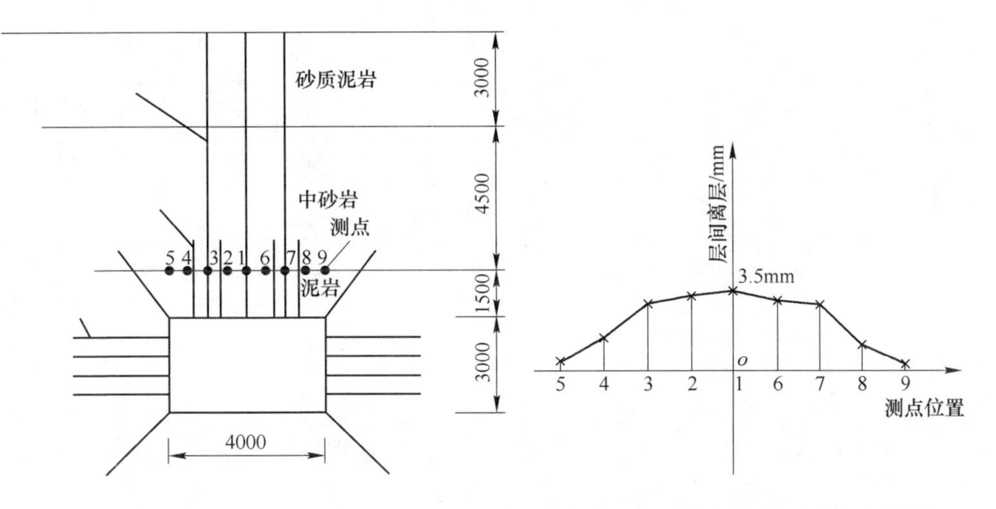

图3-27 巷道断面及测点布置

图3-28 不同测点层间离层监测结果

计算结果表明：图3-26中 C_1CE 及 D_1DF 范围内剪应力分布较大，随地应力增加，可能由于剪切破坏形成与结构面贯通的裂隙 C_1H，D_1G；高地应力作用下结构面剪切滑移与撕裂扩展分离范围较大，可能达到或超过点 H 及 G，此时Ⅰ层复合顶板中 C_1HGD_1 部分将产生离层失稳；同时，由于结构面中部较大局部分离范围及层间离层，Ⅰ岩层在自重作用下中间部位会明显弯曲而断裂形成如图3-26所示的裂隙 OO_1。层间离层数值模拟结果表明，断裂后的岩体局部处于转动翘曲等非线性状态。结构面中部层间离层不再均匀分布，而是呈跳跃式分布。

3.4 深部开采复合顶板结构面分离稳定性标准

3.4.1 计算结果及分析

根据表3-3正交试验模型8的计算结果，结构面法向应力、剪应力及层间离层的数值模拟结果如图3-29所示。

由图3-29(a) 可知：图3-26中由巷道端部 C、D 产生的剪切裂隙 CE、DF 和结构面贯通点 E、F 距结构面中心约3.0m，原岩应力 $p=12.0\sim15.0$MPa时，由于法向拉应力作用结构面分离范围为1.0m，距结构面中心1.0~2.0m范围内由于剪应力超过结构面抗剪强度而产生滑移分离，结构面分离并未扩展至 E、F

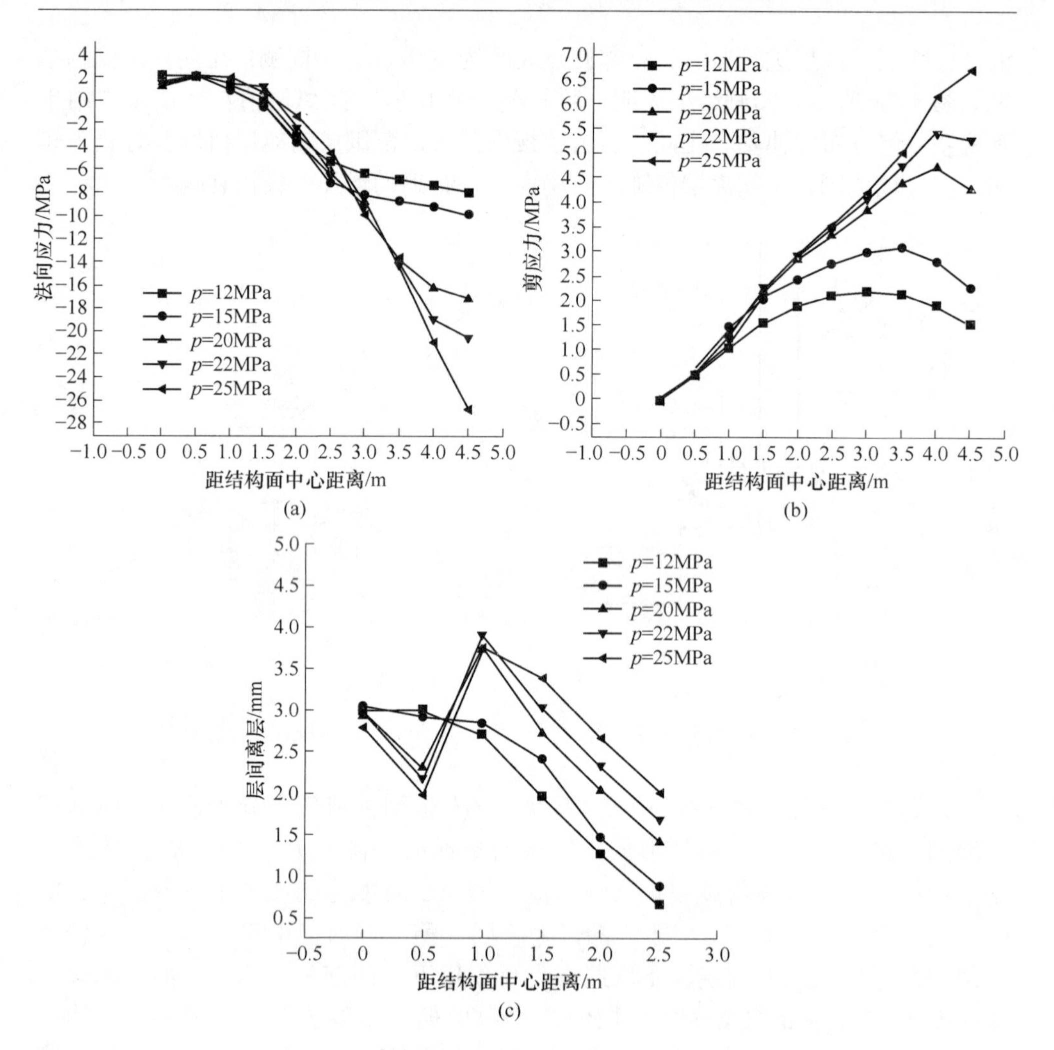

图 3-29　试验模型 8 结构面应力和层间离层分布

（a）结构面法向应力分布；（b）结构面剪应力分布；（c）结构面层间离层分布

位；p = 20.0MPa 时法向拉应力引起的结构面分离范围为 1.5m，剪切滑移形成结构面分离约为 1.5 ~ 3.0m，结构面分离和 E、F 点贯通，由 CE、DF、EF 和 CD 组成的岩块易脱离复合顶板产生离层不稳定。

以上分析表明：如果结构面两端剪切滑移造成的结构面分离和结构面中部法向拉应力作用造成的结构面分离并未贯通，结构面中部由于拉应力作用而形成的层间离层分布在拉应力作用范围趋于均匀；如果结构面两端和中部分离贯通，结构面分离就有失稳趋势，此时结构面中部离层随距巷道中心距离呈图 3-29（c）中 p = 20.0MPa，22.0MPa，25.0MPa 时的跳跃式变化；可以通过结构面层间离层分布分析结构面分离稳定性。

试验模型1、3、4、5、6、7、10、14、15、19、21条件下结构面法向应力和层间离层分布和试验模型8呈现相同特点。试验模型11、13、17、18、20、22、23、24、25条件下即使原岩应力施加到30.0MPa，结构面中部法向也未出现拉应力，结构面中部未产生分离，结构面分离保持稳定。试验模型2、9、16、20条件下结构面中部法向虽产生拉应力并由此结构面产生分离，但分离范围并未超过临界范围，结构面分离也保持稳定。

3.4.2　深部巷道复合顶板结构面分离范围临界值确定

结构面法向应力、剪应力及抗剪强度如表3-5所示。

表3-5　结构面法向应力、剪应力及抗剪强度

距结构面中心距离/m	$p=12.0$MPa			$p=15.0$MPa			$p=20.0$MPa			$p=22.0$MPa			$p=25.0$MPa		
	σ/MPa	τ/MPa	$[\tau]$/MPa	σ/MPa	τ/MPa	$[\tau]$/MPa	σ/MPa	τ/MPa	$[\tau]$/MPa	σ/MPa	τ/MPa	$[\tau]$/MPa	σ/MPa	τ/MPa	$[\tau]$/MPa
0.0	2.35	0.00	2.28	0.00	1.40	0.00	1.34	0.00	1.50	0.00					
0.5	2.12	0.50	2.04	0.58	2.15	0.55	2.21	0.57	2.24	0.55					
1.0	0.94	1.06	0.97	1.38	1.60	1.32	1.74	1.22	1.89	1.13					
1.5	−0.40	1.58	0.64	−0.25	2.06	−0.59	0.57	2.26	1.13	2.25	0.23	2.19			
2.0	−3.33	1.92	1.71	−3.67	2.47	−1.83	−3.08	2.89	−1.62	−2.38	2.95	−1.37	−1.45	2.94	−1.03
2.5	−5.27	2.13	2.42	−6.22	2.77	−2.76	−6.63	3.35	−2.91	−6.04	3.48	−2.70	−4.70	3.56	−2.21
3.0	−6.29	2.21	2.78	−8.00	3.02	−3.41	−10.00	3.86	−4.14	−9.88	4.07	−4.09	−8.79	4.22	−3.70
3.5	−6.79	2.14	2.97	−8.70	3.10	−3.66	−13.60	4.41	−5.45	−14.30	4.76	−5.70	−13.80	5.02	−5.52
4.0	−7.29	1.90	3.15	−9.02	2.83	−3.78	−16.10	4.71	−6.36	−18.90	5.43	−7.38	−20.90	6.19	−8.10
4.5	−7.95	1.54	3.39	−9.84	2.28	−4.08	−17.00	4.29	−6.68	−20.50	5.28	−7.96	−26.60	6.71	−10.28

对25种不同条件正交模型试验，施加不同原岩应力，直至结构面分离达到临界范围；如施加原岩应力$p=30.0$MPa时，结构面分离仍未达到临界值，可以认为目前煤矿开采深度结构面分离不能达到临界范围。不同条件下结构面分离范围临界值、达到分离范围临界值需施加原岩应力、原岩应力$p=30.0$MPa时仍未达到临界范围时结构面分离范围如表3-6所示。

表3-6　结构面分离范围及临界值

实验序号	结构面分离范围/m	结构面分离范围临界值/m	原岩应力p/MPa
1	0.5	0.5	25.0
2	0.4	未达到临界范围	30.0
3	1.2	1.2	8.0
4	0.5	0.5	10.0

续表 3-6

实验序号	结构面分离范围/m	结构面分离范围临界值/m	原岩应力 p/MPa
5	0.9	0.9	8.0
6	0.8	0.8	20.0
7	0.6	0.6	13.0
8	1.5	1.5	20.0
9	0.2	未达到临界范围	30.0
10	0.5	0.5	13.0
11	0.0	未达到临界范围	30.0
12	1.0	1.0	13.0
13	0.0	未达到临界范围	30.0
14	1.4	1.4	22.0
15	1.3	1.3	18.0
16	1.5	未达到临界范围	30.0
17	0.0	未达到临界范围	30.0
18	0.0	未达到临界范围	30.0
19	0.6	0.6	20.0
20	0.5	未达到临界范围	22.0
21	1.4	1.4	20.0
22	1.0	未达到临界范围	30.0
23	0.0	未达到临界范围	30.0
24	0.0	未达到临界范围	30.0
25	0.0	未达到临界范围	30.0

由表 3-6 可知：相同巷道宽度，其他因素取值水平变化，可能使结构面分离达到临界范围所需原岩应力大小不同，$p=30.0$MPa 时结构面分离也可能不能达到临界范围，但如果能达到临界范围，其临界值基本相同，临界范围仅和巷道宽度显著相关。不同巷道宽度不同数值计算模型结构面分离范围临界值如表 3-7 所示。

表 3-7 不同巷道宽度结构面分离范围临界值

巷道宽度/m	2.0		2.5			3.0			3.5		3.0		
实验序号	4	10	1	7	19	5	6	12	3	16	8	14	21
分离范围临界值/m	0.5	0.5	0.5	0.6	0.6	0.9	0.8	1.0	1.2	1.3	1.5	1.4	1.4

由表 3-7 可知，结构面分离临界范围 L 一般为巷道宽度 B 的 0.5 ~ 0.7 倍，即 $L=(0.5\sim0.7)B$。

3.5 深部软弱煤岩巷道结构面层间离层及离层临界值确定

不同条件下数值模拟得出的结构面受力和层间离层典型分布如图 3-30 所示。

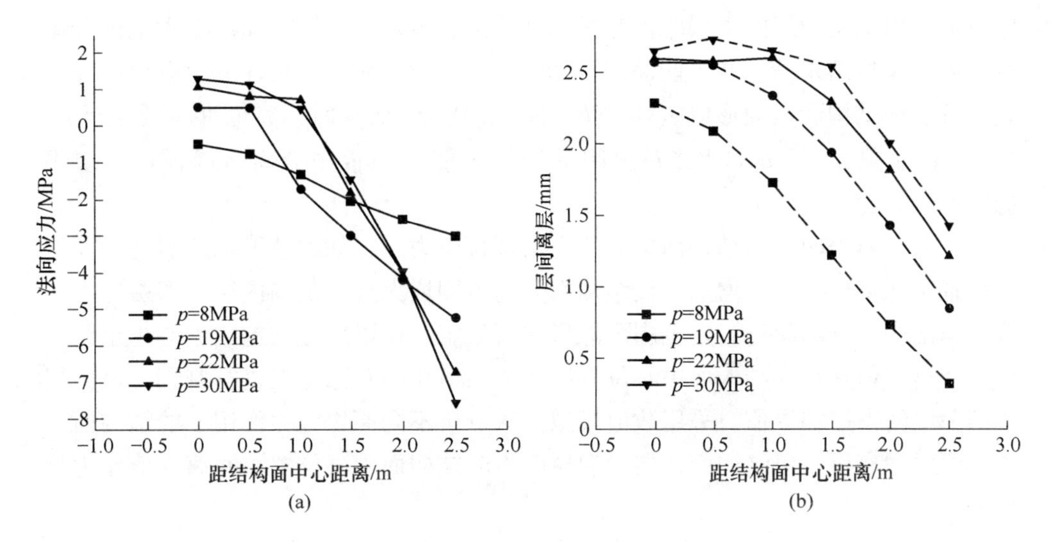

图 3-30 模型 1 数值模拟结果

(a) 法向应力分布；(b) 层间离层分布

(1) 当原岩应力 $p=8.0$MPa 时，结构面法向为压应力，由于结构面中心位置剪应力超过抗剪强度，结构面首先在中心位置产生剪切破坏并向两边扩展，随距结构面中心距离增加，剪应力虽然增加，但由于压应力增加使抗剪强度增大，剪切破坏延伸至一定范围后将停止；结构面滑移分离形成应力重新分布，使结构面中心层间离层最大，随距结构面中心距离增加，层间离层减小直至停止。本书将接触面作为刚度很大的硬性接触面考虑，未考虑接触点嵌入，由于复合顶板Ⅱ层岩石强度较大，Ⅰ层岩石强度较低，会产生上层岩石渗透到下层岩石即嵌入现象，因此层间离层比图 3-31(b) 计算结果小，实际上距结构面中心较小范围内层间离层已经停止。

当原岩应力由 $p=8.0$MPa 增加至 $p=19.0$MPa 时，结构面中心层间离层临界值由 2.2mm 增加至 2.6mm。

(2) $p=10.0$MPa 时，距结构面中心约 0.5m 范围内法向出现拉应力，在拉应力作用范围内层间离层都达到了 2.6mm。结构面抗拉强度很低，拉应力作用范围内结构面将产生分离，分离范围内层间离层和结构面中心位置值相同。

(3) 继续增加原岩应力至 $p=22.0$MPa 时，结构面法向拉应力作用范围约为

1.3m，但结构面中心位置最大离层值并未增加，仅是结构面拉应力作用范围增加到1.3m左右，在此范围内层间离层值相同。

（4）当增加原岩应力至 $p=30.0\text{MPa}$ 时，结构面法向拉应力作用范围增加至1.5m左右，此时结构面分离范围内层间离层分布并不相同。这是由于ANSYS程序数值模拟结构面层间离层时仅考虑局部脱离和滑移，当结构面产生大范围分离时，数值模拟结果精度并不能满足要求。如图3-26所示，此时由巷道顶部发展裂隙可能和结构面贯通形成裂隙 C_1E 和裂隙 D_1F，结构面分离也可能延伸至 E、F 点，由裂隙 C_1E、D_1F 及 EF 封闭的岩体可能从顶板中分离造成顶板离层不稳定。

以上分析表明：当结构面中心首先出现拉应力后，如继续增加原岩应力，中心位置层间离层值并不增加，仅结构面分离范围增大且该范围内层间离层趋于一致；当结构面分离超过一定范围可能形成不稳定。可以用距结构面中心一定距离处层间离层值是否和结构面中心位置层间离层值相同对稳定性进行判别，该离层值即为层间离层临界值。采用数值模拟方法分析不同原岩应力作用下的结构面中心位置层间离层，以结构面法向出现拉应力时结构面中心位置层间离层值作为临界值。

如图3-31所示，在模型5数值模拟条件下，即使取原岩应力 $p=4.0\text{MPa}$，结构面法向拉应力作用范围也达到了0.8m，当原岩应力增加至 $p=10.0\text{MPa}$ 时，法向拉应力作用范围增加到1.5m左右。说明一定条件下，即使巷道埋置不深，复合顶板也易产生层间离层不稳定。

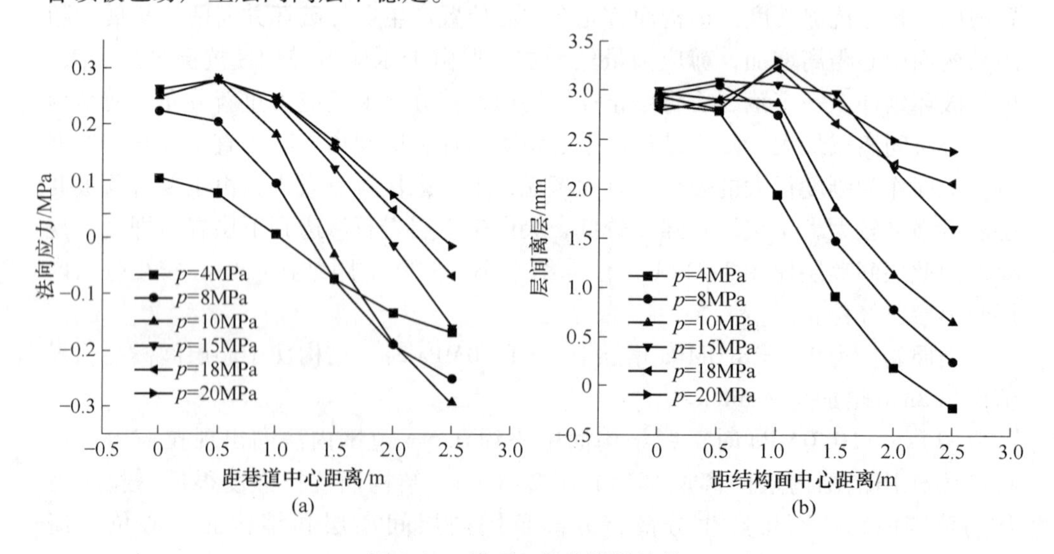

图3-31　模型5数值模拟结果

（a）法向应力分布；（b）层间离层分布

如图 3-32 所示，由于模型 2 Ⅰ 层岩石较厚，结构面法向应力都表现为压应力，即使原岩应力达至 $p=35$MPa 时也是如此。随原岩应力增加，虽然结构面剪应力增大，但由于法向压应力增大，抗剪强度也增大，剪切破坏造成结构面滑移分离扩展至一定范围后将停止，即使原岩应力较大，也是如此。一定条件下深部开采巷道复合顶板法向不产生拉应力，结构面离层基本稳定。

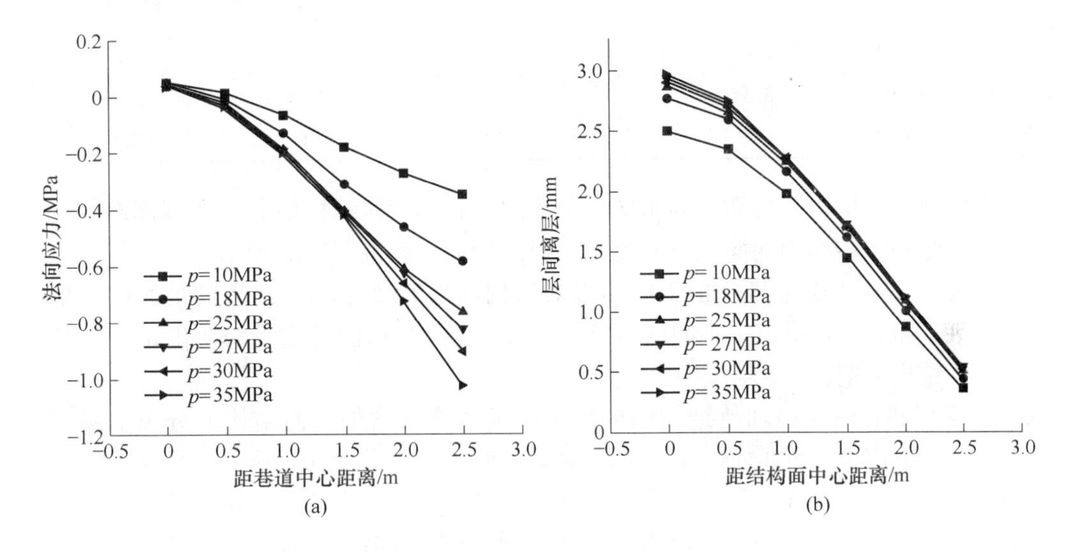

图 3-32 模型 2 数值模拟结果

（a）法向应力分布；（b）层间离层分布

3.6 深部软弱煤岩巷道复合顶板离层稳定性影响因素分析

本节主要在前几节内容的基础上，通过分析正交试验方案设计计算所得结果，分析了 6 种主要因素：原岩应力、巷道宽度、复合顶板岩层厚度、岩层黏结力、岩层内摩擦角、结构面黏结力和内摩擦角对深部软弱煤岩巷道复合顶板结构面分离范围及其临界值、结构面层间离层及其临界值的影响，为合理巷道支护选择提供依据。

3.6.1 深部软弱煤岩巷道结构面分离范围及临界值影响分析

根据本书正交试验得出的数值模拟结果，以结构面 AB 法向拉应力作用范围作为结构面分离范围，不同影响因素不同水平结构面分离范围均值计算结果如表 3-8 所示。

通过极差分析，诸多因素中，巷道宽度和 Ⅰ 层岩石厚度对结构面分离范围产生显著影响，原岩应力、Ⅰ 层岩石性质对结构面分离范围产生一定影响，结构面内摩擦角和黏结力对结构面分离范围影响较小。根据表 3-8 所示的不同因素极差，

表 3-8　不同因素各水平结构面分离范围数值模拟结果

水平	原岩应力 /MPa	Ⅰ层岩性	巷道宽度 /m	岩层厚度 /m	结构面 AB 内摩擦角 /(°)	结构面 AB 黏结力/MPa
1	2.6	2.97	3.26	3.44	2.72	2.75
2	2.63	2.94	2.53	3.08	2.7	2.72
3	2.69	2.76	2.7	3.04	2.7	2.68
4	2.95	2.65	3.1	2.33	2.69	2.65
5	2.97	2.5	3.3	1.91	2.68	2.65
极差	0.37	0.47	1.14	1.53	0.04	0.1

原岩应力、Ⅰ层岩石性质、巷道宽度和Ⅰ层岩石厚度对结构面分离范围都产生较为显著影响，结构面内摩擦角和黏结力对结构面分离范围影响较小。

为进一步“量化”分析不同因素对结构面层间离层和分离范围的影响，根据表 3-7 和表 3-8 得出了不同因素结构面分离范围均值随各水平的变化如图 3-33 所示。结果表明：

（1）巷道宽度增加使结构面分离范围尺寸线性增加，而结构面分离临界范围随巷道宽度也线性增加，巷道宽度对结构面分离稳定性的影响并不显著。试验模型 8、14、21 条件下即使巷道宽度 $B=3.0\text{m}$，较小原岩应力作用下结构面也产生了较大范围分离，但原岩应力也必须达到 $p=20.0\text{MPa}$ 左右才能使结构面分离范围达到临界值；巷道宽度 $B=3.0\text{m}$，试验模型 2、20 条件下即使 $p=30.0\text{MPa}$ 也不能使结构面分离范围达到临界值，说明较大巷道宽度水平结构面分离也不一定易于失稳。试验模型 4、10 条件下巷道宽度 $B=2.0\text{m}$，原岩应力仅需 $p=10.0\text{MPa}$ 时，结构面分离范围就达到临界值 0.5m，巷道宽度减小并不说明结构面易于保持稳定，尽管结构面分离范围不大。

（2）Ⅰ层复合顶板厚度减小使结构面分离范围显著增加，但对结构面分离临界范围影响并不显著，Ⅰ层复合顶板厚度显著影响结构面分离稳定性。试验模型 3、10、12、19、21 条件下，Ⅰ层复合顶板厚度 $h=1.0\text{m}$ 时，无论其他条件如何，原岩应力不超过 $p=20.0\text{MPa}$ 时结构面分离范围即达到临界范围。试验模型 2、9、11、18、25 条件下，Ⅰ层复合顶板厚度 $h=2.5\text{m}$ 时，无论其他条件如何，原岩应力即使达到 $p=30.0\text{MPa}$，结构面分离范围也未达到临界值。

（3）一定范围内Ⅰ层复合顶板岩性对结构面分离范围产生较为显著的影响，但对结构面分离范围临界值影响不大，Ⅰ层复合顶板岩性对结构面分离稳定性产生影响。试验模型 1、2、3、4、5 条件下，Ⅰ层复合顶板为黏结力 $c=0.3\text{MPa}$，内摩擦角 $\varphi=16°$ 的极软弱围岩，除试验模型 2 外（Ⅰ层复合顶板厚度 $h=2.5\text{m}$），原岩应力不超过 $p=20.0\text{MPa}$ 时结构面分离范围都可达到临界范围。试验模型 21、22、23、24、25 条件下，Ⅰ层复合顶板为黏结力 $c=5.0\text{MPa}$，内摩擦

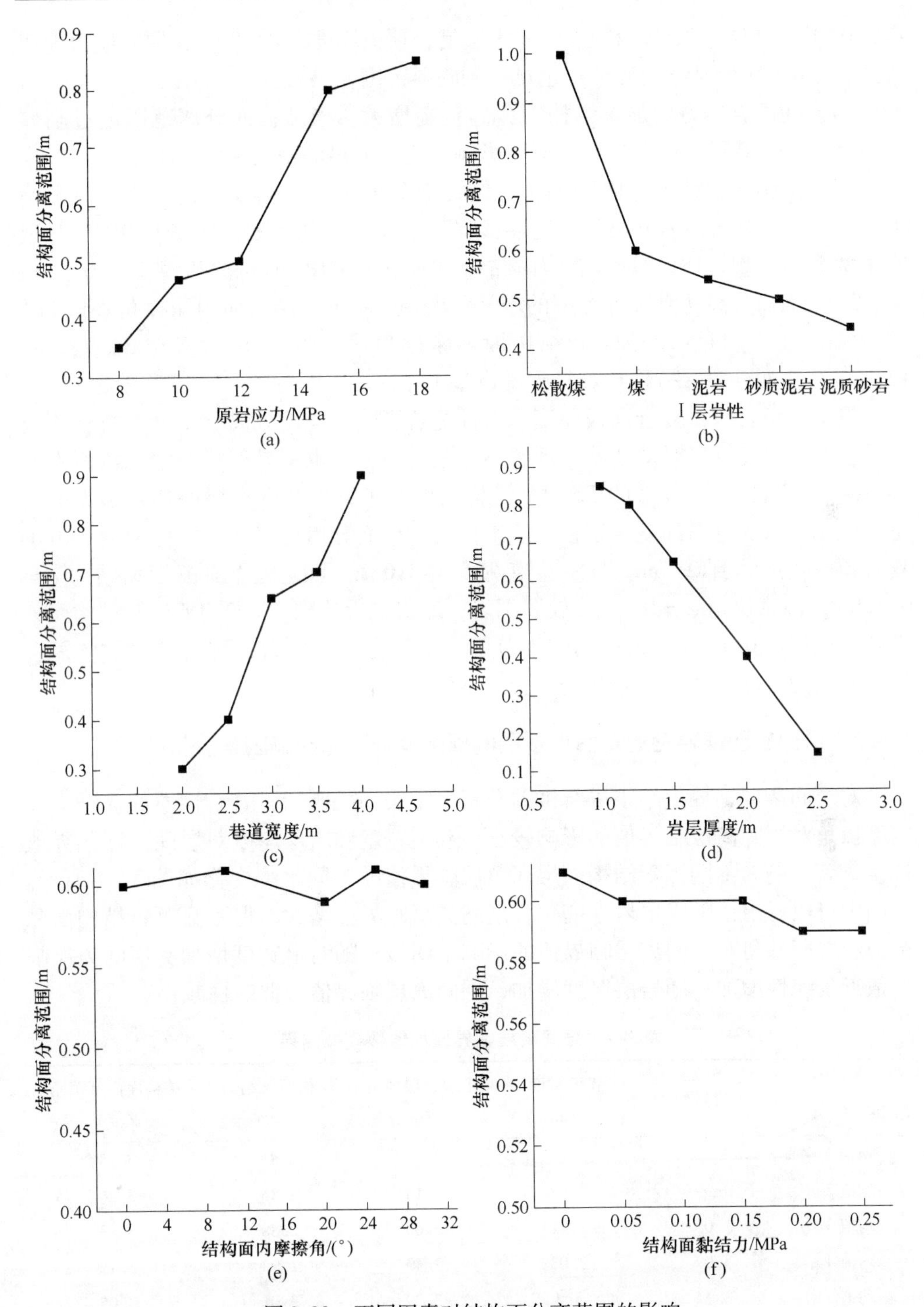

图 3-33 不同因素对结构面分离范围的影响

(a) 原岩应力；(b) Ⅰ层岩性；(c) 巷道宽度；(d) 岩层厚度；(e) 结构面内摩擦角；(f) 结构面黏结力

角 $\varphi=30°$ 的硬岩，除试验模型 21（Ⅰ层复合顶板厚度 $h=1.0$m），原岩应力即使达到 $p=30.0$MPa 时结构面分离也难达到临界范围。

（4）随原岩应力增加，结构面分离范围增大，当结构面分离范围超过临界范围时，产生离层不稳定，原岩应力影响结构面分离的稳定性。

（5）结构面黏结力和内摩擦角对结构面分离尺寸影响较小，对临界值影响也不大，因此对结构面分离的稳定性影响不显著。结构面黏结力 $c=0.0$MPa 时试验模型 4、7、15、18、21 和结构面黏结力 $c=0.25$MPa 时试验模型 2、10、13、16、24 结构面分离达到临界范围的难易程度相差不大；结构面内摩擦角 $\varphi=0°$ 时试验模型 3、7、11、20、24 和结构面内摩擦角 $\varphi=30°$ 时试验模型 5、9、13、17、21 结构面分离保持稳定难易程度也基本相同。

以上分析表明：复合顶板厚度和岩性显著影响结构面分离稳定性。复合顶板岩性较差、厚度较薄时即使巷道埋置不深结构面分离也不易保持稳定；数值模型 3，在较小原岩应力 $p=8.0$MPa 时，结构面即产生较大范围离层并达到临界值就是验证。可以通过增加复合顶板厚度来保持结构面分离稳定性，实验模型 2 由于复合顶板较厚达到 2.5m，即使巷道宽度为 3.0m，Ⅰ层复合顶板为黏结力 $c=0.3$MPa，内摩擦角 $\varphi=16°$ 的极软弱围岩，原岩应力达到 $p=30.0$MPa 时结构面分离范围也仅为 0.4m，并未达到临界范围，说明通过预应力锚杆将较薄层状复合顶板联结为较厚整体是预防结构面分离不稳定的有效方法。

3.6.2　深部软弱煤岩巷道复合顶板层间离层及临界值影响因素分析

对层间离层临界值结果进行极差分析，如表 3-9 所示，岩石性质如黏结力和内摩擦角对层间离层临界值的影响较小，巷道宽度和岩层厚度对层间离层临界值产生显著影响。不同因素结构面层间离层临界值随不同水平变化如图 3-34 所示。从图中可以看出：随Ⅰ层岩性变化，层间离层临界值增大，但不显著；结构面黏结力和内摩擦角对层间离层临界值的影响不明显；随巷道宽度增加，层间离层临界值近于线性增加；随岩层厚度增加，层间离层临界值近似线性减小。

表 3-9　层间离层临界值均值数模拟结果

因素 / 水平	Ⅰ层岩性	巷道宽度 /m	Ⅰ层岩层厚度 /m	结构面黏结力 /MPa	结构面内摩擦角 /(°)
均值 1	2.77	2.46	3.37	2.81	3.23
均值 2	2.99	2.68	3.14	2.85	3.26
均值 3	3.05	2.92	3.03	2.88	3.13
均值 4	3.09	3.03	2.49	2.92	3.12
均值 5	3.14	3.3	2.29	3.01	3.05
极差	0.37	1.04	1.08	0.2	0.21

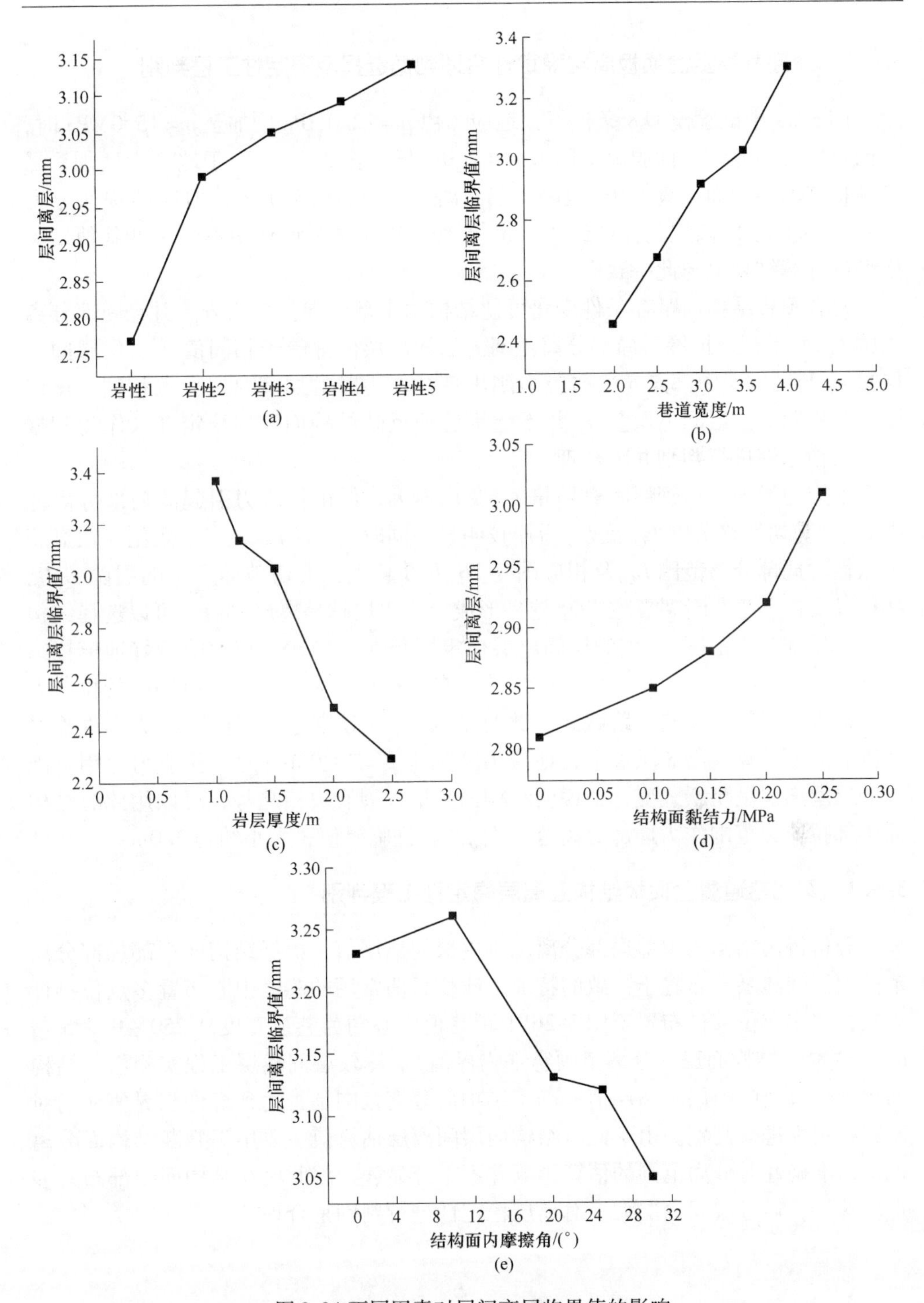

图 3-34 不同因素对层间离层临界值的影响

(a) Ⅰ层岩性；(b) 巷道宽度；(c) 岩层厚度；(d) 结构面黏结力；(e) 结构面内摩擦角

3.6.3 深部巷道复合顶板离层稳定性合理判据选择及稳定性工程判别

图3-28中试验模型8条件下，地应力由 $p=12.0$MPa 增加至 $p=15.0$MPa 时，法向拉应力引起结构面脱离范围 L_{CD} 由2.0m增加至3.0m。由于地应力增加，尽管新扩展的结构面分离1.0m范围内层间离层值增加至3.0mm，但原结构面分离2.0m范围内层间离层仍保持约3.0mm不变。正交试验设计中不同条件其他试验模型的计算结果也与此一致。

复合顶板结构面赋存条件变化可使结构面中部法向拉应力 $\sigma_{拉}$ 引起局部分离范围 L_{CD} 增大，且扩展后局部分离范围内层间离层值都趋于相同值 u_1。但层间离层量 u_1 与结构面中部点 o 法向应力刚出现拉应力时的层间离层大致相同，该值变化并不明显。层间离层量 u_1 并不能敏感地反映结构面离层稳定性，作为判据对离层稳定性进行判别并不合理。

地应力增加，尽管层间离层量 u_1 变化不大，但由拉应力引起的局部分离范围 L_{CD}、剪切滑移范围 L_{CE} 及 L_{DF} 增加较明显；同时，L_{CD} 与 L_{CE}、L_{DF} 变化存在显著关联性。局部分离范围 L_{CD} 及相应图3-26中 β 越大，剪切破坏产生的裂隙 C_1H、D_1G 以及自重弯曲断裂裂隙 OO_1 越易形成，Ⅰ岩层越易离层失稳，可以选择结构面中部局部分离范围 L_{CD} 作为层间离层稳定性判据。ANSYS程序能较好地模拟结构面离层的非线性，一旦岩层形成裂隙而有失稳趋势时，数值模拟得出的拉应力作用范围内层间离层趋于跳跃式，此时结构面中部局部分离范围 L_{CD} 为容许临界范围。典型计算模型8条件下，地应力增加至 $p=20.0$MPa 时，拉应力作用范围内的层间离层呈跳跃式变化，说明结构面离层发展有失稳趋势，可以用此时结构面中部拉应力范围作为局部分离范围 L_{CD} 的容许临界值，大小约为3.0m。

3.6.4 深部巷道复合顶板结构面离层稳定性工程判别

分析得出结构面中部局部分离范围内层间离层值，根据结构面中部局部分离范围内层间离层分布趋于一致的特征，改变目前常用的巷道中心布置多点位移计方式，将多点位移计布置于图3-26中距巷道中心约为巷道宽度0.250~0.375倍的 C 位置（结构面局部分离范围容许临界值）。比较层间离层工程实测值与结构面中部分离范围内层间离层值，确定结构面分离范围是否达到容许临界值从而对离层稳定性进行判别。由于此时结构面层间离层估算值主要用于判断结构面分离范围，准确性对分离范围的估算影响并不十分显著，因此比在结构面中部布置多点位移计，通过层间离层大小对离层稳定性进行判别是合理的。

4　深部软弱煤岩巷道合理支护形式及参数选择

4.1　煤岩-支架相互作用分析

4.1.1　深部软弱煤岩巷道表面变形理论计算

破裂区内任一点变形可表示为：

$$u=\frac{2pr}{E}\left\{\frac{1}{1+\eta_1}+\frac{1}{1+\eta_2}\left[\left(\frac{R_b}{r}\right)^{1+\eta_2}-1\right]\right\}\left\{\left[\left(\frac{R_p}{R_b}\right)^{1+\eta_1}+\frac{\eta_1-1}{2(1+\eta_1)}\right]\right\} \tag{4-1}$$

式中　η_1——考虑塑性区岩体扩容影响系数，$\eta_1=k_p=\dfrac{1+\sin\varphi}{1-\sin\varphi}$；

η_2——考虑破裂区内煤岩扩容影响系数，$\eta_2=1.3\sim1.5$；

R_b——破裂圈半径，mm；

R_p——塑性圈半径，mm；

r——点距巷道中心的距离，mm；

E——弹性模量，MPa；

u——破裂区内任一点的变形，mm。

煤岩表面变形可表示为：

$$u=\frac{2pR_0}{E}\left\{\frac{1}{1+\eta_1}+\frac{1}{1+\eta_2}\left[\left(\frac{R_b}{r}\right)^{1+\eta_2}-1\right]\right\}\left\{\left[\left(\frac{R_p}{R_b}\right)^{1+\eta_1}+\frac{\eta_1-1}{2(1+\eta_1)}\right]\right\} \tag{4-2}$$

根据弹塑性边界、塑性区与破裂区边界应力相等，破裂区内边界支撑力为p_i，考虑塑性区强度（主要是内聚力）软化。

塑性区半径可示为：

$$\frac{2}{1+k_p}\left[p+\frac{\sigma_c}{k_p-1}+\frac{(k_p+1)k_5p}{(k_p-1)(k_p+\eta_1)}\right]\left(\frac{r_0}{R_p}\right)^{k_p-1}+$$
$$\frac{2k_5p}{1+\eta_1}\left[\frac{1}{k_p+\eta_1}\left(\frac{R_p}{r_0}\right)^{1+\eta_1}-\frac{1}{k_p-1}\right]-\frac{\sigma_c}{k_p-1}-p_i=0 \tag{4-3}$$

式中　p_i——支护反力，MPa；

p——原岩应力，MPa；

σ_c——岩石抗压强度，MPa；

k_5——系数，$k_5=\dfrac{M_c}{E}$；

M_c——岩石软化模量，MPa。

破裂圈半径可示为：

$$R_b = R_0 \left\{ \left\{ \frac{2}{1+k_p} \left[p + \frac{\sigma_c}{k_p - 1} + \frac{(k_p+1)k_5 p}{(k_p-1)(k_p+\eta_1)} \right] \left[\frac{2k_5 p}{2k_5 p + (1+\eta_1)(\sigma_c - \sigma_c^*)} \right]^{\frac{k_p-1}{1+\eta_1}} - \frac{2k_5 p + (1+\eta_1)(\sigma_c - \sigma_c^*)}{(k_p-1)(k_p+\eta_1)} \right\} \Big/ \left(p_i + \frac{\sigma_c^*}{k_p - 1} \right) \right\}^{\frac{1}{k_p-1}} \tag{4-4}$$

式中　σ_c^*——岩石剩余强度，MPa。

根据软岩性质、巷道断面、地应力、塑性扩容系数、岩石软化模量及支护反力可以确定软岩破裂圈、塑性圈半径，从而计算软岩表面变形，分析不同条件软岩表面变形随支护反力的变化，得出软岩表面变形达到临界容许值时所需的临界支护反力，进而选择合理支护，提供的极限承载力满足临界支护反力要求。

4.1.2　深部软弱煤岩巷道表面变形影响因素

4.1.2.1　巷道埋置深度

煤岩岩性如表 4-1 所示，圆形巷道半径 $R_0=2000\text{mm}$，随巷道埋置深度增加，软岩表面变形增大，依据式（4-2）、式（4-3）和式（4-4）可得岩性不同时软岩表面变形随原岩应力变化如图 4-1 所示。根据分析结果，软岩表面变形随原岩应力变化可较好满足：

$$u = u_1 + c_1 e^{p/t_1} \tag{4-5}$$

式中　u_1——系数，mm；

c_1——系数，mm；

t_1——系数，MPa^{-1}。

表 4-1　不同岩性软岩力学性能参数

岩性	黏结力/MPa	内摩擦角/(°)	弹性模量/GPa	泊松比
煤	1.0	25	2.1	0.30
松散煤	0.3	16	2.0	0.35
泥岩	1.5	23	2.8	0.28

不同岩性软岩表面变形随原岩压力变化回归方程及系数如表 4-2 所示。

表 4-2　不同岩性软岩表面变形随原岩应力变化回归方程

岩性	松散煤	煤	泥　岩
回归方程	$u=-1460+742e^{p/4.8}$	$u=-209+82.5e^{p/5.2}$	$u=3.0e^{p/2.8}$

根据式（4-5），岩性为煤、松散煤以及泥岩时，软岩表面变形增长速率随原

岩应力的变化可表示为：

$$v = c_2 e^{p/t_2} \tag{4-6}$$

式中　v——软岩表面变形增长速度，mm/s；

c_2——系数，mm/s；

t_2——系数，MPa^{-1}。

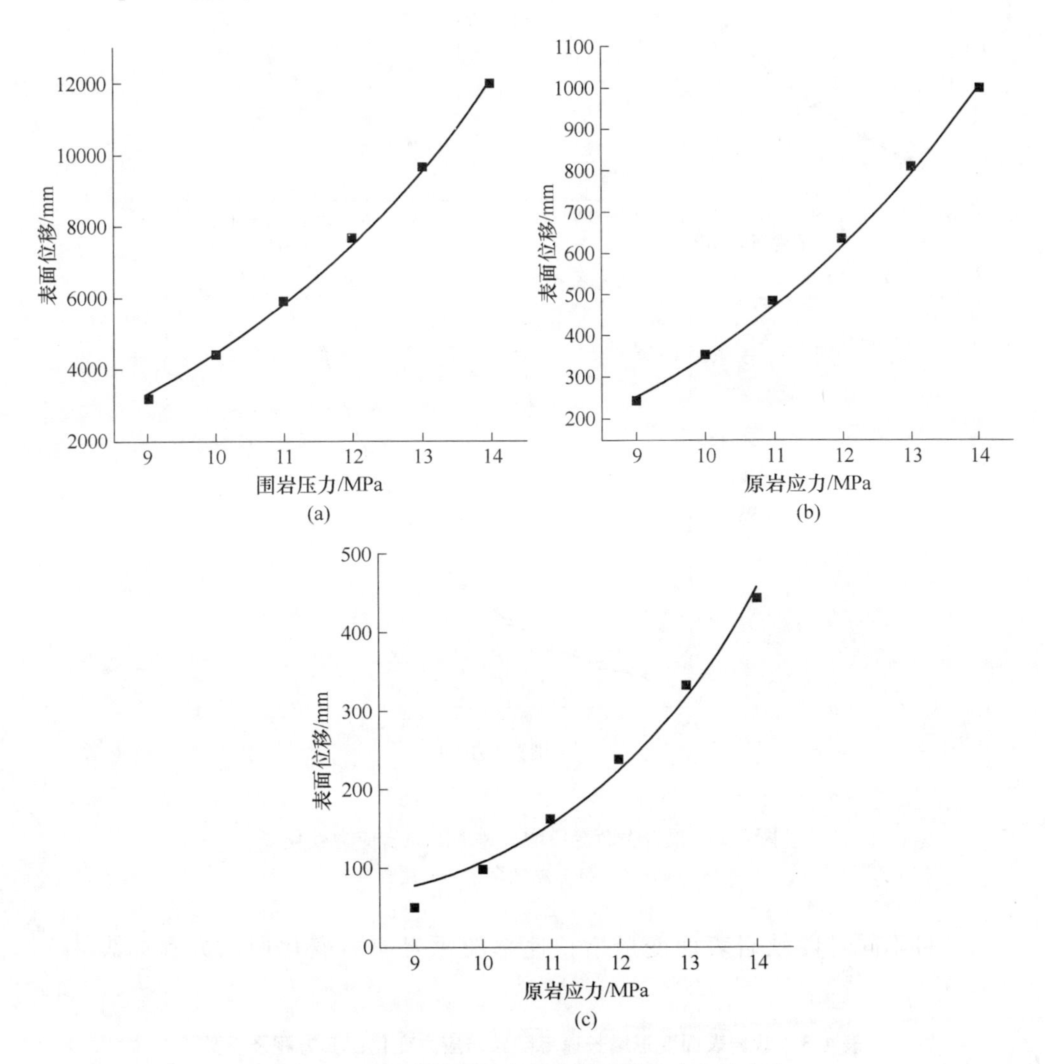

图4-1　不同岩性软岩表面变形随原岩应力的变化

（a）松散煤；（b）煤；（c）泥岩

岩性为煤、松散煤及泥岩时煤岩表面变形增长速率随原岩应力的变化如图4-2所示。

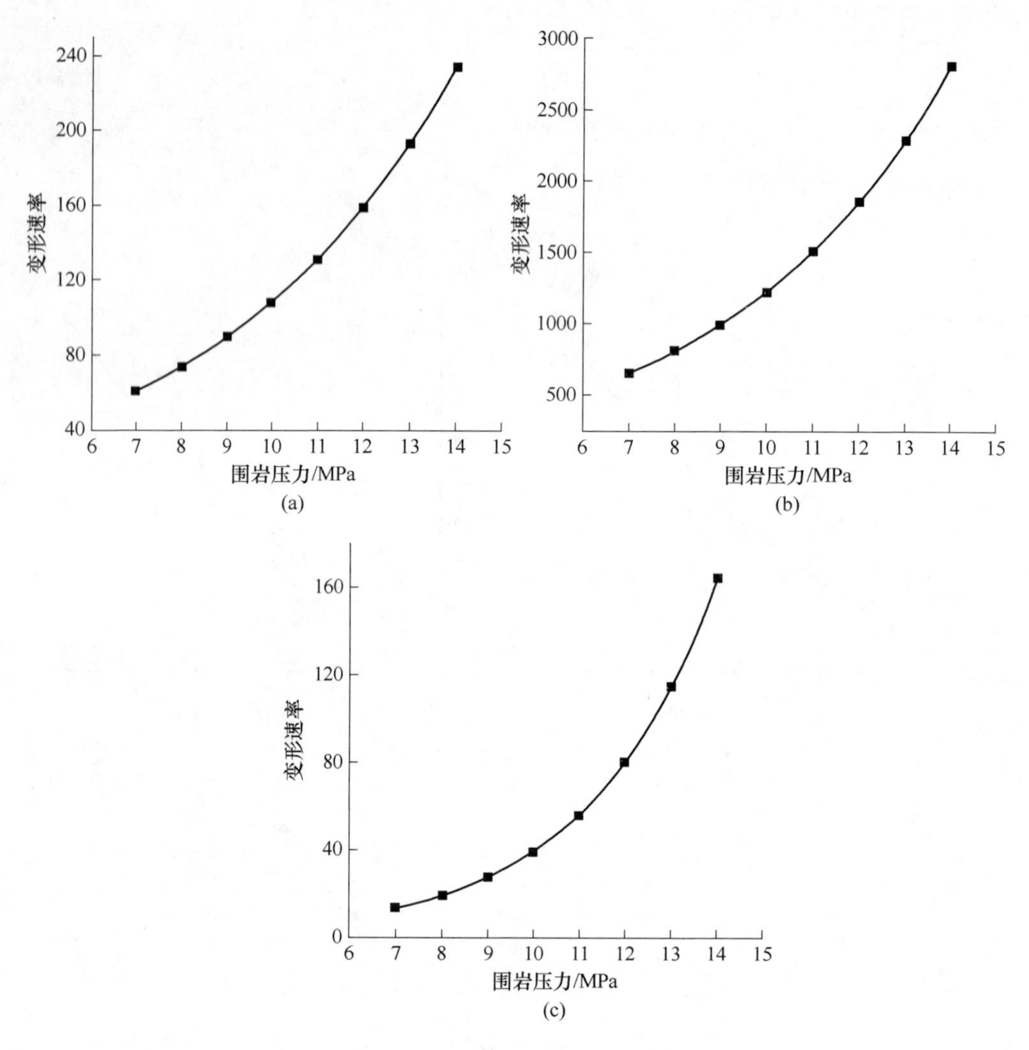

图 4-2　软岩表面变形增长速率随原岩应力变化
(a) 煤；(b) 松散煤；(c) 泥岩

三种不同岩性软岩表面变形增长速率随原岩应力变化回归方程如表 4-3 所示。

表 4-3　软岩表面变形增长速率随原岩应力变化回归方程及系数

煤岩性质	回归方程	系数 A_3/mm	系数 t_3/MPa^{-1}
煤	$v = 16.4e^{-p/5.2}$	16.4	5.2
松散煤	$v = 154.0e^{-p/4.8}$	154.0	4.8
泥岩	$v = 1.1e^{p/2.8}$	1.1	2.8

以上分析结果表明：随原岩应力增加，软岩表面变形增大，软岩表面变形增加速率和软岩性质及原岩应力大小有关。表4-1中的煤、松散煤及泥岩，当软岩岩性较差时，随原岩应力增大，软岩表面变形以较大速度增加，巷道埋置深度对煤岩表面变形的影响尤为显著。

4.1.2.2 煤岩岩性

圆形巷道半径 $R_0=3000$mm，煤岩弹性模量 $E=2.1$GPa，泊松比 $\lambda=0.3$，分析岩石内摩擦角 $\varphi=22°$，原岩应力 p 分别为14.0MPa，16.0MPa，18.0MPa时岩表面变形随黏结力 c 的变化。圆形巷道半径 $R_0=2000$mm，岩石弹性模量 $E=2.1$GPa，泊松比 $\lambda=3$，黏结力 $c=1.2$MPa，分析原岩应力 p 分别为14.0MPa，16.0MPa，18.0MPa时煤岩表面变形随黏结力 c 及内摩擦角 φ 的变化。

（1）煤岩黏结力。煤岩表面变形随煤岩黏结力的变化如图4-3所示，回归方程可表示为：

$$u=c_3\mathrm{e}^{-c/t_3} \tag{4-7}$$

式中 c_3——系数，mm；

t_3——系数，MPa^{-1}。

不同原岩应力作用下煤岩表面变形随黏结力变化回归方程及系数如表4-4所示。

表4-4 煤岩表面变形随黏结力变化回归方程及系数

原岩应力/MPa	回归方程	系数 A_3/mm	系数 t_3/MPa^{-1}
14.0	$u=3998.0\mathrm{e}^{-c/0.39}$	3998.0	0.39
16.0	$u=6143.0\mathrm{e}^{-c/0.43}$	6143.0	0.43
18.0	$u=5729.0\mathrm{e}^{-c/0.56}$	5729.0	0.56

由表4-4和图4-3可以看出：当煤岩黏结力 $c\leqslant1.5$MPa时，随煤岩黏结力增大，煤岩表面变形明显减小；当煤岩黏结力 $c>1.5$MPa时，随黏结力增大，煤岩表面变形减小并不显著。三种不同原岩应力作用下，随黏结力增大，煤岩表面变形减少速率并不相同。当煤岩黏结力较小时，原岩应力的增加使煤岩表面变形显著增加，当黏结力 $c>1.5$MPa时，原岩应力增大对煤岩表面变形影响并不显著。岩石黏结力 $c\leqslant1.5$MPa时，图示三种原岩应力条件下，深部巷道表面都产生非常显著的变形，通过改变煤岩性质（如采用注浆法）提高煤岩黏结力是显著减小巷道表面变形最重要的措施。

（2）煤岩内摩擦角。煤岩表面变形随煤岩内摩擦角的变化如图4-4所示，回归方程可表示为：

$$u = c_4 \mathrm{e}^{-\varphi/t_4} \tag{4-8}$$

式中　c_4——系数，mm；

t_4——系数，(°)。

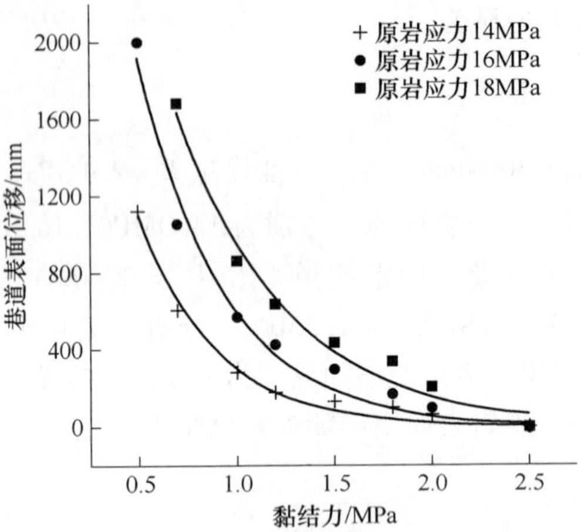

图 4-3　煤岩表面变形随黏结力的变化

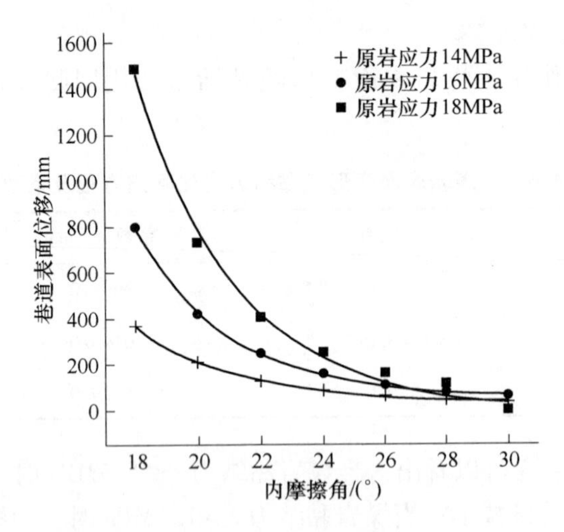

图 4-4　煤岩表面变形随内摩擦角的变化

煤岩表面变形随内摩擦角变化回归方程及系数如表 4-5 所示。

表 4-5　煤岩表面变形随内摩擦角变化回归方程及系数

原岩压力/MPa	回归方程	系数 A_5/mm	系数 t_5/(°)
14.0	$u = 103777.0\mathrm{e}^{-\varphi/3.14}$	103777.0	3.14
16.0	$u = 373757.0\mathrm{e}^{-\varphi/2.89}$	373757.0	2.89
18.0	$u = 395696.0\mathrm{e}^{-\varphi/3.21}$	395696.0	3.21

由图4-4和表4-5可以看出，煤岩表面变形随内摩擦角的变化和煤岩表面变形随黏结力的变化基本相同。深部软弱煤岩黏结力 c 和内摩擦角 φ 的改变显著影响煤岩表面变形。

（3）巷道断面大小。为了分析巷道断面大小对煤岩表面变形的影响，取原岩应力 $p=12.0\text{MPa}$；分析不同煤岩性质时煤岩表面变形随巷道半径的变化如图4-5所示。

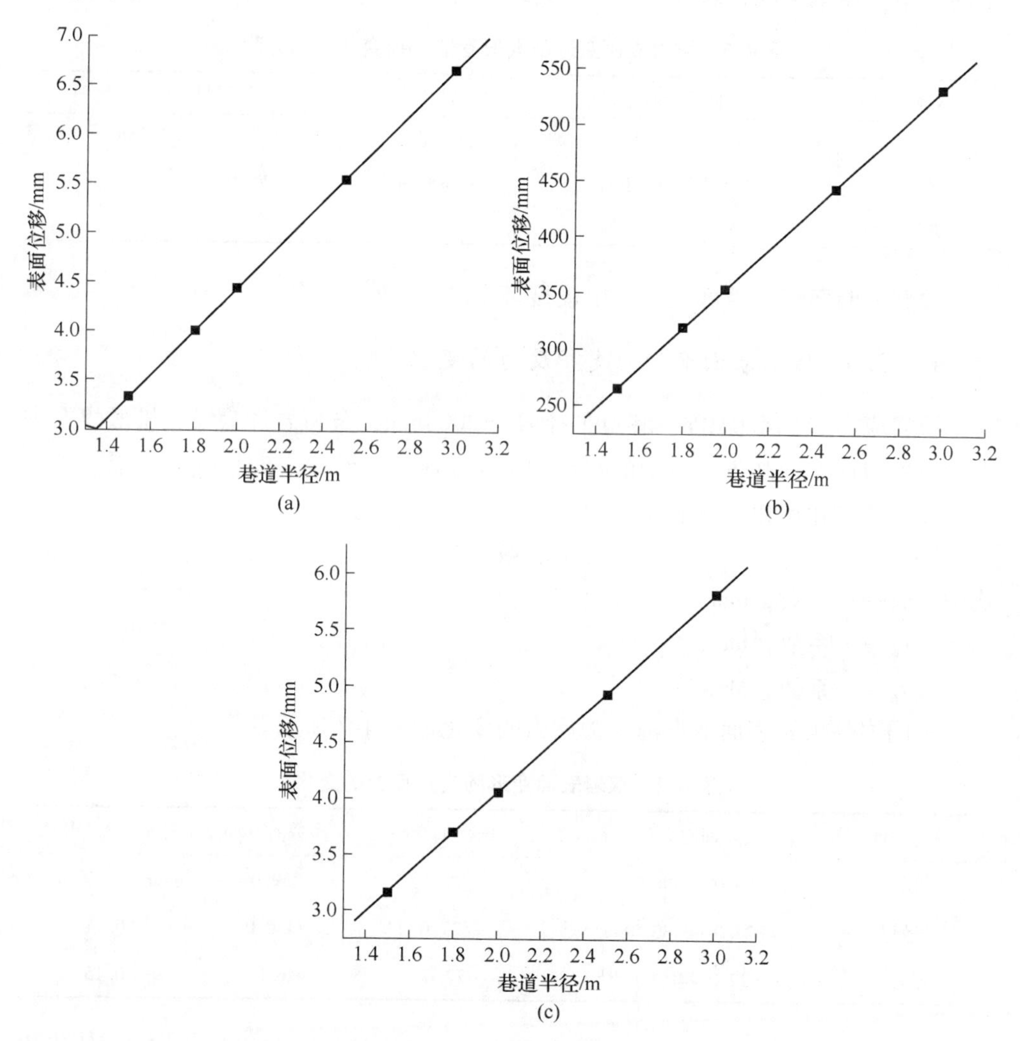

图4-5 不同岩性煤岩表面变形随巷道半径的变化

（a）松散煤；（b）煤；（c）泥岩

计算结果表明，煤岩表面变形随巷道半径成正比增加。假设煤岩表面变形随巷道半径的变化可表示为：

$$u = u_0 + c_5 R_0 \tag{4-9}$$

式中　u_0——系数，mm；

　　c_5——系数。

不同岩性煤岩表面变形随圆形巷道半径变化回归方程如表 4-6 所示。

由图 4-5 和表 4-6 可以看出：煤岩表面变形随巷道半径成正比例增加；岩性不同，增加速率不同，岩性越差，煤岩表面变形随巷道半径增加越快。

表 4-6　煤岩表面变形随圆形巷道半径变化回归方程

岩性	回归方程	岩性	回归方程
松散煤	$u = 3 + 2220R_0$	砂质泥岩	$u = -0.01 + 4.48R_0$
煤	$u = -0.55 + 178R_0$	泥质砂岩	$u = 0.02 + 2.0R_0$
泥岩	$u = 0.085 + 49.4R_0$		

深部大断面煤巷帮部表面产生极显著变形。

4.1.2.3　煤岩表面变形随支护反力的变化

原岩应力 $p = 14.0\text{MPa}$，巷道半径 $R_0 = 2000\text{mm}$，分析岩性为煤、松散煤及泥岩时煤岩表面变形随支护反力的变化如图 4-6 所示。结果表明，煤岩表面变形随支护反力的变化可以较好满足方程：

$$u = u_0 + c_6 e^{-p_i/t_6} \tag{4-10}$$

式中　u_0——系数，mm；

　　c_6——系数，mm；

　　t_6——系数，MPa^{-1}。

不同岩性煤岩表面变形随支护反力的变化如表 4-7 所示。

表 4-7　煤岩表面变形随支护反力的变化

煤岩岩性	回归方程	系数 u_9/mm	系数 c_6/mm	系数 t_6/MPa
煤	$u = 96.0 + 259.0e^{-p_i/0.19}$	96.0	259.0	0.19
松散煤	$u = 827.0 + 3430.0e^{-p_i/0.11}$	827.0	3430.0	0.11
泥岩	$u = 22.0 + 40.0e^{-p_i/0.15}$	22.0	40.0	0.15

随支护反力 p_i 增加，煤岩表面变形减小，以支护反力每增加 0.1MPa 使煤岩表面变形减少不超过 15.0mm 作为支护反力对煤岩表面变形影响不显著标准，以此为依据可得合理支护反力。岩性为松散煤层时 $p_i = 0.65\text{MPa}$；岩性为煤时 $p_i = 0.40\text{MPa}$；岩性为泥岩时 $p_i = 0.08\text{MPa}$。计算结果表明：即使支护反力达到 $p_i = 0.40\text{MPa}$，仍可以显著减小深部软弱煤岩表面变形；对于岩性较差的松散煤，即

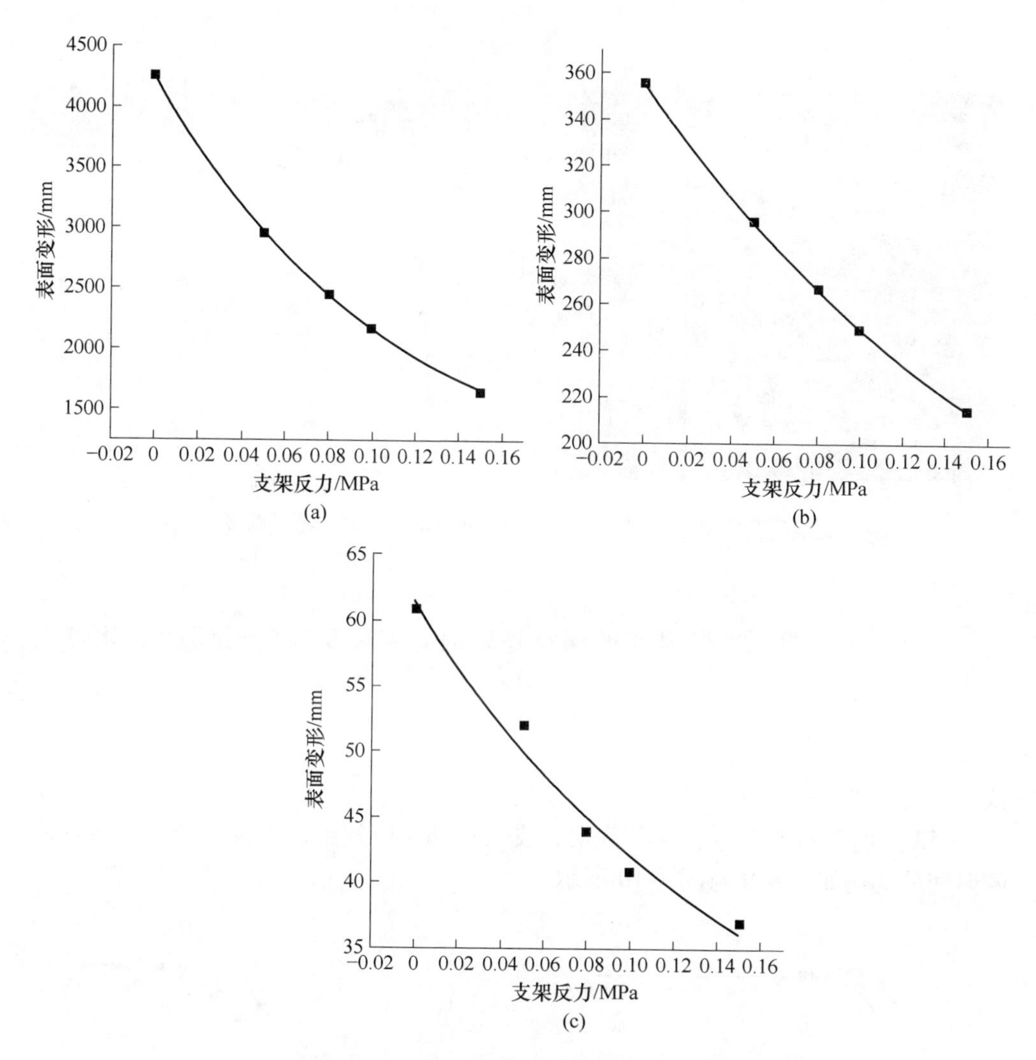

图 4-6　煤岩表面变形随支护反力的变化

（a）松散煤岩；（b）煤；（c）泥岩

使支护阻力 $p_i \to \infty$，软弱煤岩表面变形仍达到 827mm。对于深部软弱煤岩，采用较大支护阻力仍能有效控制深部煤层巷道帮部变形，对于极松散煤岩，应选择能改变煤岩性质的主动支护，如锚杆（索）支护。

4.1.3　支架受载现场实测

为了分析煤岩－支架相互作用，在新集三矿 －550m 运输巷不同地段采用压力枕测量支架的受荷以及相应煤岩表面变形，支架受荷测试如图 4-7 所示。S59 点西 18m 处巷道两帮支架受荷随时间的变化如图 4-8 所示。

图 4-7　支架受荷实测现场

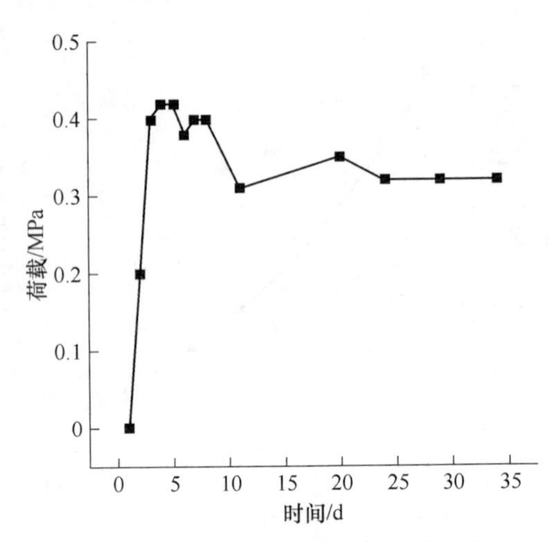

图 4-8　煤岩两帮受荷随时间的变化
(S59 点西 18m)

工程实测表明，当煤岩变形保持稳定时，支架受荷随时间的变化可表示为：

$$p(t)=A_4(1-e^{-B_4t}) \tag{4-11}$$

式中　A_4，B_4——系数。

S53 点前 23m 支架受荷实测表明，支架顶部受荷较小，支架北帮、南帮受荷随时间的变化如图 4-9 与图 4-10 所示。

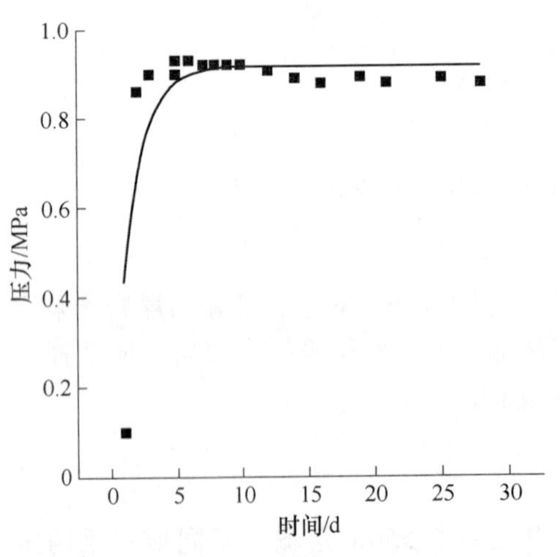

图 4-9　支架北帮受荷随时间的变化
($A_4=0.91$，$B_4=0.54$)

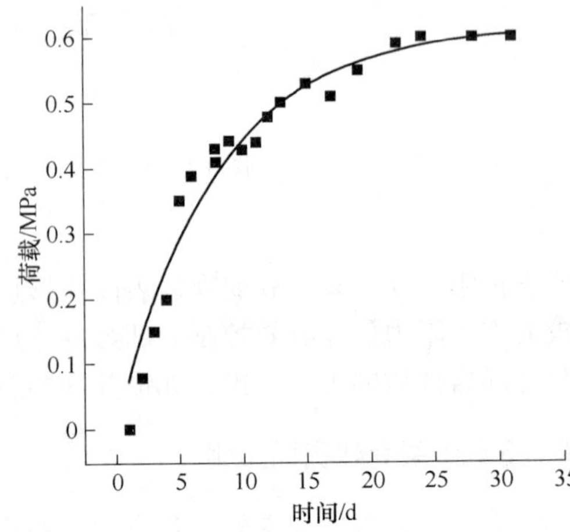

图 4-10　支架南帮受荷随时间的变化
($A_4=0.51$，$B_4=0.13$)

西二石门东 80m 处巷道两帮支架受荷随时间的变化如图 4-11 所示，西二石门东 80m 支架顶部受荷随时间的变化如图 4-12 所示。

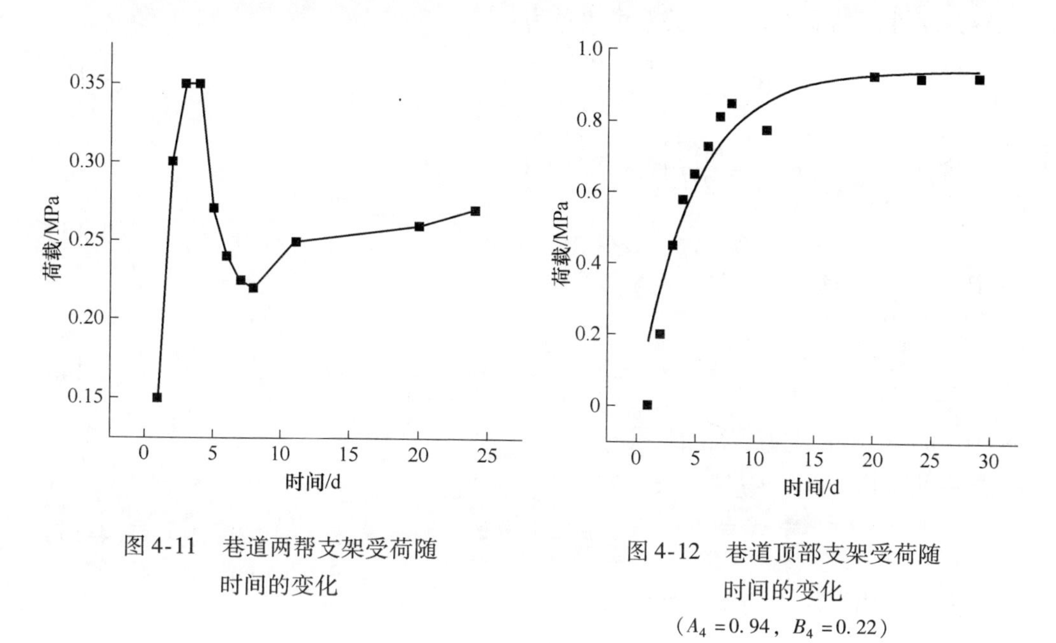

图 4-11 巷道两帮支架受荷随时间的变化

图 4-12 巷道顶部支架受荷随时间的变化

（$A_4=0.94$，$B_4=0.22$）

k_7 点顶部支架受荷随时间的变化如图 4-13 所示，k_7 点北帮支架受荷随时间的变化如图 4-14 所示。

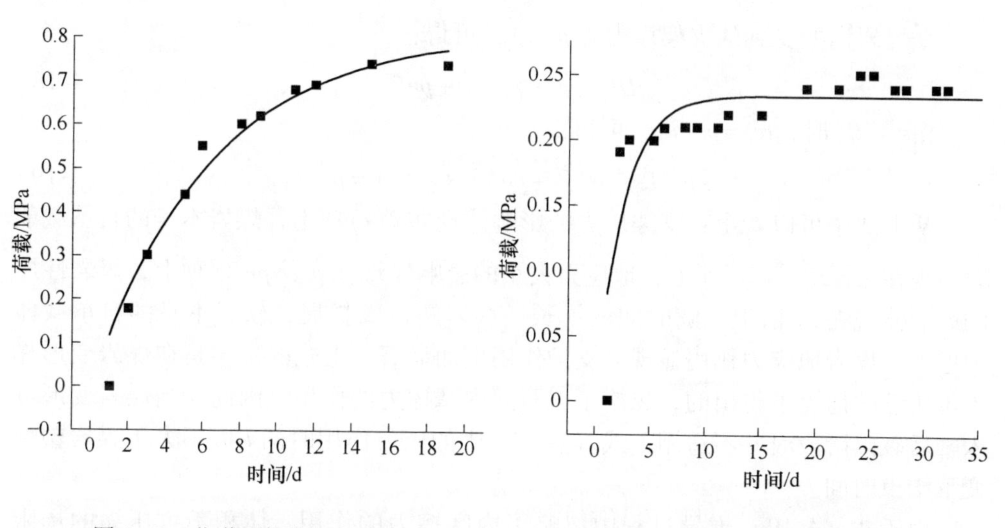

图 4-13 巷道顶部支架受荷随时间的变化

（$A_4=0.77$，$B_4=0.17$）

图 4-14 巷道北帮支架受荷随时间的变化

（$A_4=0.23$，$B_4=0.43$）

4.1.4　煤岩－支架相互作用分析

黏塑性区的应力、应变关系可表示为：

$$\frac{1}{2G_2}\frac{\partial(\sigma_\theta - \sigma_r)}{\partial t} + \frac{\sigma_\theta - \sigma_r}{2\eta} = \frac{2}{r^2}\frac{\partial f(t)}{\partial t} \tag{4-12}$$

将 $f(t) = \frac{k_1 R^2}{2G}e^{-\frac{G}{\eta}t} - \frac{k_1 R^2}{2G}$ 代入式（4-12），可得：

$$\sigma_\theta - \sigma_r = k_6 e^{-\frac{G}{\eta}t} \tag{4-13}$$

式中　k_6——系数。

当 $t=0$ 时，

$$\sigma_\theta - \sigma_r = -2p\frac{a^2}{r^2} \tag{4-14}$$

式中　p——原岩应力，MPa。

由此可得：

$$k_6 = -\frac{2pa^2}{r^2} \tag{4-15}$$

塑性圈内介质平衡条件可表示为：

$$\sigma_r - \sigma_\theta = r\frac{\partial \sigma_r}{\partial r} = \frac{2pa^2 e^{-\frac{G}{\eta}t}}{r^3} \tag{4-16}$$

$$\sigma_r = -\frac{pa^2}{r^2}e^{-\frac{G}{\eta}t} + D(t) \tag{4-17}$$

令煤岩内壁受到的支架压力为 $p_i(t)$，可得：

$$D(t) = -p_i(t) + pe^{-\frac{G}{\eta}t} \tag{4-18}$$

由 $r = R_p$ 时，$\sigma_r = p - k_1$，可得：

$$-pa^2 R_p^{-2} e^{-\frac{G}{\eta}t} + pe^{-\frac{G}{\eta}t} + p_i(t) = p - k_1 \tag{4-19}$$

从上式中可以看出：支架压力的影响体现在 $p(t)$ 项上，煤岩本身的自承载能力体现在 $-a^2 R_p^{-2} e^{-\frac{G}{\eta}t}$ 项上，地应力大小的影响体现在 p 及 $pe^{-\frac{G}{\eta}t}$ 项上，煤岩性质的影响体现在 k_1 值上；随时间的增长，煤岩塑性圈扩展，软岩本身的自承载能力增加，煤岩地应力作用显现，支护作用更加显著。上式的推导是在煤岩变形作不可压缩的前提下得出的，忽略了岩石间内摩擦力的作用。因此，当煤岩变形进入峰后破碎阶段时并不适用，式（4-19）中的应力作用时间 t 应不大于煤岩塑性变形结束时间。

由于式（4-19）推导过程中忽略了内摩擦力的作用，体积不可压缩的局限性，原岩应力 p 以及黏结力 c 具有不确定性，现场不易采用式（4-19）推算煤岩塑性圈半径的大小。

数值模拟和理论分析表明，煤岩表面变形随支护反力的变化可以较好满足方程（4-9），采用数值模拟方法可以较好地确定煤岩变形保持稳定时所需支护反力 p_i。

当工程中较难获得煤岩力学性能参数以及原岩应力大小，或有构造应力等存在时，采用数值模拟方法较难获得煤岩表面变形随支护反力的变化。根据工程实测煤岩表面变形确定使煤岩变形保持稳定时的支护反力在工程中有较为广泛的实用价值。

通过现场实验结合现有研究成果建议采用下式估算表面变形 u 与支护反力 p_i 之间的关系：

$$u = k_7 + k_8 p_i^{-k_9} \tag{4-20}$$

式中 k_7，k_8，k_9——系数，可通过现场试验确定。

支护反力 $p_i(t)$ 和支架可缩性变形 $u_0(t)$ 满足一定的规律，可表示为：

$$p_i(t) = k_9 u(t) \tag{4-21}$$

式中 k_9——煤岩抗力系数，N/mm；

$u(t)$——随时间变化的煤岩表面变形，mm。

当支架变形和煤岩变形基本一致时，将式（2-30）代入式（4-19），可得：

$$p_i(t) = \frac{k_1 k_9 R^2}{2Gr_0}\left(1 - e^{-\frac{G}{\eta}t}\right) \tag{4-22}$$

从式中可以看出，支架压力增长速度衰减系数和巷道表面变形增长速度衰减系数相同。

从式（4-22）中可以看出，弹性变形范围内如果支架压力增长速度衰减系数和巷道表面变形增长速度衰减系数基本相同，表明支架未产生下沉和内移，根据煤岩－支架相互作用，对于深部软弱煤岩巷道支护，为了充分发挥深部软弱煤岩自承载力，应该容许支架棚腿产生内移和下沉。支架受荷与深部软弱煤岩变形间满足一定的关系，在一定范围内，可表示为：

$$p_i = k_9 u \tag{4-23}$$

为了充分发挥深部软弱软岩自承载能力和支架支撑作用，最合理的 k_9 值可表示为：

$$k_9 = \frac{p_{容}}{u_{max}} \tag{4-24}$$

式中 $p_{容}$——支架容许承载力，N/mm；

u_{max}——深部软弱软岩保持稳定时的最大容许变形，mm。

对于普通梯形棚支架，系数 k_9 由棚腿底部煤岩的约束程度以及棚腿与煤岩的接触状态确定。当实测 k_9 值和理论预测值不一致时，可以通过改变棚腿底部煤岩约束程度以及棚腿与煤岩的接触范围使其与理论预测值相符。

合理支架间距可以采用下式确定：

$$d_{合} = \frac{p_{容}}{p_{需}} \tag{4-25}$$

式中　$d_{合}$——合理支架间距，mm；

$p_{需}$——深部软弱软岩变形保持稳定时所需支护反力，MPa。

$p_{需}$ 的大小可依据式（4-20），计算当深部软弱软岩表面变形达到最大值 u_{max} 时所需的支护反力。

合理棚距确定必须使煤岩变形达到最大容许值的同时，支架受荷达到最大。在系数（k_7，k_8）一定的情况下，必须合理确定深部软弱软岩抗力系数 k_9 使支架间距达到 $d_{合}$。如果深部软弱软岩变形较小，则支架受荷较大，可能损坏支架；如果深部软弱软岩变形较大，由于变形过大，深部软弱软岩可能产生破裂。

4.1.5　现场实测结果分析

由图4-9、图4-10 可以看出，S53 点前 23m 煤岩南帮支架受荷随时间增长速度衰减系数和煤岩表面变形随时间增长速度衰减系数变化基本相同，煤岩北帮支架受荷随时间增长速度衰减系数和煤岩表面变形随时间增长速度衰减系数相差很大，在极短时间内支架受荷达到稳定。产生该现象的原因是由于煤岩南帮棚腿底部阻力较大，支架不能产生侧向内移，因此，随煤岩变形，在弹性受荷范围内支架产生与煤岩变形相同变形，由材料力学可知，材料在弹性变形范围内，应力、应变变化一致，因此支架南帮荷载增加速度衰减系数和变形增加速度衰减系数相同，由此可见，南帮煤岩变形量不大。支架北帮棚腿由于底部提供一定初撑力后约束阻力较小，支架北帮棚腿产生内移，在较短时间内受到一定荷载作用后即保持相对稳定，由于支护阻力较小，煤岩应产生较大变形。由图 4-8 可以看出，S59 点西 18m 巷道两帮支架受荷开始随时间增大而增加，然后随时间增加而减小，这是由于巷道煤岩表面由于塑性变形过大而表面出现破裂，造成松动，引起支架受荷减小；S59 点西 18m 支架顶部受荷较小，是由于煤岩顶部自承载能力较大，煤岩表面变形很小的缘故。

由图 4-11 可以看出，西二石门东 80m 处巷道两帮支架受荷随时间的变化表现出与 S59 点西 18m 巷道两帮支架受荷随时间变化相同的特点，说明巷道表面也产生了一定程度的松动，巷道两帮产生了较大的变形。图 4-12 所示西二石门东 80m 支架顶部受荷随时间增长衰减系数值比巷道顶部煤岩表面变形随时间增长衰减系数值稍大，说明顶部支架产生了一定的伸缩但伸缩量不大，顶部煤岩变形不大。图 4-13 所示支架顶部受荷增长速度衰减系数与煤岩表面变形增加速度衰减系数相差不大，说明支架顶部煤岩变形较大；图 4-14 所示实验结果表明 k_7 支架北帮受荷随时间增长速度衰减系数比北帮变形随时间增长速度衰减系数值要大，说明支架北帮产生了较为显著的内移。

4.1.6 煤岩－支架相互作用分析

支架受荷和煤岩变形有关。支架支护阻力阻止煤岩表面变形从而使煤岩塑性松动圈减小。

如图 4-8 及图 4-9 所示，S53 点前 23m、S59 点西 18m 处压力枕实测的支架顶部受荷较小，多点位移计实测的煤岩塑性圈半径较小，说明煤岩的自承载力足以抵抗地压的作用，无需支护提供支撑力。图 4-11 所示实测的西二石门东 80m 支架顶部受荷随时间的变化及图 4-12 所示的 k_7 点 U 形棚支架受荷随时间变化的结果表明支架顶部受荷较大，受荷随时间增长速度衰减系数与煤岩表面变形随时间增长速度衰减系数基本相同，多点位移计实测结果表明两种情况下煤岩塑性松动圈半径很小，这是由于支护提供了较大的支护阻力阻止了煤岩松动圈的发展。

支架产生下滑或内移时，煤岩变形增加速度衰减系数值一般较大，在很短的时间内受荷即达到最大值。根据煤岩－支架相互作用原理，应该在充分发挥煤岩自承载作用的同时，充分发挥支架的支撑作用。如新集三矿 －550m 水平轨道巷部分地段支架压弯，支架变形严重过度是由于支撑抗力系数较大，煤岩变形较小，煤岩自承载能力没有充分发挥，因此应该减小煤岩支撑抗力系数，容许煤岩产生一定变形，减小支架受荷大小。工程中支架受荷较小，煤岩表面变形过大甚至造成煤岩表面破裂是由于煤岩支撑抗力系数较小，煤岩表面变形超过了容许值而支架的支撑作用远未充分发挥造成的，此时应该增大煤岩支撑抗力系数，减小煤岩表面变形，增大支护阻力，充分发挥支架的支撑能力。新集三矿 －550m 水平轨道巷 S59 点西 18m 巷道两帮，西二石门东 80m 巷道两帮煤岩表面变形较大，每帮表面变形都超过 200mm，煤岩表面出现破裂，支架受荷较小，一般不超过 0.04MPa，就是由于煤岩支撑抗力系数较小造成的。因此，应该根据工程实际情况具体问题具体分析，采用合理支护形式及支护参数，确定合理煤岩支撑抗力系数。

4.2 深部软弱煤岩巷道不同支护形式极限承载力和合理支护参数确定

控制深部软岩巷道变形，常用的支护形式有：以梯形棚支架及 U 形棚支架为主的金属支架支护，以锚杆、锚索支护为主的锚杆支护系列，以金属支架、锚杆及注浆相结合的组合支护形式。

金属支架支护参数包括工字钢和 U 型钢型号、支架间距、支架可缩性与支架棚腿底部约束系数；锚杆支护参数包括锚杆种类与直径、锚杆长度、锚杆间排距；组合支护形式参数包括金属支架支护参数以及锚杆支护参数及注浆参数。

4.2.1 梯形棚支护容许承载力和合理支护参数确定

（1）普通矿用工字钢梯形棚支护煤岩及支架失稳形式。

1）棚梁弯曲破坏。在顶压作用下，顶梁最大变形可表示为：

$$u_{\max}=\frac{5ql_1^4}{384EI_x} \tag{4-26}$$

式中 l_1——棚梁长度，mm；

q——梁受均布荷载，N/mm；

I_x——沿 X-X 轴转动惯量，mm^4。

最大应力可表示为：

$$\sigma_{\max}=\frac{My}{I_x}=\frac{ql_1^2h}{16I_x} \tag{4-27}$$

式中 h——梁高度，mm。

根据梁容许最大应力和最大变形不超过容许值可得出顶梁容许承载力的大小，如棚梁按 11 号矿用工字钢，长度按 $l_1=2200$mm 计算，可得容许承载力为 25.0kN/m。计算结果分析表明，棚梁在侧向轴向压力与顶部集中荷载共同作用下的组合变形容许顶部荷载值计算结果稍有变化，但变化不大。

2）棚腿弯曲破坏。在侧压作用下引起棚腿的弯曲破坏计算公式同式（4-26）、式（4-27），如棚腿垂直长度按 $l_1=2200$mm 计算，可得棚腿容许承载力为 32.0kN/m。

3）顶梁及棚腿受压产生压杆失稳现象。由于棚腿与棚梁受压使支架产生压杆失稳，棚梁临界压力可表示为：

$$F_1=\frac{\pi^2EI_{\min}}{l_1^2} \tag{4-28a}$$

式中 F_1——棚梁轴向受压荷载，N；

$I_{\min}$——最小转动惯量，mm^4。

棚腿临界压力可表示为：

$$F_1'=\frac{\pi^2EI_{\min}}{l_2^2} \tag{4-28b}$$

式中 F_1'——棚腿轴向受压荷载，N。

4）棚腿底部和煤岩结合不实，在顶压的作用下棚腿下移，引起巷道顶部煤岩过度变形。

利用岩土力学和材料力学知识，经过理论推导，可以得出埋置在底板中的棚腿部分的轴向压缩变形可表示为：

$$s(z)=s_0-\frac{1}{EA}\int_0^z N(z)\,\mathrm{d}z \tag{4-29}$$

式中 A——棚腿截面积，mm^2；

$s(0)$——棚腿在底板平面处的沉降，mm，$s(0)=s_0$；

$s(l)$——棚腿底部处的沉降，mm；

$N(z)$——作用于棚腿的轴力，N。

$N(z)$的大小可按下式计算：

$$N(z) = Q - \int_0^z W q_s(z) \mathrm{d}z \tag{4-30}$$

式中 W——棚腿周长，mm；

$N(0)$——作用于棚腿顶部的荷载，N，$N(0) = Q$；

$N(l)$——棚腿底部煤岩作用于棚腿的荷载，N，$N(l) = Q_p$。

$q_s(z)$——棚腿分布摩擦力，MPa。

$q_s(z)$的大小可按下式计算：

$$q_s = k_{10} \sigma_v \tan\varphi \tag{4-31}$$

式中 k_{10}——系数，可取 $k_{10} = 1 - \sin\varphi$；

σ_v——棚腿垂直应力，MPa；

φ——岩土有效内摩擦角，(°)。

棚腿底部的荷载传递即棚腿底部阻力 q_p 与棚腿端部沉降 s_p 的关系为：

当 $s_p \leqslant s_{pu}$ 时，

$$q_p = k_{11} s_p \tag{4-32}$$

当 $s > s_p$ 时，

$$q_p = q_{pu} \tag{4-33}$$

如果 k_{11} 值过小，巷道顶部煤岩会因过度变形而失稳，k_{11} 值合理的大小应使棚腿底部沉降达到煤岩表面容许变形时支架受荷达到最大极限承载力。

5）棚腿底部和煤岩结合不实，在较大侧压作用下棚腿内移，引起巷道两帮过度变形。

棚腿底部在水平荷载及弯矩作用下与底部煤岩相互作用，相互作用力可表示为：

$$p(x,z) = k_{12}(z) x b_0 \tag{4-34}$$

式中 $p(x,z)$——岩石水平抗力，N/mm；

z——棚腿的埋置深度，mm；

x——深度 z 处棚腿的水平变形，mm；

b_0——棚腿的计算宽度，mm；

k_{12}——水平抗力系数，N/mm。

棚腿在侧向压力作用下经过一定变形，棚腿受荷达到平衡后，底部岩石水平抗力的合力可表示为：

$$F_2 = \frac{q l_2}{2} \tag{4-35}$$

式中 F_2——煤岩作用于棚腿底部的水平合力，N；

l_2——巷道底板以上棚腿的垂直长度，mm；

q——巷道底板以上棚腿所受的侧向水平荷载，N/mm。

令 $k_{12}(z) = k_{13} z$，则：

$$F_x = \int_0^z p(x,z)\,\mathrm{d}z = \int_0^z k_h(z) z x b_0 \,\mathrm{d}z = \frac{1}{2} k_{13} x b_0 z^2 = \frac{q l_2}{2} \tag{4-36}$$

式中 k_{13}——系数，按下式计算：

$$k_{13} = \frac{q l_2}{b_0 x z^2} \tag{4-37}$$

如果 k_{13} 过小，煤岩产生过度变形而支架受荷却未达到容许值。合理确定 k_{13} 值的大小在工程中有实用价值。

（2）矿用工字钢梯形棚支护容许承载力估算。根据式（4-26）~式(4-28)，可以确定使支架变形不超过容许变形、应力不超过容许应力、不产生压杆失稳的容许承载力，其大小和矿用工字钢型号以及棚腿、棚梁长度有关，一般为 0. 05MPa 左右。

（3）矿用工字钢梯形棚支护合理参数确定。矿用工字钢型号一般选用 12 号矿用工字钢，梯形棚支护参数的确定应包括棚距以及棚腿底部约束系数。

1）棚距。根据矿用工字钢容许承载力和煤岩变形保持稳定所需支护反力按式（4-25）确定棚距，梯形棚距一般不超过 500mm，为增加对煤岩的支护反力，可采用“对棚”梯形棚支护。

2）棚腿底部约束系数。梯形棚支架依靠棚腿底部移动来完成支架的可缩性。必须合理确定棚腿底部约束系数使煤岩变形达到最大容许变形值的同时支架受荷达到容许值。

棚腿底部约束系数分为棚腿水平约束系数和棚腿垂直约束系数。最合理的水平约束系数 k_{13} 依据式（4-37）计算，q 的取值应为棚腿的容许承载，x 取值应充分发挥煤岩自承载力作用，不同煤岩的容许变形值如表 5-2 的规定。如果棚腿底部约束系数值达不到规定的要求，必须增加棚腿的埋置深度，改变棚腿底部约束状态或给棚腿“穿鞋”。

4. 2. 2 U 形棚支架容许承载力和合理支护参数确定

（1）U 形棚支架容许承载力估算。结合工程实测，经验证拱形金属支架可缩状态下的承载能力采用式（4-38）计算比较符合实际：

$$R_a = (10 + 16\xi) \times W_X^{\frac{1}{2}} \times \left[\left(\frac{10[\sigma]}{L_A \sqrt{W_X}} \right)^2 + n_0 + \left(\frac{10[\sigma]}{L_A \sqrt{W_X}} \right)^2 \left(\frac{f_a}{L_A} \right)^2 \right]^{\frac{1}{2}} \tag{4-38}$$

式中 R_a——单个支架容许承载，kN；

ξ——支架可缩量，mm；

W_X——矿用 U 形钢截面抵抗矩，mm^4；

$[\sigma]$——钢材屈服极限，MPa；

f_a——两侧可缩节点水平的顶拱矢高，mm；

L_A——两侧可缩节点水平上的顶拱宽度，mm；

n_0——支架可缩节点上的长匝数目。

从式中可以看出，支架可缩量对金属支架承载能力产生影响，如支架可缩量$\xi=0.3$，支架承载力可提高50%，因此，计算中需考虑支架可缩性对支架承载力的影响。U形棚支架容许承载力可达0.2MPa。

（2）U形棚支架合理支护参数确定。

1）U形棚支架的间距。根据深部软弱软岩变形容许值依据式（4-20）确定深部软弱软岩变形保持稳定时所需支护反力，依据U形棚支架容许承载力和深部软弱软岩变形保持稳定时所需支护反力确定U形棚支架间距。

2）U形棚支架的可缩性。根据U形棚支架容许承载力和深部软弱软岩变形容许值确定U形棚支架的可缩性。保持深部软弱软岩和支架的均匀接触从而使支架受荷均匀可以充分发挥支架的支撑能力，必须采用壁后注浆方法保持深部软弱软岩和支架均匀接触。

4.2.3 锚杆支护参数确定

（1）锚杆种类与锚杆直径。锚杆直径选用常用的ϕ20mm，控制深部巷道软弱煤岩塑性变形锚杆应具有较强的可缩性，使锚杆随煤岩变形而伸长，因此，锚杆宜选用全螺纹钢高强锚杆。

（2）锚杆长度。由数值模拟得出煤岩表面变形大小确定合适锚杆长度，工程中锚杆长度一般为$L=1500\sim3000$mm，数值模拟结果表明，合理锚杆长度确定和煤岩表面变形大小有关，当煤岩表面变形$u\geqslant300$mm时，锚杆长度宜取$L=2000\sim3000$mm，当煤岩表面变形$u\leqslant300$mm时，锚杆长度宜取$L=1500\sim2000$mm。

（3）锚杆密度。采用数值模拟方法分析不同原岩应力、岩性及锚杆长度煤岩表面变形随锚杆密度变化回归方程，确定煤岩表面变形控制在容许范围内的合理锚杆密度，确定合理的锚杆间排距。

（4）锚杆预紧力及锚固力。由于煤岩容许塑性变形较大，锚杆产生较大伸长，能给煤岩提供较大的支护力，因此，锚杆预紧力无需考虑。

锚杆锚固力必须大于锚杆极限变形引起的拉力，锚杆锚固力可表示为：

$$F_3=\frac{\pi}{4}d^2E\frac{\Delta L}{L} \tag{4-39}$$

式中 d——锚杆直径，$d=20$mm；

E——锚杆弹性模量，$E=2000$MPa；

ΔL——锚杆极限变形，由煤岩容许变形确定。

4.2.4　锚杆与金属支架组合支护合理支护参数确定

锚杆支护改变煤岩力学性能参数，煤岩弹性模量、黏结力和内摩擦角增大，煤岩弹性模量的变化可表示为：

$$E_m = (0.026n^2 + 1)E_0 \tag{4-40}$$

式中　E_0，E_m——分别为锚固前后岩体的弹性模量，MPa；

n——锚杆密度，根/m^2。

由煤岩表面变形达到煤岩保持稳定时的容许变形根据式（4-28）确定单根锚杆极限承载力。

煤岩黏结力变化可表示为：

$$C_m = \frac{C_0}{0.879 + 0.121\exp(-n)} \tag{4-41}$$

式中　C_0，C_m——分别为锚固前后岩体的内聚力，MPa。

煤岩内摩擦角变化可表示为：

$$\varphi_m = \frac{\varphi_0}{0.79 + 0.21\exp(-n^2/5)} \tag{4-42}$$

式中　φ_0，φ_m——分别为锚固前后岩体的内摩擦角，MPa。

（1）煤岩表面变形保持稳定所需支护反力。煤岩表面变形随支护反力的变化可用式（4-20）表示，依据该式采用数值模拟方法确定系数 k_7，k_8，k_9 值，从而确定煤岩变形保持稳定时所需的支护反力 p_i。当工程中较难获得煤岩力学性能参数以及原岩应力大小，有构造应力等存在时，采用数值模拟方法不易较为“定量”获得煤岩表面变形随支护反力的变化，根据一定支护反力条件下工程实测的煤岩表面变形，确定使煤岩变形保持稳定时的支护反力在工程中有较为广泛的实用价值。此时可以按式（4-20）估算合适的支护反力。

（2）确定金属支架的棚距及可缩性。由金属支架应提供的支护反力和单个金属支架容许承载能力确定棚距，根据煤岩表面变形达到容许变形和支架承载达到极限承载力确定金属支架可缩性。

（3）锚杆布置参数确定。

1）单根锚杆容许承载力。锚杆支护不仅控制煤岩表面变形，增加煤岩黏结力和内摩擦角，同时使煤岩内各点变形随距巷道表面距离增加而变缓，煤岩内部变形也较为显著减小，应变减小，煤岩松动圈减小，煤岩表现为“整体”运动，因此，煤岩变形保持稳定时的容许值增大。

2）锚杆长度。选择方法同 4.2.3 节锚杆支护参数中锚杆长度确定。

3）锚杆间排距。取锚杆间排距相同，可得：

$$a = b = \sqrt{\frac{F_3}{p_1}} \tag{4-43}$$

式中 F_3——单根锚杆的极限承载力，N；

p_1——煤岩变形达到容许变形时锚杆需提供的支护反力，MPa。

F_3 按式（4-28）计算，F_3 不能超过锚杆拉断时的极限承载力。

p_1 大小可按下式计算：

$$p_1 = p_i - p_2 \tag{4-44}$$

式中 p_2——金属支架提供的支护反力，梯形棚支架 $p_2 \approx 0.05$MPa，U 形棚支架 $p_2 \approx 0.2$MPa。

锚杆支护或组合支护参数确定后，可以采用数值模拟方法对锚杆支护或组合支护煤岩变形进行计算并对其合理性进行分析。

由于地质条件及相同巷道断面不同部位煤岩受荷及变形程度不同，不同地段煤岩可以采用不同支护形式及参数，相同巷道断面不同部位可以采用不同支护形式和参数。

4.3 深部软弱煤岩巷道合理支护形式及参数选择

（1）根据煤岩性质和原岩应力采用数值模拟方法确定煤岩表面变形与支护反力之间的关系。

采用理论分析方法可以较为定量分析圆形巷道煤岩变形与支护反力之间的关系。对于工程实践中常见的断面形状为矩形、梯形和直墙半圆拱巷道，如果能较为“定量”确定岩体应力分布及煤岩力学性能参数，采用数值模拟方法可以较好分析煤岩变形，如第 6 章采用数值模拟方法对新集一矿 261302 风巷及 211302 风巷煤岩表面变形分析都能较好符合工程实际。

（2）根据煤岩表面变形和支护反力之间的关系确定煤岩变形保持稳定所需支护反力。

根据式（4-20）采用数值模拟或工程实测煤岩表面变形确定煤岩变形保持稳定所需支护反力。

（3）根据煤岩变形保持稳定所需支护反力确定应采用的合理支护形式和参数。

1）不同支护形式极限承载力。梯形棚支护极限承载力一般为 0.05MPa，U 形棚支护极限承载力一般为 0.2MPa，由于锚杆对煤岩的加固作用，承载能力应有所提高，故锚杆支护提供的极限承载能力一般为 0.2MPa。

2）合理支护形式及参数。根据煤岩变形保持稳定所需支护反力的大小和不同支护形式能提供的承载力确定巷道支护宜选用的支护形式。

在破碎煤岩中锚杆有时难以起到作用，宜采用金属支架支护，在较为破碎顶板中锚杆及锚索孔易塌孔，因此，宜选用金属支架支护。

由式（4-5）及表4-2，深部软弱煤岩表面变形超过一定范围时，仅采用增加支护反力的方法并不能保持煤岩稳定，可通过注浆法改变煤岩力学性能参数以保持煤岩的稳定性。不同支护形式以其应提供的支护反力和支架容许承载力确定合理支护参数。

（4）根据煤岩表面变形及煤岩内碎胀分布分析巷道煤岩不同部位应采用的合理支护形式和参数。

数值模拟结果表明，巷道表面变形及煤岩内碎胀分布和地质构造、断面形状及岩性分布有关，工程中巷道顶底及两帮煤岩变形大小经常不一致，在巷道变形关键部位应加强支护，深部煤层巷道两帮变形显著，且巷道两帮中部尤为显著。采用不同部位不同支护强度的支护方式可以有效控制煤岩变形。应根据煤岩碎胀及变形的不同合理确定支护形式和参数。

如新集一矿全煤巷道中，两帮表现为显著变形，巷道顶板变形并不显著，巷道两帮变形使底板变形显著而造成底鼓，采用梯形棚对棚支护一般可以有效地控制顶板变形，但不足以控制巷道两帮煤岩变形，在巷道两帮采用锚杆 + 梯形棚支护可有效控制两帮变形，由于两帮变形的减小使巷道底鼓明显减弱，全煤巷道帮部变形最大部位一般在两帮中部，因此，应在两帮中部加强支护，在矩形或梯形棚巷道顶角与底角处虽变形不大，但应变较大，煤岩易于破碎，因此，也应加强支护。

（5）根据煤岩性质合理选择巷道断面形状。数值模拟结果表明，巷道断面形状改变煤岩表面变形的分布及大小，采用直墙半圆拱形巷道有利于减少煤岩表面变形，因此，可以根据工程实际，采用合适的巷道断面形状。

（6）煤岩变形稳定性监测及巷道合理支护形式和参数调整。

由于工程地质条件的复杂性和多变性，难以较为准确确定煤岩力学性能参数和原岩应力。采用数值模拟方法确定的初始巷道支护形式和参数与工程实际存在一定的差异，应根据工程实际进行调整。巷道采用初始支护形式和参数后，对煤岩两帮及顶底变形进行及时监测，依据煤岩稳定性判据推断煤岩表面变形容许值，并依据煤岩表面变形速度衰减系数和煤岩表面容许变形早期推断煤岩变形稳定性，及时调整巷道支护形式及参数，在有失稳趋势的地段进行补打锚杆或架棚等形式的二次支护，二次支护时段应在煤岩产生二次蠕变之前。

4.4　深部软弱煤岩巷道预应力锚杆（索）组合支护合理支护参数选择

深部软弱煤岩巷道帮部产生大范围显著松动破碎，失稳主要由帮部开始，常规支护难以保持帮部变形稳定，必须采用锚杆（索）及梯形棚等组合支护，巷道煤岩中及时进行锚喷网初次支护，高强度锚杆施加高预紧力对煤岩产生挤压并借助于锚网和钢带在煤岩浅部形成锚固区内压缩拱承载体，提供适当阻力容许但限制松动圈扩展和松动范围内破碎煤岩过度碎胀。锚固区外煤岩松动范围扩展及破碎煤岩碎胀至一定程度，布置适当预紧力长锚索于塑性区外较稳定岩层中，也形成具有一定承载力的锚固区外次压缩拱承载体。主压缩拱和次压缩拱共同承载形成叠加拱承载体使煤岩松动破碎在容许临界范围内，保持破碎煤岩稳定。如果叠加拱承载体强度不能有效保持煤岩稳定，再提供梯形棚或U形棚金属支架提供高阻力保持煤岩稳定。本书针对常见的矩形或梯形深部煤层巷道，介绍一种锚杆、锚索及矿用工字钢金属支架棚腿对巷道两帮软弱煤岩进行联合支护的方法，确定锚杆、锚索、梯形棚布置方式及参数。针对目前深部煤层巷道埋深一般为700.0～1100.0m，煤岩岩性为黏结力 c 为0.6～1.2MPa，内摩擦角 φ 为18°～28°，提供一种简单、合理，容易实施，而且准确度高的深部煤层矩形或梯形巷道帮部软弱煤岩锚杆、锚索及矿用工字钢金属支架棚腿联合支护方法。以往深部煤巷帮部锚杆及锚索布置一般如图4-15所示。现按以下步骤选择合理锚杆及锚索支护参数。

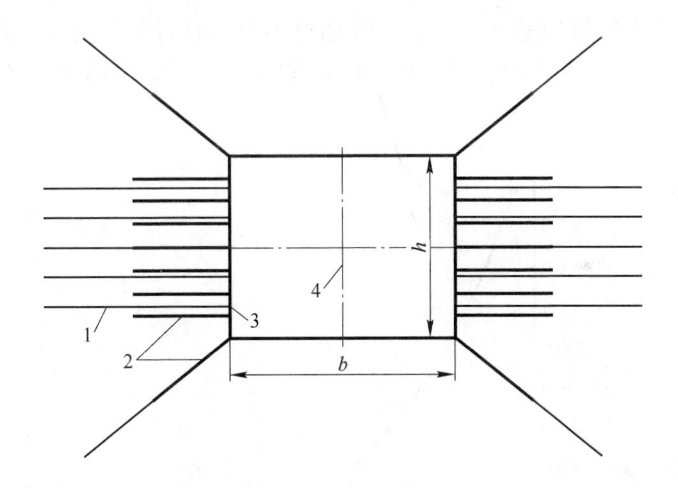

图4-15 深部巷道帮部软弱煤岩锚杆（索）支护布置

1—锚索，ϕ15.2×4200mm；2—锚杆，ϕ22×2200mm；3—棚腿；
4—巷道中心线；b—巷道宽度（5000mm）；h—巷道高度（4000mm）

（1）如图4-16所示，在巷道两帮中间部位钻孔，钻孔深度超过煤岩范围而进入原岩中，一般超过10.0m。

（2）如图4-16所示，钻孔中布置多点位移计锚固头，距巷道表面不同距离 r_1、r_2、r_3 位置布置锚固头1、锚固头2、锚固头3。其中锚固头1、锚固头2位于巷道帮部煤岩松动破碎范围内；锚固头3位于巷道帮部软弱煤岩范围之外的原岩范围内。

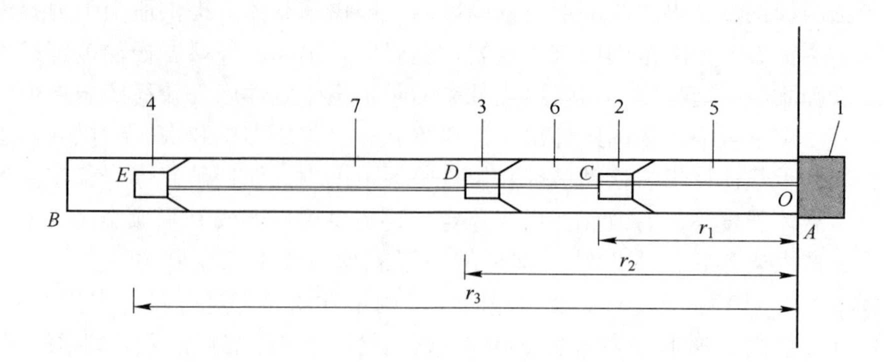

图 4-16 多点位移计实测深部煤层巷道两帮中心钻孔不同位置位移示意图

1—多点位移计数据记录器；2—多点位移计锚固头 1；3—多点位移计锚固头 2；4—多点位移计锚固头 3；5—多点位移计的钢丝绳 1；6—多点位移计的钢丝绳 2；7—多点位移计的钢丝绳 3；*A* ~ *E*—钻孔位置；*O*—巷道表面位置

（3）如图 4-17 所示，定义钻孔在巷道表面 *O* 点位置位移 u_0，锚固头 1、锚固头 2、锚固头 3 位置位移 u_1、u_2、u_3，通过多点位移计钢丝绳 1、钢丝绳 2 及钢丝绳 3 长度变化，工程实测巷道开挖 50d 后的 u_0、u_1、u_2，锚固头 3 位于原岩位置，$u_3 = 0$。

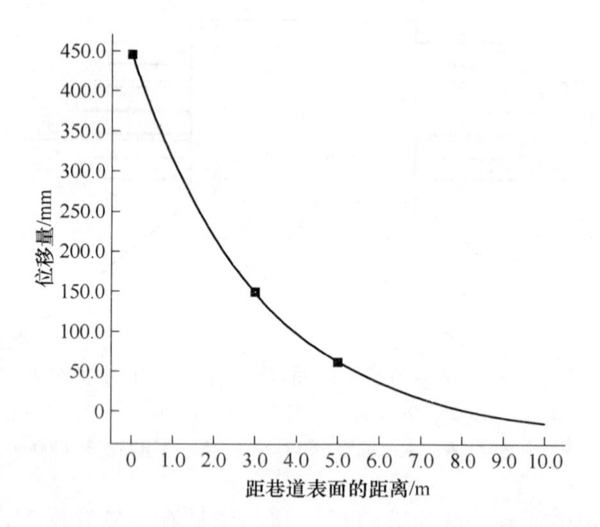

图 4-17 深部巷道帮部 *AB* 钻孔煤岩位移随距巷道表面距离的变化

（4）定义钻孔内任意位置距巷道表面距离为 r，巷道开挖 50d 后该位置位移为 u，构建 u 随 r 衰减的表达式如下：

$$u = \eta_1 \mathrm{e}^{-r/\eta_2} \tag{4-45}$$

式中 η_1，η_2——系数。

（5）如图4-17所示，依据钻孔在巷道表面 O 点、锚固头1、锚固头2等位置位移 u 随距巷道表面距离 r 的变化过程，回归分析得出系数 η_1、η_2。

（6）如图4-18所示，定义巷道两帮中部钻孔任意位置位移梯度 $m = -\frac{\mathrm{d}u}{\mathrm{d}r}$，依据回归分析得出的系数 η_1、η_2，可得钻孔中距巷道表面位置距离 r 的位移梯度：

$$m = \frac{\eta_1}{\eta_2}\mathrm{e}^{-r/\eta_2} \tag{4-46}$$

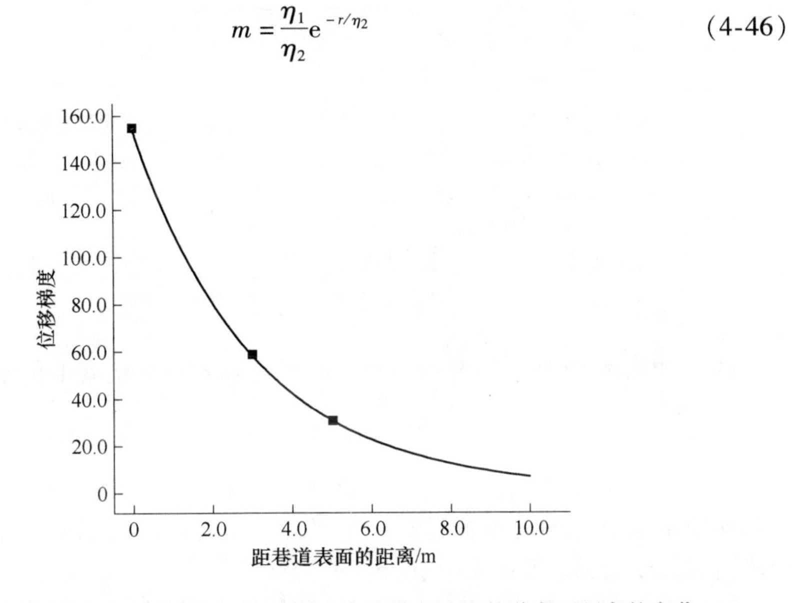

图4-18　深部煤层巷道帮部 *AB* 钻孔煤岩位移梯度随距巷道表面距离的变化

（7）如图4-19所示，巷道两帮中部布置长度及间距不等的 ϕ15.2mm预应力锚索及 ϕ22.0mm预应力锚杆，所述巷道两帮中部指的是巷道高度一半的两帮中间部位。进一步在巷道两帮中部布置预应力锚杆及预应力锚索是由于该区段位移梯度较大且变化明显。

（8）如图4-19所示，巷道两帮中部中间部位 O 点锚索1与相邻锚索2的锚索间距 a_1 可据钻孔在巷道表面 O 点位置位移梯度 $m_o = \frac{\eta_1}{\eta_2}$，按下述方法确定：当 m_o 大于200mm/m时，对应锚索间距 a_1 为400mm，当 m_o 为150～200mm/m时，对应锚索间距 a_1 为400～600mm，当 m_o 为100～150mm/m时，对应锚索间距 a_1 为600～800mm；然后根据 a_1 确定后续的锚索间距 a_2、a_3、…、a_{n-1}，直到巷道两帮中部全部布置锚索。按 $a_2 = (1.0 \sim 1.2)a_1$，$a_3 = (1.0 \sim 1.2)a_2$，$a_{n-1} = (1.0 \sim 1.2)a_{n-2}$ 计算。a_2 代表锚索2与锚索3的间距，a_3 代表锚索3与锚索4的间距，a_{n-1} 代表锚索 $n-1$ 与锚索 n 的间距。

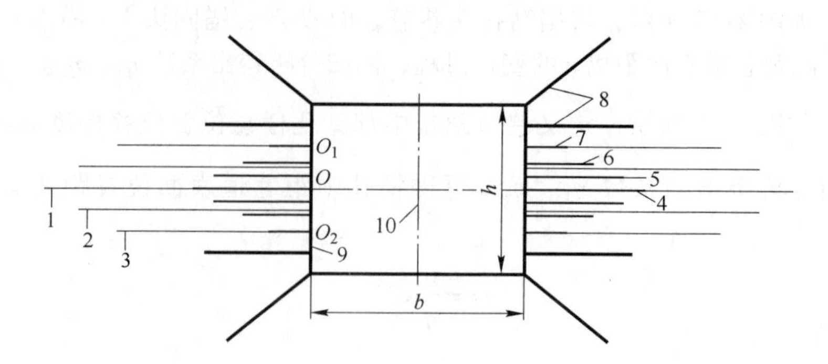

图 4-19 深部煤层巷道帮部煤岩进行锚杆、锚索及棚腿联合支护布置图

1—锚索 1，ϕ15. 2×6300mm；2—锚索 2，ϕ15. 2×5500mm；3—锚索 3，ϕ15. 2×4600mm；
4—锚杆 1，ϕ22×2800mm；5—锚杆 2，ϕ22×2300mm；6—锚杆 3，ϕ22×1600mm；
7—锚杆 4，ϕ22×1000mm；8—锚杆 5，ϕ22×2500mm；9—棚腿；10—巷道中心线；
b—巷道宽度（5000mm）；h—巷道高度（4000mm）；O—两帮中心巷道表面位置；
O_1，O_2—距离 O 点 $h/4$ 的巷道表面位置

（9）如图 4-19 所示，巷道两帮中部中心 O 点位置锚索 1 长度 L_1 及距该位置距离 $s=\frac{h}{4}$的 O_1 及 O_2 点位置锚索 n 长度 L_n 分别按下式计算：

1）$L_1=-\eta_2\ln(20\eta_2/\eta_1)+k_1$，该式是基于位移梯度所得，两帮中部煤岩中位移梯度 $m\geqslant 20$ 范围内布置锚索，作用较为明显；k_1 为锚索外露长度及锚索锚固段附加长度之和，可取 $k_1=(0.6\sim0.8)\mathrm{m}$。

2）$L_n=-\eta_2\ln(40\eta_2/\eta_1)+k_1$，该式是基于巷道两帮中部位移梯度沿巷道高度分布特征所得，距离巷道两帮中部中心 O 点位置距离 $s=\frac{h}{4}$的 O_1 及 O_2 点位置位移梯度约为巷道两帮中部中间部位 O 点位移梯度的一半，即 $m_{o_1}=m_{o_2}=\frac{1}{2}m_o=\frac{\eta_1}{2\eta_2}$。

（10）定义巷道两帮高度为 h，巷道两帮中部其他部位锚索长度分别按下式计算：$L_2=L_1-4\times(L_1-L_n)\times a_1/h$，$L_3=L_1-4\times(L_1-L_n)\times(a_1+a_2)/h$，$L_{n-1}=L_1-4\times(L_1-L_n)\times(a_1+a_2+\cdots+a_{n-2})/h$。

（11）如图 4-19 所示，巷道两帮中部中间位置 O 点锚杆长度 l_1，O_1 点、O_2 点位置锚杆长度 l_n 分别按 $l_1=-\eta_2\ln(70\eta_2/\eta_1)+k_2$ 及 $l_n=-\eta_2\ln(140\eta_2/\eta_1)+k_2$ 计算。该式是基于位移梯度所得，锚杆控制位移梯度 $m\geqslant 70\mathrm{mm/m}$ 范围内两帮中部煤岩的过度变形作用较为明显；k_2 为锚杆外露长度及锚杆锚固段附加长度之和，可取 $k_2=(0.4\sim0.5)\mathrm{m}$。

（12）如图 4-19 所示，巷道两帮中部其他部位锚杆长度分别按下式计算：

$l_2 = l_1 - 4 \times (l_1 - l_n) \times a_1'/h, l_3 = l_0 - 4 \times (l_0 - l_1) \times (a_1' + a_2')/h, l_{n-1} = l_1 - 4 \times (l_1 - l_n) \times (a_1' + a_2' + \cdots + a_{n-2}')$。

(13) 如图 4-19 所示，巷道两帮中部中心 O 点位置相邻锚杆间距 a_1' 按下述确定：当 m_o 大于 200mm/m 时，对应锚杆间距 a_1' 为 300mm，当 m_o 为 150 ~ 200mm/m 时，对应锚杆间距 a_1' 为 300 ~ 400mm，当 m_o 为 100 ~ 150mm/m 时，对应锚杆间距 a_1' 为 400 ~ 500mm；然后根据 a_1' 确定后续的锚杆间距 a_2'、a_3'、…、a_{n-1}'，直到巷道两帮中部全部布置锚杆。按 $a_2' = (1.0 \sim 1.2) a_1', a_3' = (1.0 \sim 1.2) a_2', a_{n-1}' = (1.0 \sim 1.2) a_{n-2}'$ 计算。a_2' 代表锚杆 2 与锚杆 3 的间距，a_3' 代表锚杆 3 与锚杆 4 的间距，a_{n-1}' 代表锚杆 $n-1$ 与锚杆 n 的间距。

(14) 巷道两帮中部锚杆施加预紧扭矩及锚索施加预紧力，锚杆预紧扭矩一般为 300N · m，锚索预紧力一般为 200kN。

(15) 如图 4-19 所示，除巷道两帮中部外的其他部位，采用不施加预紧力的锚杆支护，锚杆长度可按 $l = -\eta_2 \ln(80\eta_2/\eta_1) + k_2$ 计算，锚杆间距 a 一般可按下述确定：当 m_o 大于 200mm/m 时，对应锚杆间距 a 为 500mm，当 m_o 为 150 ~ 200mm/m 时，对应锚杆间距 a 为 500 ~ 600mm，当 m_o 为 100 ~ 150mm/m 范围，对应锚杆间距 a 为 600 ~ 700mm。

(16) 巷道开挖后帮部立即进行锚杆支护及金属棚支架支护，锚索根据巷道表面变形由减速阶段转化为等速阶段的时点确定。

(17) 锚杆排距、锚索排距及棚腿排距取巷道两帮中部中间部位 O 点锚索 1 与相邻锚索 2 的间距 a_1，锚索及锚杆布置在相邻棚腿中间。

以下结合具体工程实例进行说明。

安徽淮北矿区某采区巷道，巷道埋深约 1000.0m，断面为 5.0m × 4.0m 的矩形，两帮高度 h = 4.0m，两帮煤岩黏结力 c = 1.0MPa，内摩擦角 $\varphi = 22°$。原巷道帮部及顶板采用锚杆、锚索及梯形棚联合支护，本书主要分析巷道两帮软弱煤岩支护，原巷道两帮锚杆、锚索及梯形棚腿布置如图 4-15 所示。锚索预紧力 200kN，直径 15.2mm，长度 4.2m，每帮均匀布置预应力锚索 7 根，间距为 650mm；锚杆预紧扭矩 300N · m，直径 22.0mm，长度 2.2m，每帮均匀布置预应力锚杆 9 根，间距 500mm；金属支架棚腿选用 22 号矿用工字钢，取锚杆排距、锚索排距及棚腿排距为 650mm，锚索及锚杆布置在相邻棚腿中间。由于巷道两帮中部锚杆长度偏小、锚杆间距及锚索间距偏大，致使巷道两帮中部预应力锚索作用范围内煤岩变形失稳；由于锚索长度偏短，致使巷道两帮中部预应力锚索作用范围外松动破碎煤岩变形失稳，数次翻修仍难以保持稳定。

根据以上方法确定巷道两帮合理支护。如图 4-16 所示，巷道两帮中部中间部位 AB 部位钻孔，距巷道表面距离 r_1、r_2、r_3 分别为 r_1 = 3.0m、r_2 = 5.0m、r_3 = 10.0m 位置布置锚固头 1、锚固头 2、锚固头 3，通过钢丝绳 1、钢丝绳 2 及钢丝绳 3 长度变化测得钻孔在巷道表面 O 点位移 $u_0=446.0\text{m}$，钻孔距巷道表面距离 $r_1=3.0\text{m}$ 位置 C 点位移 $u_C=150.0\text{mm}$，钻孔距巷道表面距离 $r_2=5.0\text{m}$ 位置 D 点位移 $u_D=62.0\text{mm}$，按公式 $u=\eta_1 e^{-r/\eta_2}$ 对钻孔中距巷道表面不同距离 r 的位移值 u 进行回归分析，依据多点位移计获得的测点 O、测点 C、测点 D 的位移值，可得回归系数 $\eta_1=449.0\text{mm}$，$\eta_2=2.63$。依此确定锚索、锚杆、金属棚支架支护参数分别为：

（1）巷道两帮中部预应力锚索支护参数：

1）锚索间距。巷道两帮中部 2.0m 范围内布置预应力锚索，$\frac{\eta_1}{\eta_2}\approx171.0$，取 $a_1=a_2=500.0\text{mm}$。

2）锚索长度。巷道两帮中部中间位置锚索 1 的长度 $L_1=-\eta_2\ln(20\eta_2/\eta_1)+(0.6\sim0.8)$，取 $L_1=6.3\text{m}$；距巷道两帮中部中间位置 2.0m 处锚索 3 的长度 $L_3=-\eta_2\ln(40\eta_2/\eta_1)+(0.6\sim0.8)$，取 $L_3=4.6\text{m}$；锚索 2 的长度 $L_2=L_1-4\times(L_1-L_3)\times a_1/H$，取 $L_2=5.5\text{m}$。

如图 4-19 所示，巷道两帮中部布置直径为 ϕ15.2mm、预紧力为 200kN 的预应力锚索 5 根，其中长度为 6.3m 预应力锚索 1 根，长度为 5.5m 的预应力锚索 2 根，长度为 4.6m 的预应力锚索 2 根，相邻锚索间距取 $a_1=500.0\text{mm}$。

（2）巷道两帮中部预应力锚杆支护参数：

1）锚杆间距。巷道两帮中部 2.0m 范围内布置预应力锚杆，$\frac{\eta_1}{\eta_2}\approx171.0$，取 $a_1'=a_2'=300.0\text{mm}$，$a_3'=400.0\text{mm}$。

2）锚杆长度。巷道两帮中部中间位置锚杆 1 的长度 $l_1=-\eta_2\ln(70\eta_2/\eta_1)+(0.4\sim0.5)$，取 $l_1=2.8\text{m}$；距巷道两帮中部中间位置 2.0m 处锚杆 4 的长度 $l_4=-\eta_2\ln(140\eta_2/\eta_1)+(0.4\sim0.5)$，取 $l_4=1.0\text{m}$；锚杆 2 的长度 $l_2=l_1-4\times(l_1-l_4)\times a_1'/h$，取 $l_2=2.3\text{m}$；锚杆 3 的长度 $l_3=l_1-4\times(l_1-l_4)\times(a_1'+a_2')/h$，取 $l_3=1.6\text{m}$。

如图 4-19 所示，巷道两帮中部布置直径为 ϕ22.0mm、预紧扭矩为 300N · m 的预应力锚杆 7 根，其中长度为 2.8m 的预应力锚杆 1 根，长度为 2.3m 的预应力锚杆 2 根，长度为 1.6m 的预应力锚索 2 根，长度为 1.0m 的预应力锚杆 2 根，锚杆 1 与锚杆 2 间距为 300.0mm，锚杆 2 与锚杆 3 间距 300.0mm，锚杆 3 与锚杆 4 间距 400.0mm。

（3）巷道两帮无预应力锚杆布置：

1）锚杆间距。巷道两帮端部布置 ϕ22.0mm 无预应力锚杆，$\frac{\eta_1}{\eta_2}\approx171.0$，取锚杆间距 $a=500.0\text{mm}$。

2）锚杆长度。$l=-\eta_2\ln(80\eta_2/\eta_1)+(0.4\sim0.5)$，取 $l=2.5\text{m}$。

巷道两帮端部布置长度 $l=2.5\mathrm{m}$ 的无预应力锚杆 4 根，相邻锚杆间距 $a=500.0\mathrm{mm}$。

(4) 锚杆排距、锚索排距及棚腿间距。金属支架选用 22 号矿用工字钢，$a_1=500.0\mathrm{mm}$，取锚杆排距、锚索排距及棚腿间距为 500.0mm，锚索及锚杆布置在相邻棚腿中间。

深部煤层巷道两帮软弱煤岩锚杆、锚索及梯形棚合理支护布置如图 4-19 所示。比较图 4-15 及图 4-19，巷道帮部采用新的锚杆、锚索及梯形棚支护参数后，每米巷道锚索用量由 45.2m 增加至 53.0m、锚杆用量由 30.5m 增加至 45.2m、梯形棚用量由 1.54 架增长至 2.00 架，尽管一次支护成本略有增加，但能及时保持巷道两帮变形稳定，避免后期返修造成的安全隐患及多次翻修带来的支护成本显著提高。

5 新集三矿 -550m 水平运输巷合理支护形式及参数确定

5.1 工程概况

新集三矿 -550m 水平皮带运输巷和轨道运输巷担负着新集三矿三水平开采的运输、通风等任务，该巷道位于井田倒转褶曲的倒转轴下部，地层倾向南，倾角为 20°~90°，平均倾角 40°左右。轨道巷在掘进过程中预计揭露 11-2 煤层及 11-2 煤层直接顶底板；皮带机运输巷在施工过程中预计揭露 11-2、13-1 煤层以及 11-2 煤层、13-1 煤层顶底板。11-2 煤层结构较为松软，煤层厚度为 1000~3000mm，直接顶板以砂质泥岩为主，灰色较致密坚硬，底板以砂质泥岩为主，部分地段为煤；13-1 煤层结构简单，平均煤厚 4000mm 左右，直接顶板一般以薄层细砂岩为主，泥质胶结，致密坚硬，裂隙较发育，局部为砂质泥岩，直接底板以泥岩、砂质泥岩为主。由于巷道位于倒转褶曲的倒转轴下翼以及 F9、F10 断层及井田边界断层附近，受倒转褶曲、F9 与 F10 断层及井田边界断层的影响，构造较多，小断层极为发育，破坏煤岩层的连续性，造成岩性破碎，层理紊乱，岩性变化频繁。从已掘巷道揭露来看，巷道两帮及顶底煤岩岩性主要表现为泥质砂岩、砂质泥岩、煤及其互层，煤岩性质变化频繁，给巷道合理支护形式及参数选择带来不便。原巷道支护方案为：大部分煤岩地质条件较为复杂地段采用梯形棚支护，巷道断面尺寸为上宽×下宽×高 = 2100mm×2400mm×2400mm，采用 12 号矿用工字钢梯形棚永久支护，棚距为 500mm，水泥背板腰背；局部煤岩地质条件较好地段，采用锚喷支护，巷道断面为直墙半圆拱，断面尺寸为巷道宽×直墙高×拱高 = 2400mm×1000mm×1200mm，锚杆采用 $\phi16\times1800$mm 金属螺纹锚杆，全长锚固，锚杆间排距为 750mm×750mm。

工程实践表明：锚喷支护和梯形棚支护巷道大部分地段煤岩都产生较为严重的变形，巷道顶板下沉，两帮内移，底板上鼓，煤岩开裂，锚杆拉断，支架严重弯曲，水泥背帮折断，棚间两帮岩体“鼓出”，典型原支护方案支护效果如图 5-1~图 5-6 所示。为了满足使用及安全要求，不得不进行返修。修复过程中，原锚喷支护和梯形棚支护段仍采用梯形棚支护方式，但巷道煤岩两帮变形及底鼓仍很严重，巷道周围煤岩松动破碎，工字钢支架压弯，巷道变形后仍然满足不了使用要求，仍需进行返修，不仅消耗了大量的人力、物力，同时严重影响了巷道的正常使用。采用合理支护形式及参数保持煤岩及支架的稳定具有重要的工程实用价值。

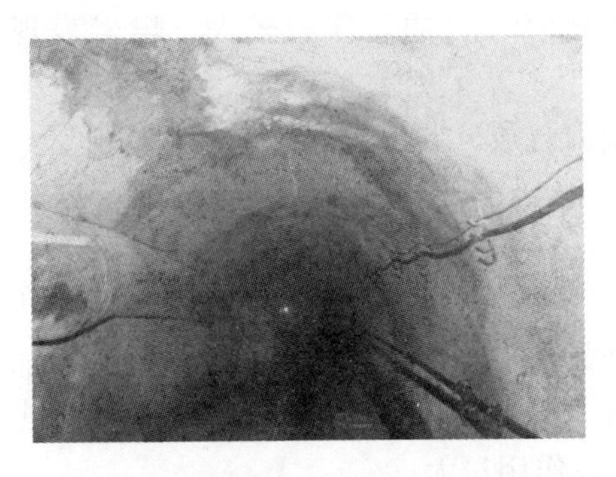

图 5-1　锚喷支护巷道显著变形

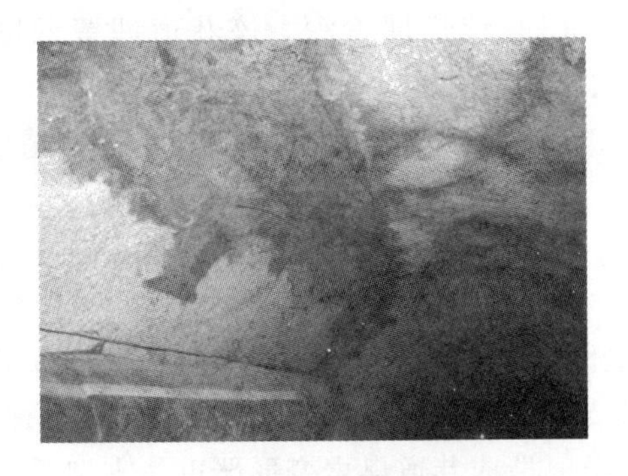

图 5-2　锚喷支护巷道顶板开裂

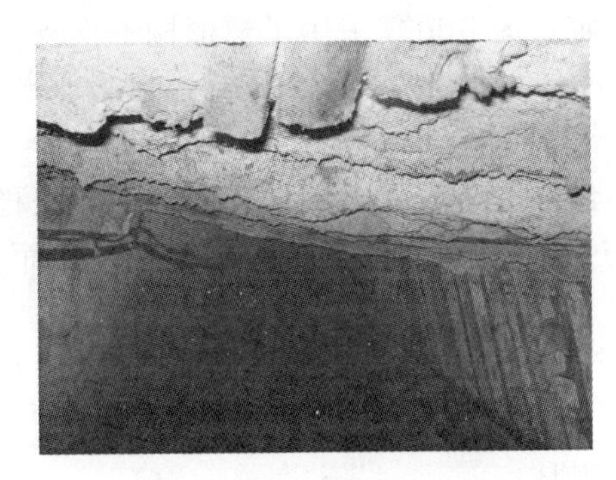

图 5-3　梯形棚支护棚梁弯曲

图 5-4　梯形棚支护棚腿弯曲

图 5-5　棚腿底部不实造成棚腿下沉

图 5-6　右帮棚腿底部不实造成棚腿内移

5.2　原巷道支护不稳定性分析

对巷道煤岩变形及有关地质资料进行分析，可以得出造成巷道煤岩及支护不稳定的因素主要有以下几个方面：

（1）巷道埋置深。该巷道埋置深度为 550m，原岩应力较大，煤岩表现为“软岩”特性。

（2）构造应力大。巷道掘进后构造应力释放，巷道煤岩产生显著变形。

（3）煤岩岩性差。巷道主要处于煤、泥岩、砂质泥岩中，地质条件变化频繁，巷道顶板、两帮及底板岩性差且变化频繁。

（4）支护形式单一，支护参数选择不合理。支护形式及参数选择主要从经验出发，未根据地质条件变化选择合理的支护形式及参数。大部分地段采用梯形棚支护，局部地段选用锚喷支护，梯形棚支架间距为 $a=500$mm，支护强度普遍偏低，造成巷道煤岩变形严重，支架受荷载作用过大。

（5）未对煤岩变形稳定性进行及时监控，未采用“适时”及“适地”二次支护。地质条件频繁变化，更需要对煤岩变形稳定性进行全过程监控，采用“适时”及“适地”二次支护保持煤岩变形稳定。原巷道仅采用了梯形棚一次支护，由于未对煤岩变形进行监测，不能预知煤岩有失稳倾向地段，待巷道煤岩变形影响到使用要求时才进行返修，失去了最佳支护时机。

（6）梯形棚支架棚腿底部约束系数不合理。造成有时煤岩变形过大而失稳，但支架支撑力未充分发挥；有时煤岩变形过小，煤岩自承载力不能充分发挥而支架受载超过极限承载力而弯曲。

（7）锚杆锚固力不够，垫板和煤岩接触不紧而产生松动，锚杆直径偏小，锚杆长度偏短，锚杆间排距偏大。

（8）局部地段煤岩底板软岩吸水膨胀变形。

5.3 合理支护形式和参数确定

针对新集三矿 −550m 水平运输巷具体地质条件，按以下步骤确定巷道合理支护形式和参数：

（1）依据梯形棚巷道断面尺寸确定梯形棚支架极限承载力。

（2）依据直墙半圆拱形巷道断面尺寸确定 U 形棚支架容许承受荷载。

（3）依据锚杆支护原理确定锚杆支护容许承受荷载及适用条件。

（4）依据煤岩变形稳定性判别标准早期及时对煤岩稳定性进行分析。

（5）分析不同地质条件煤岩变形保持稳定时应提供的支护反力，确定合理支护形式和参数。

5.4 不同支护形式极限承载力

5.4.1 梯形棚支架极限承载力

工字钢型号选用 12 号矿用工字钢，依据式（4-26）~式（4-28），根据棚梁及棚腿最大容许变形及截面最大容许应力、棚梁及棚腿不产生压杆失稳确定支架极限承载力。

(1) 按梯形棚梁及棚腿容许最大弯曲变形计算。取棚梁长度 $l_1=2200\text{mm}$，棚梁容许变形 $[u]=20\text{mm}$，弹性模量 $E=200\text{GPa}$，惯性距 $I_x=867.1\times10^4\text{mm}^4$，可得支架极限承载力 $q=114.0\text{kN/m}$。

(2) 按梯形棚梁及棚腿最大容许应力计算。取工字钢容许应力 $[\sigma]=235\text{MPa}$，工字钢高度 $h=120\text{mm}$，可得 $q=56.0\text{kN/m}$。

(3) 按压杆失稳确定梯形棚梁及棚腿能承受的最大轴力。取梯形棚腿长度 $l_2=2200\text{mm}$，依据式（4-28），可得 $F_1'=724.0\text{kN}$，由此可得 $q=328.0\text{kN/m}$。

取 (1)、(2)、(3) 中最小值，梯形棚梁最大极限承载力 $q=56.0\text{kN/m}$。

5.4.2　U 形棚支架极限承载力

取 29 号 U 型钢，支架可缩性 $\xi=300\text{mm}$，依据式（4-38），可得 U 形棚支架极限承载力 $q=130.0\text{kN/m}$。

5.4.3　锚杆支护极限承载力

锚杆作为主动支护形式，承载力大小和煤岩性质及变形紧密相关，锚杆选用直径 $d=20\text{mm}$，长度 $L=2200\text{mm}$ 的金属螺纹锚杆，单根锚杆极限承载力为：

$$P_{\max}=\frac{\pi}{4}d^2[\sigma] \tag{5-1}$$

式中　d——锚杆直径，mm，$d=20\text{mm}$；

$[\sigma]$——锚杆极限抗拉强度，MPa，$[\sigma]=400\text{MPa}$；

$P_{\max}$——锚杆极限承载力，kN，$P_{\max}=125\text{kN}$。

锚杆极限伸缩量为：

$$\Delta L=\frac{\sigma}{E}\times L \tag{5-2}$$

式中　E——锚杆弹性模量，GPa，$E=40\text{GPa}$；

L——锚杆长度，mm，$L=2200\text{mm}$；

ΔL——锚杆极限伸缩量，mm，$\Delta L=275\text{mm}$。

5.5　深部软弱煤岩巷道合理支护形式选择

5.5.1　修复巷梯形棚支护巷道煤岩表面变形实测

合理支护形式选择必须在确定煤岩表面变形、煤岩变形保持稳定时所需支护反力后进行。在 −550m 水平轨道和皮带运输巷修复段对典型地质条件下梯形棚支护巷道煤岩两帮及顶底表面变形进行观测，依此判断煤岩稳定性和稳定变形。据式(2-30) ~ 式(2-32)分析不同测点煤岩表面变形随时间变化回归方程及系数见

表 5-1，部分测点布置时间晚于巷道支护时间，表 5-1 中的回归系数和稳定变形值是依据式(2-30)～式(2-32)修正得出的。

表 5-1　不同测点煤岩表面变形随时间变化回归方程及系数

测点	地质条件	回归方程	回归方程系数	稳定变形值 /mm	现场实测滞后时间/d
k_1 顶底	泥岩、煤	$u=A_1(1-e^{-B_1t})$	$A_1=240.0, B_1=0.09$	240	10
k_1 两帮	煤	$u=A_1(1-e^{-B_1t})$	$A_1=190.0, B_1=0.10$	190	10
k_2 顶底	泥岩	$u=e^{A_3+B_3t}$	$A_3=3.90, B_3=0.09$	不稳定	25
k_2 两帮	煤	$u=e^{A_3+B_3t}$	$A_3=3.10, B_3=0.09$	不稳定	25
k_3 顶底	泥岩	$u=A_2(1-e^{-B_2t})$	$A_2=600.0, B_2=0.035$	600	40
k_3 两帮	煤	$u=A_2(1-e^{-B_2t})$	$A_2=550.0, B_2=0.035$	600	40
k_4 顶底	煤	$u=A_2(1-e^{-B_2t})$	$A_2=900.0, B_2=0.02$	352	60
k_4 两帮	煤	$u=A_2(1-e^{-B_2t})$	$A_2=920.0, B_2=0.02$	352	60
k_5 顶底	煤、泥岩	$u=A_2(1-e^{-B_2t})$	$A_2=199.0, B_2=0.03$	149	0
k_5 两帮	泥岩	$u=A_2(1-e^{-B_1t})$	$A_1=960.0, B_2=0.09$	96	0
k_6 顶底	煤、泥岩	$u=A_2(1-e^{-B_2t})$	$A_2=199.0, B_2=0.03$	139	0
k_6 两帮	泥岩	$u=A_1(1-e^{-B_1t})$	$A_1=95.0, B_1=0.09$	95	0

由表 5-1 和图 5-7～图 5-18 可以看出，测点 k_1 煤岩表面变形随时间的变化仅产生一次蠕变，变形趋于稳定；测点 k_2 煤岩表面变形速率随时间变化而增加，变形趋于不稳定；测点 k_3，k_4 煤岩表面变形随时间的变化产生二次蠕变且 $B_2\leqslant 0.04$，变形趋于不稳定；测点 k_5，k_6 煤岩两帮产生一次蠕变，变形趋于稳定，顶底表面变形随时间的变化产生二次蠕变且 $B_2\leqslant 0.04$，变形趋于不稳定。

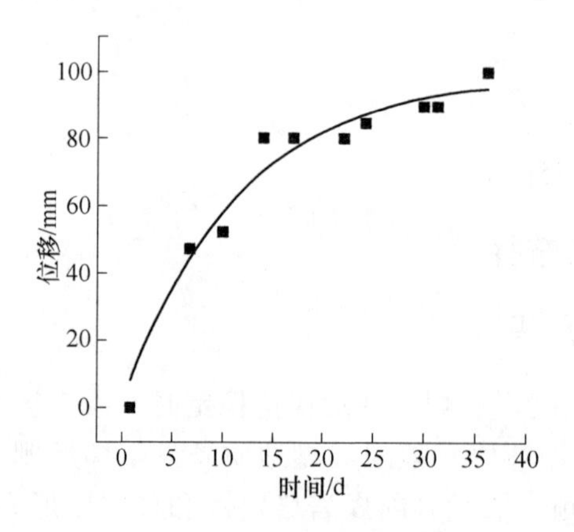

图 5-7　k_1 点巷道顶底表面变形随时间的变化

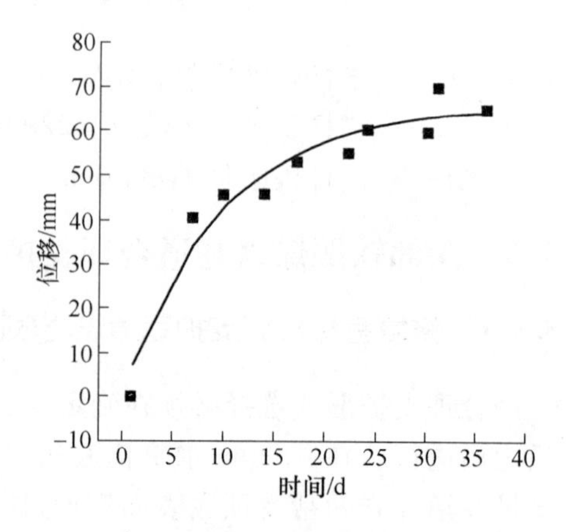

图 5-8　k_1 点巷道两帮表面变形随时间的变化

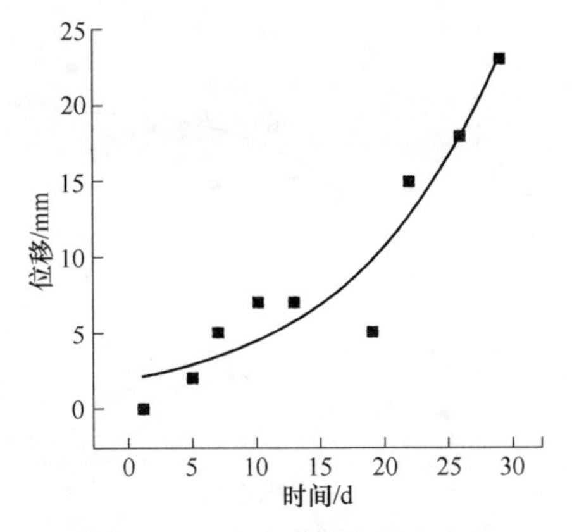

图 5-9　k_2 点巷道顶底表面变形随时间的变化

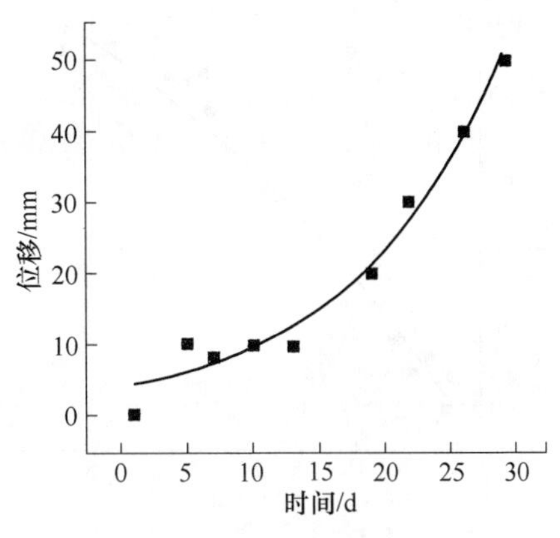

图 5-10　k_2 点巷道两帮表面变形随时间的变化

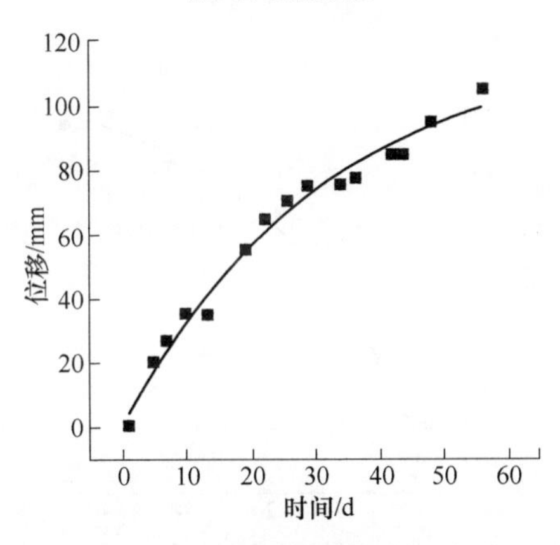

图 5-11　k_3 点巷道顶底表面变形随时间的变化

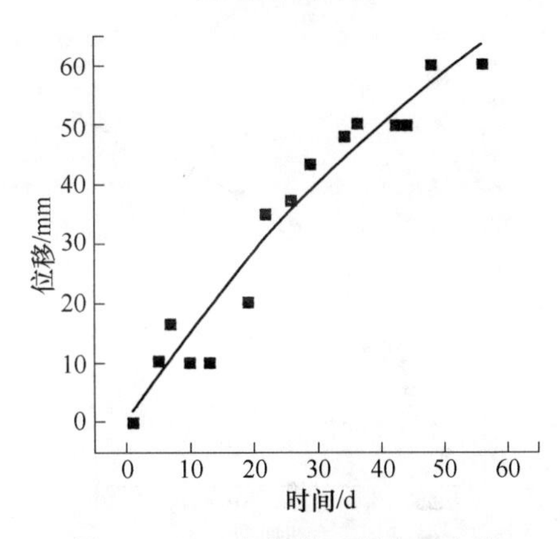

图 5-12　k_3 点巷道两帮表面变形随时间的变化

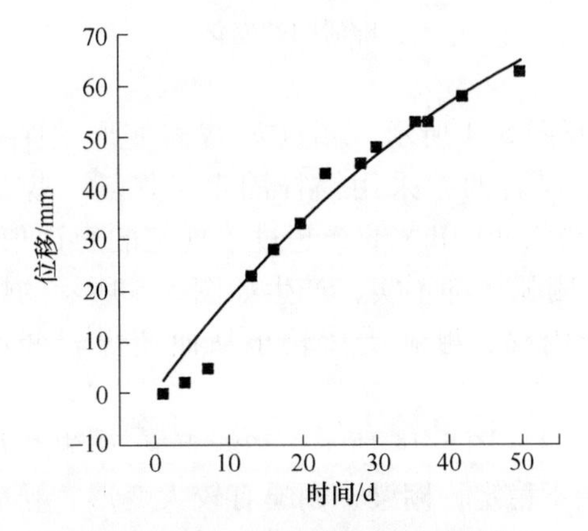

图 5-13　k_4 点巷道顶底表面变形随时间的变化

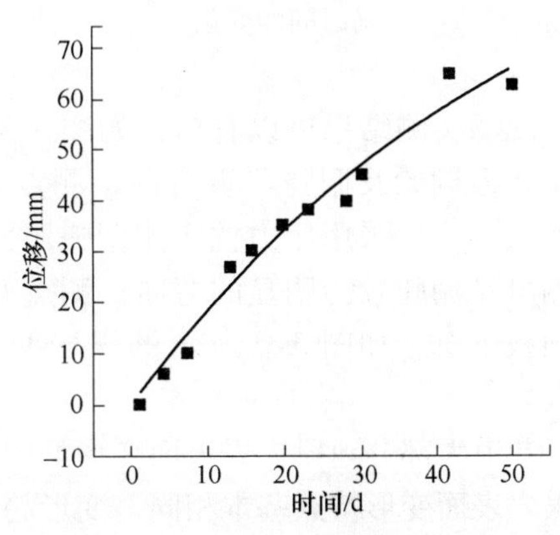

图 5-14　k_4 点巷道两帮表面变形随时间的变化

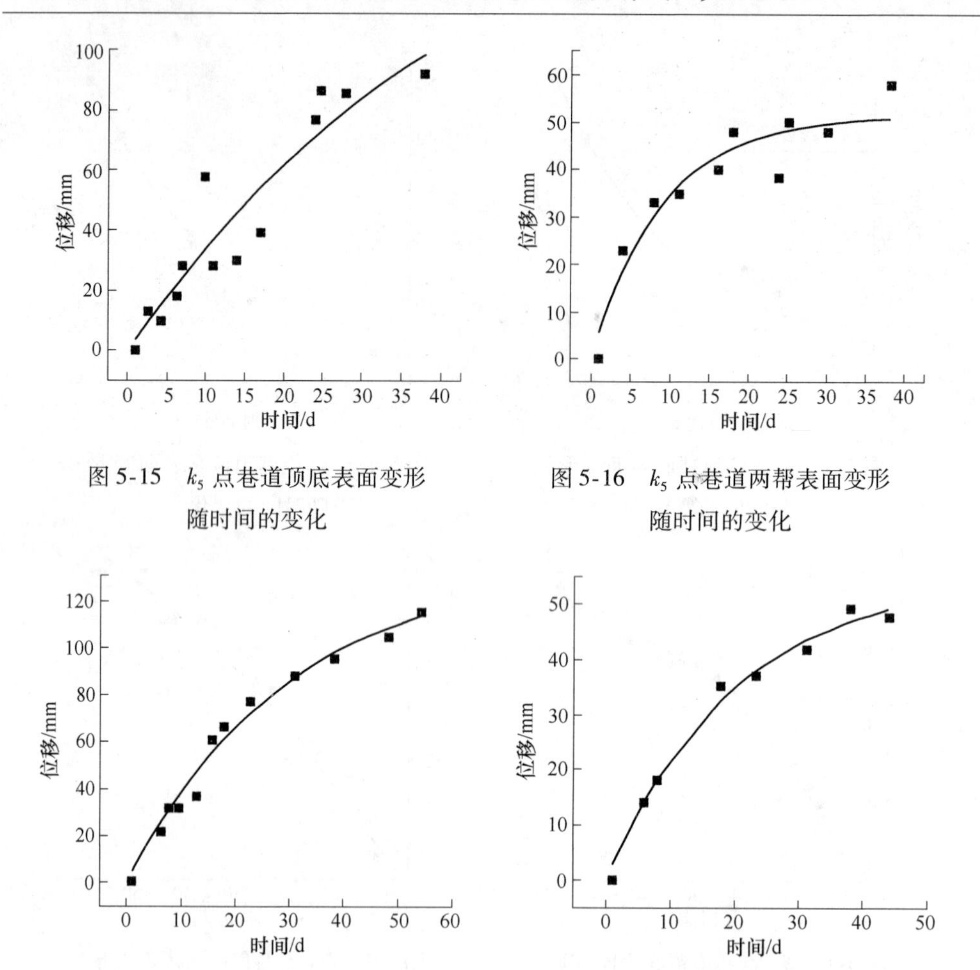

图 5-15　k_5 点巷道顶底表面变形随时间的变化

图 5-16　k_5 点巷道两帮表面变形随时间的变化

图 5-17　k_6 点巷道顶底表面变形随时间的变化

图 5-18　k_6 点巷道两帮表面变形随时间的变化

现场实测结果可以看出：如图 5-3 及图 5-4 所示，测点 k_1 煤岩变形虽保持稳定，但棚梁及棚腿严重弯曲；测点 k_6 煤岩两帮采用锚杆固定了棚腿，煤岩变形虽小，但采用压力枕实测棚腿压力约为 90. 0kN/m，超过了规定的容许值，观测可见棚腿较为明显的弯曲；测点 k_2 棚腿底部不实，产生如图 5-5 所示的煤岩顶板下沉，如图 5-6 所示的煤岩两帮内移，棚腿受荷较小从而使煤岩变形过大。

巷道大部分地段煤岩表面变形如图 5-11 ~ 图 5-14 所示，和测点 k_2 和测点 k_3 的煤岩表面变形特点基本相同，变形趋于不稳定，棚梁、棚腿有较大变形，受荷达到了最大容许承载 60. 0kN/m。原梯形棚距为 a = 500mm，依靠减小棚距来提供给煤岩更大支护力来控制煤岩变形已不合适，必须改变支护形式。部分地点如

k_1 点煤岩顶板及 k_5、k_6 点煤岩两帮，煤岩变形较小，但支架受荷却较大；部分地段如 k_5、k_6 点顶板煤岩变形较大，支架受荷却较小。产生该现象的主要原因是棚腿底部约束不合理，采用合理的棚腿底部约束可以既保持煤岩稳定又使支架受荷合理，此时并不一定需要改变梯形棚支护形式。

以上分析表明，已掘巷道修复时，大部分地段采用梯形棚支护已不合适，必须采用新的支护形式；修复巷部分地段可采用梯形棚支护，但应注意棚腿底部约束的合理性。

5.5.2 合理支护形式的“动态”选择

已掘巷道煤岩变形观测结果表明：大部分地段煤岩两帮侧压较大，顶部压力并不明显；大部分地段顶板破碎严重，顶部锚杆锚固力不足而难以发挥作用；局部地段煤岩遇水崩解，锚杆也难以发挥作用。本巷道大部分地段不宜采用锚杆支护。针对本巷道不同的地质条件，可以采用以下合理支护形式：

（1）煤岩变形较小，约需 0.1MPa 支护反力保持煤岩稳定。考虑到本巷道服务年限较长，新掘巷道断面形状不宜频繁改变，仍采用梯形棚支护，但可将棚距扩大；原梯形棚支护巷道修复时，采用梯形棚支护，但必须调整支护参数。

（2）煤岩变形较大，约需 0.2MPa 支护反力保持煤岩稳定，岩石破碎地段采用 U 形棚支护。

（3）煤岩顶部较为破碎，帮部变形很大，约需 0.3MPa 左右支护反力保持煤岩稳定，采用 U 形棚 + 帮部锚杆支护。

（4）岩石较为完整地段采用锚喷支护。

由于大部分地段煤岩变形普遍较大，约需 0.2MPa 以上支护才能保持煤岩稳定，煤岩破碎严重，采用梯形棚支护不足以保持煤岩稳定，采用锚杆支护不能充分发挥作用。新掘巷道选用以 U 形棚支护为主，部分地段选用 U 形棚 + 帮部锚杆以及锚喷支护；巷道修复巷以 U 形棚支护为主，部分地段选用 U 形棚 + 帮部锚杆，梯形棚及梯形棚 + 帮部锚杆支护。由于地质条件多变性，支护形式应随地质条件变化而相应调整，应对已支护巷道的变形稳定性进行监控并对有失稳倾向的煤岩进行及时二次支护。

煤岩变形保持稳定所需支护反力和煤岩表面变形可用式（4-20）示之，为了合理选择支护形式以及对现场支护合理性进行评判必须确定煤岩表面变形。地质条件多变，需连续通过工程实测对煤岩稳定进行监控，早期对煤岩变形稳定性进行预测可以提前采用措施对煤岩稳定性进行处理，从而减少后期返修或煤岩自承载力不能充分发挥而造成的浪费。依据 2.1.6 节煤岩稳定性早期判别方法，针对新集三矿 -550m 运输巷工程实际，当不同岩性煤岩表面变形小于表 5-2 中的规定值时，相应的 B_2 也大体满足 $B_2 \geqslant 0.04$，煤岩变形保持稳定。

表 5-2　不同岩性煤岩变形早期表面容许变形

变形/mm　时间/d　岩性	1	2	3	4	5	6	7	8	9	10	11	12	13	14	15
煤	12	22	32	41	49	56	64	90	96	91	96	91	95	99	102
泥岩	12	23	34	43	51	59	64	90	96	90	94	99	91	94	96
砂质泥岩	14	25	35	44	52	59	65	90	94	99	91	94	99	99	91
泥质砂岩	16	29	40	49	54	59	64	69	90	92	93	94	95	96	99

工程中一般通过观测前 10d 煤岩表面变形值并和表 5-2 中的容许变形值进行对比，如果两者相差不超过 20%，表明煤岩稳定，如果实测值超过理论值 20%，表明煤岩不稳定，如果实测值小于理论值 20%，表明煤岩自承载力未充分发挥。有时由于施工影响，前 5d 不能进行数据观测时，可以在 5～15d 进行连续 10d 的数据观测，但不宜超过 15d，煤岩表面变形的容许值应以表 5-2 中相邻时点容许值的差值示之。

5.6　不同支护形式合理支护参数确定及现场验证

5.6.1　U 形棚合理支护参数确定及现场验证

（1）煤岩变形保持稳定时的合理支护反力。通过数值模拟结合现场实测，新掘巷道大部分地段煤岩表面变形和支护反力之间的关系可表示为：

$$u = 80 + 500\mathrm{e}^{-p_\mathrm{i}/0.12} \tag{5-3}$$

取煤岩变形趋于稳定时的表面变形容许值 $u_{\max} = 150\mathrm{mm}$，所需支护反力 $p_\mathrm{i} \approx 0.24\mathrm{MPa}$，采用 U 形棚支护可在支架受荷不超过容许值的前提下保持煤岩稳定。

（2）U 形棚间距。U 形棚间距可表示为：

$$a = \frac{q}{p_\mathrm{i}} \tag{5-4}$$

式中　q——U 形棚极限承载力，$q = 130.0\mathrm{kN/m}$；

p_i——煤岩变形趋于稳定时所需支护反力，$p_\mathrm{i} \approx 0.24\mathrm{MPa}$。

由此可得：$a = 550\mathrm{mm}$。

（3）煤岩变形稳定性现场实测。为了判断 U 形棚支护煤岩变形是否稳定，对 U 形棚支护巷道顶底及两帮变形随时间的变化进行了现场观测，结果表明采用 U 形棚支护可以较好控制煤岩变形，保持煤岩稳定，典型测点 1 煤岩表面变形随时间的变化如图 5-19、图 5-20 所示。

实测结果表明：采用 U 形棚支护煤岩变形保持稳定。

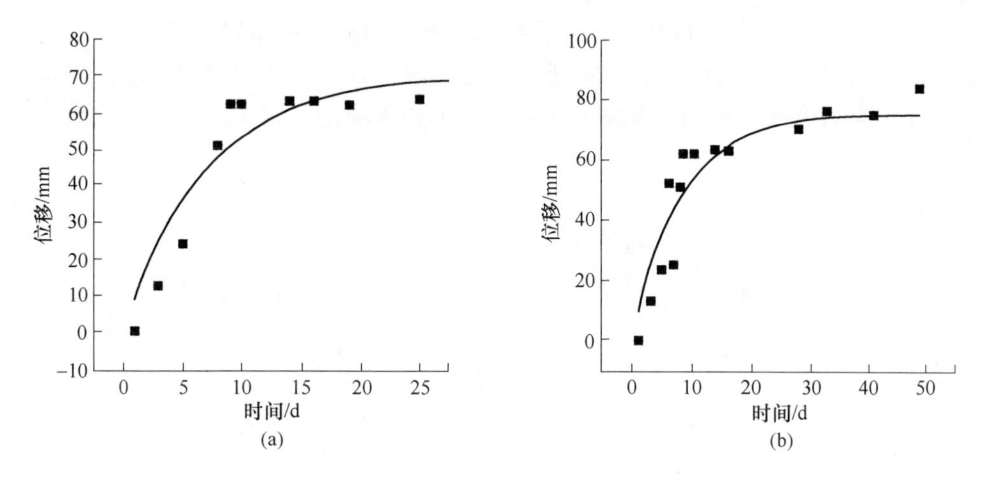

图 5-19 测点 1 巷道顶底表面变形随时间的变化

（a）$A_1=96.0$，$B_1=0.12$（25d 内）；（b）$A_2=95.0$，$B_2=0.09$（25d 后）

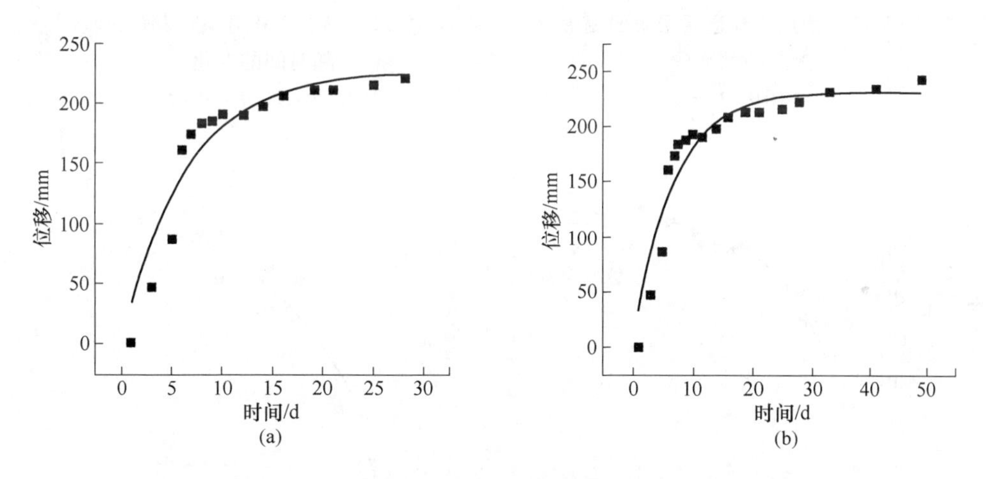

图 5-20 测点 1 巷道两帮表面变形随时间的变化

（a）$A_1=229.0$，$B_1=0.16$（30d 内）；（b）$A_2=269.0$，$B_2=0.09$（30d 后）

5.6.2 修复巷部分地段梯形棚支护合理参数确定及现场验证

修复巷部分地段可用梯形棚支护。如轨道运输巷修复巷 S39 点东 45m 附近煤岩岩性主要为泥质砂岩；仅需 0.1MPa 左右支护反力即可保持煤岩稳定，该地段有地下水，煤岩遇水发生崩解，锚杆支护难以起到作用。选用梯形棚支护，取梯形棚容许承载力 $q=56.0\text{kN/m}$，依据式（5-4），可取梯形棚距 $a=500\text{mm}$。煤岩变形初期采用压力枕测量棚腿和棚梁受荷，同时实测煤岩帮部及顶部表面变形，可以看出：煤岩表面产生较大变形而支架受荷不大，经分析是由于支架棚腿底部不实造成棚腿“内移”而引起的。采用锚杆固定棚腿后再布置测点 2、3 进行变形观测，结果如图 5-21 ~ 图 5-24 所示，可以看出煤岩表面变形不超过 150mm，比原支护煤岩表面变形值明显减小，煤岩变形趋于稳定。

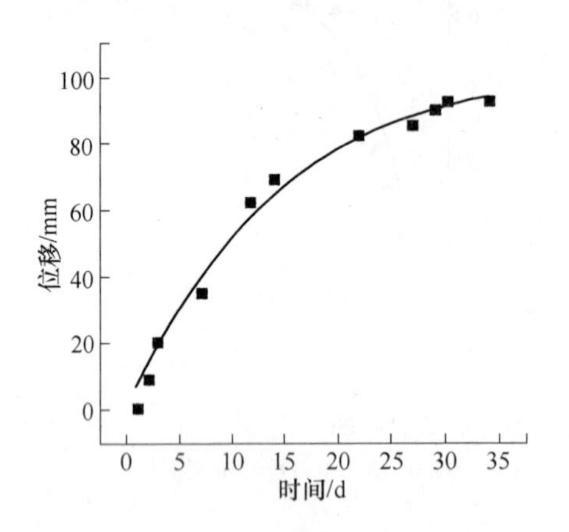

图 5-21　测点 2 巷道两帮表面变形随时间的变化
($A_1 = 104.0$，$B_1 = 0.09$)

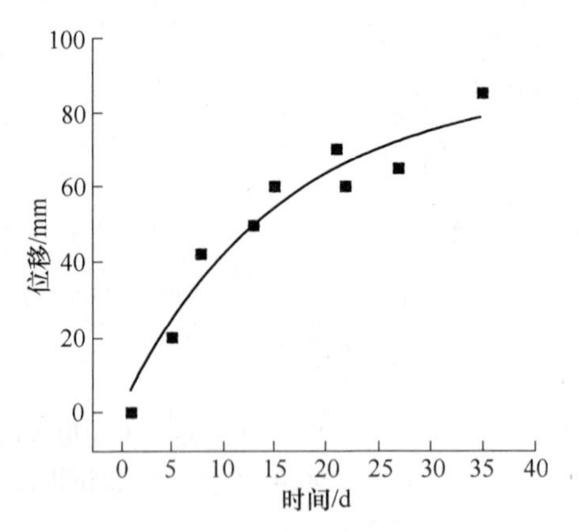

图 5-22　测点 2 巷道顶底表面变形随时间的变化
($A_1 = 99.0$，$B_1 = 0.09$)

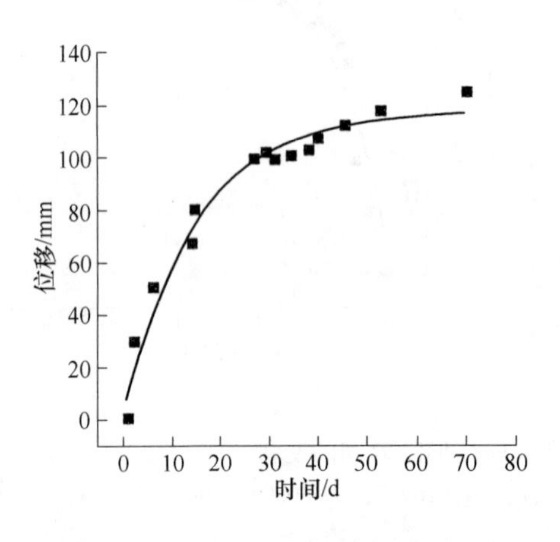

图 5-23　测点 3 巷道两帮表面变形随时间的变化
($A_1 = 150.0$，$B_1 = 0.09$)

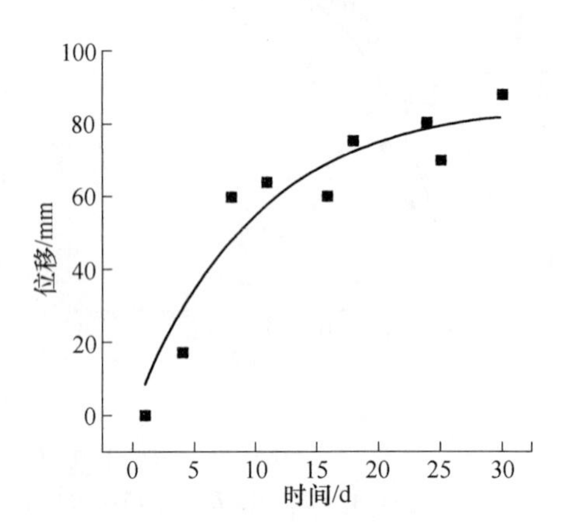

图 5-24　测点 3 巷道顶底表面变形随时间的变化
($A_1 = 120.0$，$B_1 = 0.09$)

5.6.3　锚喷支护现场使用

在皮带运输巷 J59 点附近，顶部及帮部煤岩都为砂质泥岩，砂质泥岩有一定的破碎，可以采用锚杆支护。现场布置测点 4 实测 U 形棚支护煤岩两帮及顶底变形随时间的变化如图 5-25、图 5-26 所示，实测 U 形棚支护煤岩表面变形并不明显，改用锚喷支护，锚杆采用普通螺纹钢锚杆，锚杆间排距为 550mm × 550mm，锚杆长度为 $L = 2200$mm，实测测点 5 巷道煤岩两帮及顶底表面变形随时间的变化如图 5-27、图 5-28 所示。

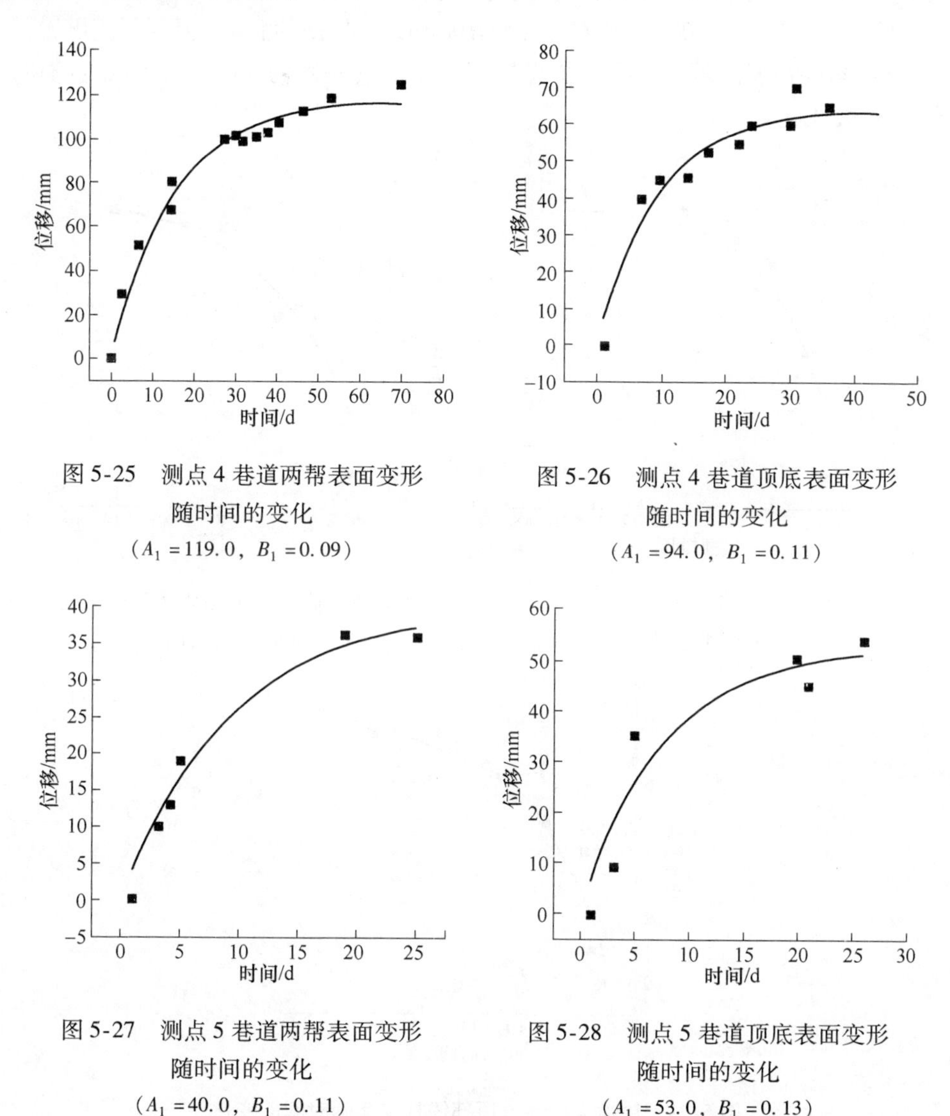

图 5-25　测点 4 巷道两帮表面变形随时间的变化
（$A_1 = 119.0$，$B_1 = 0.09$）

图 5-26　测点 4 巷道顶底表面变形随时间的变化
（$A_1 = 94.0$，$B_1 = 0.11$）

图 5-27　测点 5 巷道两帮表面变形随时间的变化
（$A_1 = 40.0$，$B_1 = 0.11$）

图 5-28　测点 5 巷道顶底表面变形随时间的变化
（$A_1 = 53.0$，$B_1 = 0.13$）

从图中可以看出，U 形棚支护以及锚喷支护煤岩两帮、顶底表面变形随时间的变化满足式（2-30）。和 U 形棚支护相比，锚喷支护巷道两帮及顶底表面变形明显减少。多点位移计实测结果表明，煤岩两帮变形基本相同，顶底变形主要是以顶板下沉为主。U 形棚帮部及顶部受荷如图 5-29、图 5-30 所示，从图中可以看出，支架特别是帮部支架承受了一定荷载；实测巷道顶部锚杆受荷如图 5-31

所示，从图中可以看出锚杆最大拉力达 90.0kN，锚杆已经承受较大载荷，锚杆受荷随时间增长速度衰减系数和煤岩表面变形增加速度衰减系数基本相同，说明锚杆始终随煤岩变形增大而协调增长。在现场采用如下方法取得了较为满意的效果：

（1）由于煤岩较为破碎，锚杆施工完毕后喷射一层薄的混凝土及时封闭煤岩。

（2）容许初喷混凝土开裂，待煤岩变形稳定（一般为 30d）后再次复喷以防止煤岩永久风化。

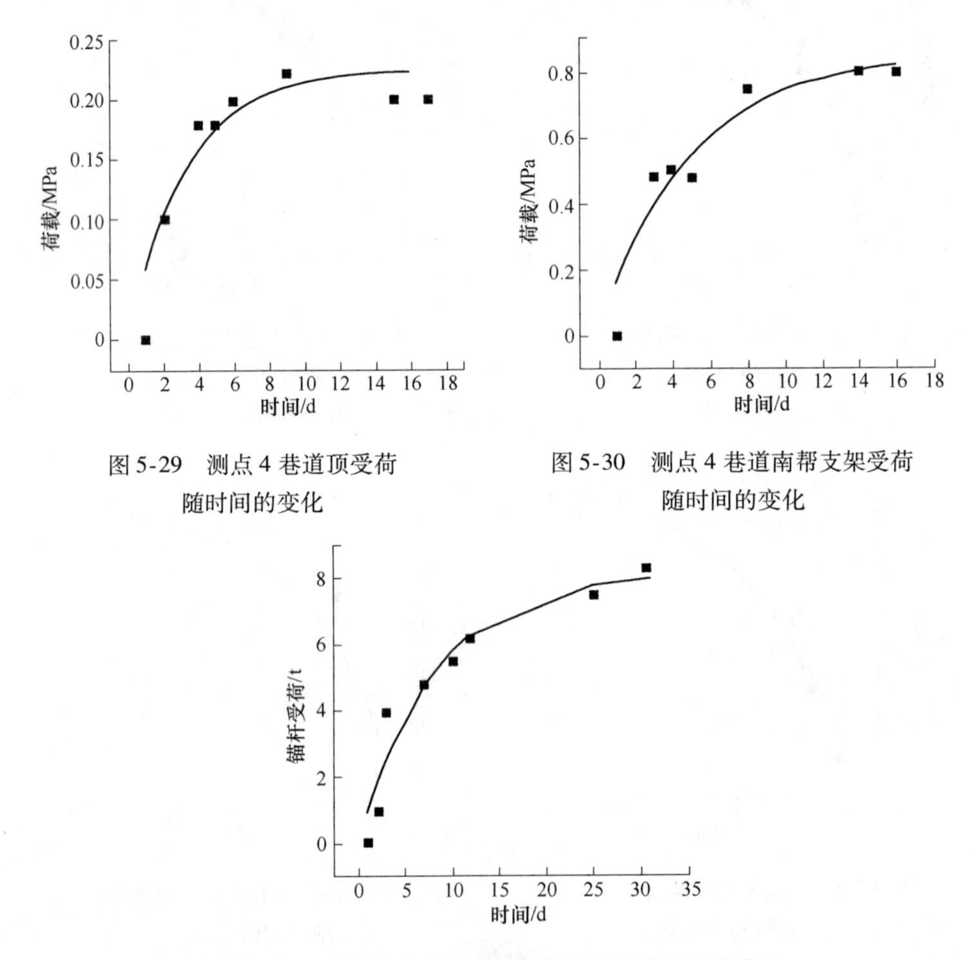

图 5-29　测点 4 巷道顶受荷随时间的变化

图 5-30　测点 4 巷道南帮支架受荷随时间的变化

图 5-31　锚喷支护巷道顶部锚杆受荷随时间的变化

5.6.4　水泥背帮设计

支架受荷达到极限承载力，水泥背帮强度应达到规定要求，否则水泥背板会折断。以 U 形棚支护为例，水泥背帮长度为棚间距，取棚间距 $a=500$mm，水泥背板所受荷载 260.0kN/m²，单位长度集中荷载取为 24.0kN/m。背帮厚度按设计

要求取 $d_0 = a/33 = 25.0\text{mm}$，取背板宽度 $W = 400\text{mm}$，混凝土选用 C20 强度等级，钢筋选用 I 级钢筋，混凝土强度 $\sigma_1 = 11.0\text{N/mm}^2$，钢筋强度 $\sigma_2 = 210\text{N/mm}^2$。

跨中弯距按下式计算：

$$M = \alpha_{mb} q l^2 \tag{5-5}$$

式中 M——弯矩设计值，N · m；

α_{mb}——连续梁考虑塑性内力重分布的弯矩系数，$\alpha_{mb} = \frac{1}{11}$；

q——水泥背板单位长度集中荷载，kN/m，$q = 24\text{kN/m}$。

由此计算可得：$M = 1400\text{N} \cdot \text{m}$。依据跨中弯距大小可以确定混凝土配筋面积为 $A_s = 148\text{m}^2$。配置直径 $\phi = 8\text{mm}$ 钢筋两根。

5.7 “适时”及“适地”帮部锚杆二次支护

轨道巷 S63 点东 3m 处巷道上帮为泥岩砂质，下帮为砂质泥岩及煤体，采用 U 形棚支护。实测表明：巷道上帮变形较小，两帮变形以下帮变形为主。如图 5-32所示，煤岩下帮变形有失稳倾向；及时将支护形式改为下帮施加锚杆 + U 形棚支护，同时对已掘巷道下帮补打锚杆进行及时二次支护，锚杆间排距 550mm × 550mm，锚杆长度为 2200mm。观测巷道下帮表面变形随时间的变化如图 5-33 所示，煤岩变形趋于稳定，巷道下帮锚杆受荷随时间的变化如图 5-34 所示，由于发现早，避免了“改棚”。为了对比分析帮部锚杆作用，对附近巷道帮部未加锚杆的 U 形棚支护煤岩表面变形进行继续观测，结果如图 5-35 所示。一次支护 25d 后巷道下帮产生二次蠕变，煤岩表面变形超过了容许值，煤岩变形确实产生了失稳，应对煤岩进行二次支护，最佳时段为煤岩变形 25d 左右。

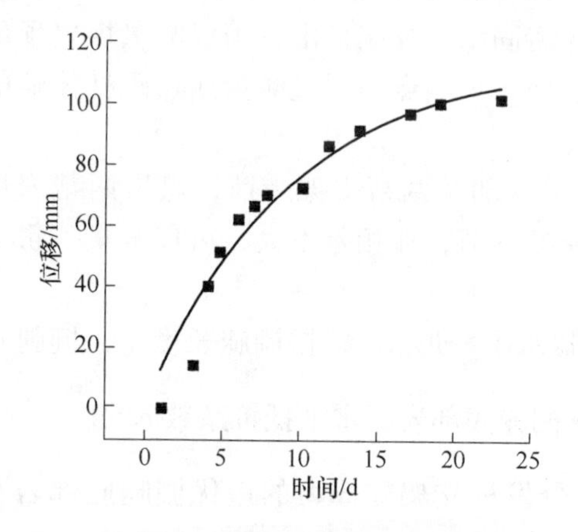

图 5-32 巷道下帮未加锚杆煤岩表面变形随时间的变化
($0 \sim 25\text{d}$)($A_1 = 115.0$，$B_1 = 0.11$)

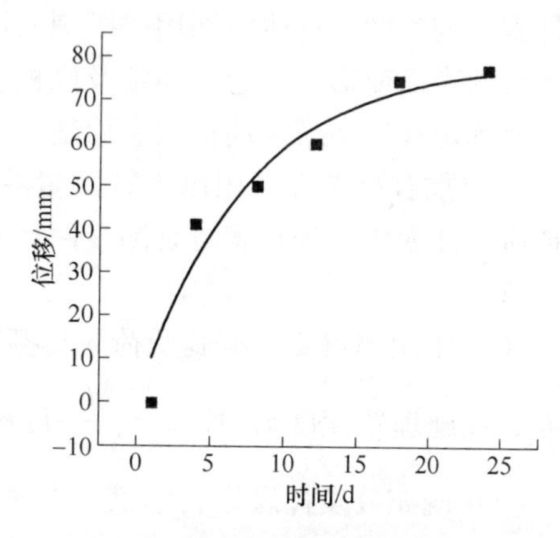

图 5-33 巷道下部加锚杆煤岩表面变形随时间的变化
($0 \sim 25\text{d}$)($A_1 = 99.0$，$B_1 = 0.14$)

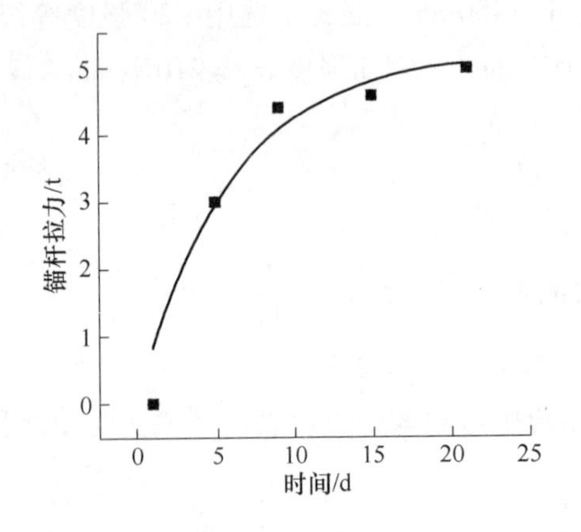

图 5-34　巷道下帮锚杆受荷随时间的变化
(0 ~ 80d)(A_4 = 5.2, B_4 = 0.16)

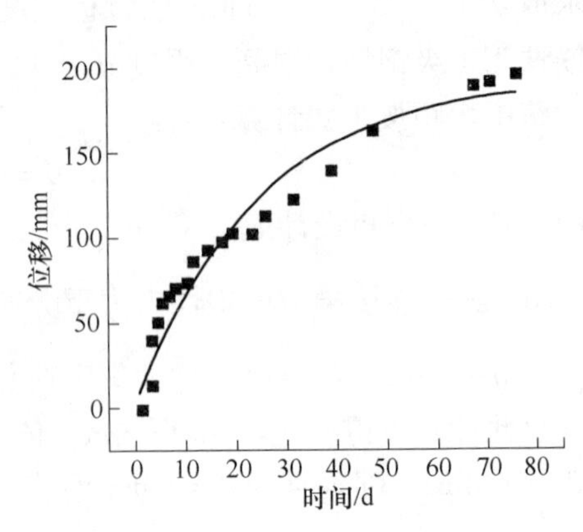

图 5-35　巷道下帮表面变形随时间的变化
(0 ~ 90d)(A_1 = 193.0, B_1 = 0.04)

5.8　新集三矿 -550m 运输巷合理支护形式选择及参数确定操作流程

针对新集三矿 -550m 运输巷的具体工程实际，推荐采用以下操作流程确定合理支护形式及参数：

(1) 选用 U 形棚支护，初步确定 U 形棚间距为 500mm。

(2) 要求棚腿底部见到实底并保持棚腿的埋置深度不小于 200mm。

(3) 观测煤岩顶底及两帮岩性并做好记录。

(4) 工程实测煤岩变形初期巷道两帮及顶底的相对变形。如果两帮或顶底岩性或地质条件相差较大时，应在煤岩顶部及北帮埋置深约 3500mm 的杆体，杆体外露一定长度，杆体内端用锚固剂与煤岩固结，外端自由，用以测量煤岩顶部及北帮的表面变形，在巷道南帮及底板表面布置测点并通过测量测点距杆体端部的距离确定煤岩南帮及底板的表面变形。

(5) 如有可能宜采用压力枕测量巷道顶部及两帮支架受荷，煤岩两帮岩性或地质条件变化较为显著时宜测量两帮支架受荷，如相差不大，可仅测量一帮支架受荷。

(6) 采用测得支架棚腿受荷 q 与棚腿水平变形 x，根据棚腿长度 l_2，棚腿宽度 b_0，棚腿埋置深度 z，按 $m=\frac{ql_2}{b_0xz^2}$ 计算棚腿底部岩石水平抵抗系数 m 值。

(7) 既充分发挥煤岩自承载力又充分发挥支架支撑力的最优棚腿底部岩石水平抵抗系数 m，可按 $m=\frac{ql_2}{b_0xz^2}$ 计算，式中支架受荷可按 q = 3.0MPa 计算，棚腿水平位移的容许值和岩性有关，可据 2.1.5 节有关规定确定。

（8）工程实测的棚腿底部岩石水平抵抗系数 m 和计算得出的最优棚腿底部岩石水平抵抗系数 $m_{优}$ 比较。如果 $m \leqslant m_{优}$，则必须增加棚腿底部煤岩对棚腿的约束，如果 $m \geqslant m_{优}$，则必须减弱棚腿底部煤岩对棚腿的约束。改变煤岩对棚腿约束可采用改变棚腿埋深、改变棚腿底部煤岩性质、锚杆固定棚腿以及给棚腿“穿鞋”等方法。

（9）采用测得的 U 形棚支架顶部受荷 q_0 与棚腿的下沉量 u，依据公式 $k=\dfrac{q_0}{u}$ 计算棚腿底部提供的垂直阻力系数。

（10）既充分发挥煤岩自承载力又充分发挥支架支撑作用的棚腿底部最优垂直阻力系数 $k_{优}$ 可依据式 $k_{优}=\dfrac{q_0}{u}$ 估算。式中支架顶部最大受荷可按 $q_0=3.0\text{MPa}$ 计算；棚腿容许下沉量根据岩性不同分别确定，可据 2.1.5 节有关规定确定。

（11）比较实际测得的棚腿底部岩石垂直阻力系数 k 和 $k_{优}$ 大小，如果 $k \geqslant k_{优}$，则必须减弱煤岩对棚腿的垂直约束，如果 $k \leqslant k_{优}$，则必须增加煤岩对棚腿的垂直约束。改变煤岩对棚腿约束的方法可采用改变棚腿底部煤岩性质以及给棚腿“穿鞋”的方法。

（12）连续 5d 观测煤岩变形初期巷道两帮、顶底的表面变形，依据不同岩性和表 5-2 对比判断煤岩稳定性。当煤岩由几种不同岩性岩石组成时，按主要岩性考虑。如果由于施工现场影响，前 5d 不能进行数据观测时，可以在煤岩变形前期 5～15d 范围内进行连续 5d 的数据观测，但不宜超过 15d，煤岩表面变形的容许值应以表 5-2 相邻时点容许值的差值示之。如果巷道两帮岩性基本相同，可以直接测量两帮表面相对变形并用测量值的一半作为每帮变形值，煤岩顶部和底板变形应分别测量。

（13）如果实测煤岩帮部表面变形值大于表 5-2 中容许值的 30%，在确认棚腿约束、支架可缩性满足要求及地质条件未发生显著变化的前提下，巷道帮部可采用锚杆 + U 形棚组合支护。

（14）如果实测巷道帮部表面变形小于表 5-2 中规定容许值的 30%，在确认棚腿约束、支架可缩性满足要求以及地质条件未发生显著变化的前提下，在新掘巷道可扩大 U 形棚距及在修复巷道选用梯形棚支护。

（15）巷道顶部岩石较为完整，宜选用锚喷支护。

（16）当煤岩岩性或地质条件变化较为明显时，应增设新的测点对巷道两帮及顶底变形进行观测并按以上步骤对煤岩的稳定性进行分析。

（17）底鼓较为严重时，可在帮部施工锚杆和两帮开挖卸压槽减少底鼓。

（18）应在巷道煤岩变形后期测量巷道两帮及顶底表面变形以便对煤岩稳定性进行验证，不同时段煤岩表面变形实测值不应超过表 5-3 中的容许值。

表 5-3　煤岩变形后期表面变形容许值

时段/d	25 ~ 30	30 ~ 35	35 ~ 40	40 ~ 45
变形/mm · d^{-1}	1.5	1.2	1.0	0.9

（19）巷道两帮如需开挖水沟时，最好与支护同时进行，如水沟后期施工，应采用锚杆固定开挖水沟侧的棚腿以防煤岩产生二次蠕变。

5.9　支护效果对比

根据地质条件的变化，新集三矿 -550m 水平新掘运输巷采用以 U 形棚支护为主、帮部锚杆 + U 形棚支护以及锚喷支护等形式；修复巷采用 U 形棚支护、U 形棚支护 + 帮部锚杆、梯形棚支护以及梯形棚 + 帮部锚杆等形式。为了验证采用新的支护形式后煤岩的变形稳定性，在煤岩变形后期（100 ~ 200d）测量不同地段煤岩表面变形及 U 形棚支架受荷随时间的变化，实测结果表明煤岩表面变形增长速率约为 0.1 ~ 0.3mm/d，支架受荷未超过极限承载力，基本保持了巷道煤岩变形稳定及支架稳定，支护形式及参数调整前后支护效果对比如图 5-36 所示。

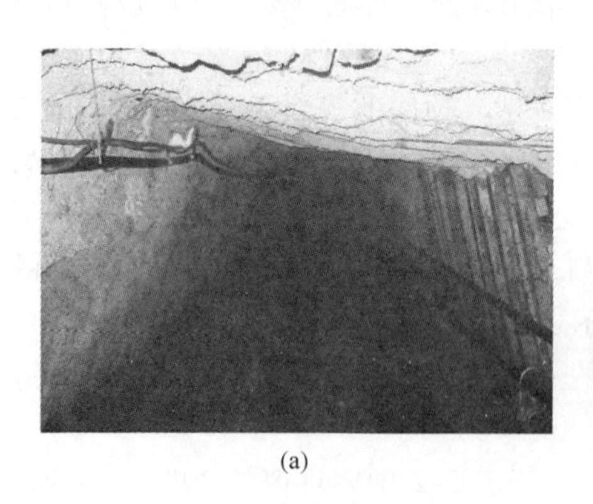

(a)

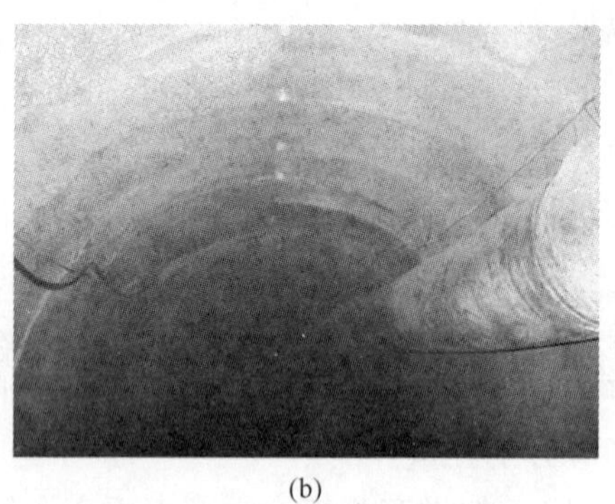

(b)

图 5-36　巷道支护调整前后现场支护效果对比

（a）调整前；（b）调整后

6　新集一矿厚煤层全煤巷道合理支护形式及参数选择

6.1　工程概况

新集一矿厚煤层普遍采用沿底掘进，埋深一般为500～550m，巷道两帮及顶部为煤，顶煤厚度约为3000～4000mm，巷道断面（宽度×高度）为4000mm×2800mm。原巷道支护形式为12号矿用工字钢梯形棚支护，棚距一般为500mm，支护效果不尽理想，存在问题具体表现为：

（1）梯形棚顶梁明显弯曲及扭转，巷道两帮围岩产生显著变形；

（2）梯形棚腿弯曲及扭转严重，巷道两帮围岩产生显著变形；

（3）局部地段巷道围岩两帮产生较大变形但棚梁和棚腿无显著变形；

（4）局部地段梯形棚梁和棚腿弯曲明显但巷道两帮围岩变形不显著；

（5）梯形棚间煤体变形较大，出现“鼓包”和“网兜”现象。

原巷道支护形式不尽合理，为选用合理支护形式及参数保持围岩表面变形不超过规定容许值且变形稳定后巷道断面满足使用要求、支架受荷达到极限承载力，必须对全煤巷道围岩变形特点、梯形棚支架容许承载力和全煤巷道变形保持稳定所需支护反力进行分析。

6.2　全煤巷道围岩变形特点

选取矩形巷道断面，断面尺寸为4000mm×2800mm，以安徽新集矿区新集一矿具体地质条件为参照，采用数值模拟方法分析全煤巷道变形特点，数值计算模型如图6-1所示，巷道两帮及顶板表层为煤，底板及直接顶为砂质泥岩，力学性能参数见表6-1。

表6-1　不同岩性力学性能参数

岩层	弹性模量 E/MPa	泊松比 λ	黏结力 c/MPa	内摩擦角 φ/(°)
煤	2.1×10^3	0.3	0.5	23
砂质泥岩	2.5×10^3	0.3	3.0	27
结构面			0.2	20

数值模拟得出的巷道顶板中部表面 A 点变形随原岩应力的变化如图6-2(a)所示，巷道两帮中部 B 点变形随原岩应力的变化如图6-2(b)所示，巷道底板表面 C 点变形随原岩应力的变化如图6-2(c)所示。

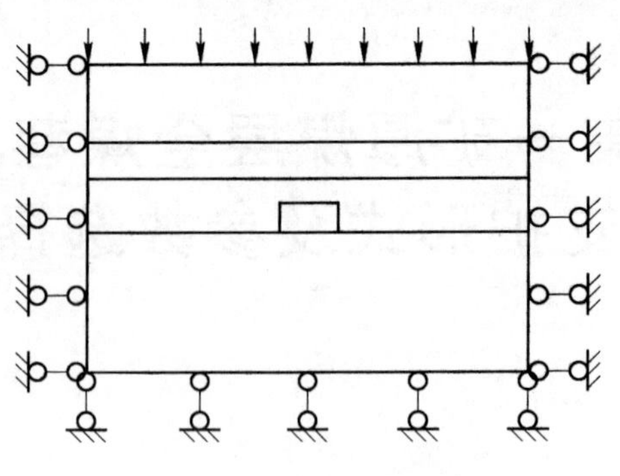

图 6-1　数值计算模型

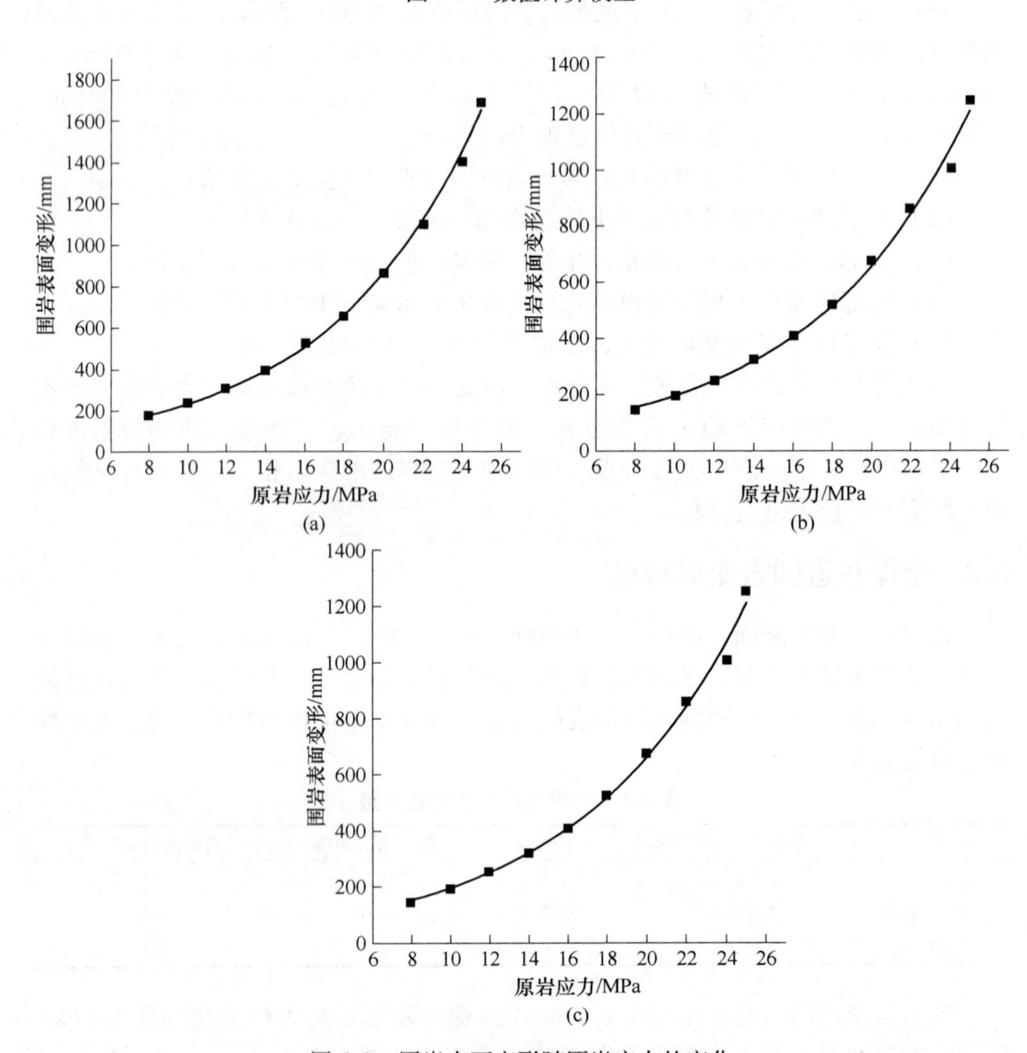

图 6-2　围岩表面变形随原岩应力的变化

（a）围岩顶板中部表面 A 点；（b）围岩两帮中部表面 B 点；（c）围岩底板中部表面 C 点

巷道顶板、两帮及底板中部围岩表面变形随原岩应力变化的回归方程可表示为：

$$u = 5 + 10p \tag{6-1}$$

$$u = 55 \times e^{p/8.0} \tag{6-2}$$

$$u = 65 \times e^{p/7.8} \tag{6-3}$$

式中 p——原岩应力，MPa；

u——围岩表面变形，mm。

图6-2(a)所示的巷道顶板中部表面 A 点的变形由两部分组成，一部分为顶板弹塑性变形，另一部分为顶煤和顶部砂质泥岩之间结构面分离，和两帮及底板塑性变形比较，直接顶塑性变形不明显。复合顶板离层数值模拟结果如图6-3所示，由图6-3可以看出，煤层和砂质泥岩层间产生了明显的层间离层。由式（6-1）~式(6-3）可知，巷道两帮和底板变形随原岩应力增大呈指数增长趋势；如图6-4所示，帮部围岩不同位置变形不同，中部变形最大，距顶板和底板一定距离处帮部围岩表面变形急剧变化。

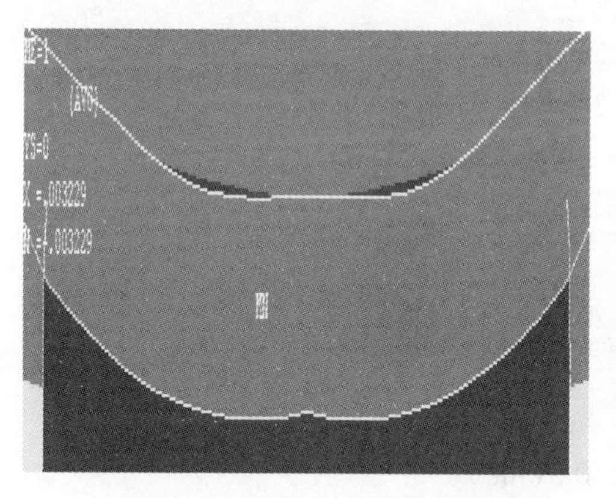

图6-3 全煤巷道复合顶板离层

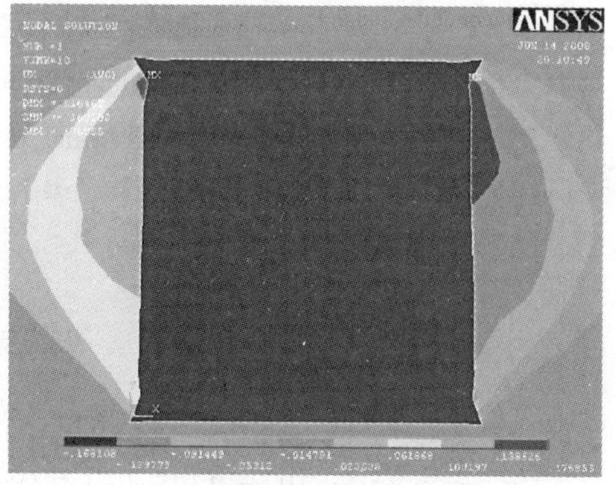

图6-4 全煤巷道围岩变形

6.3 梯形棚支架受荷及稳定性分析

本节以6.2节所提供的数据为依据，介绍梯形棚腿最大容许承载力、梯形棚梁最大容许承载力估算的计算方法。

6.3.1 梯形棚腿最大容许承载力估算

（1）按梯形棚腿容许最大弯曲变形计算。最大容许承载力可表示为：

$$q_{\max} = \frac{384EI_x[u]}{5l_2^4} \tag{6-4}$$

式中 l_2——棚腿长度，$l_2=3000$mm；

I_x——沿荷载作用平面即 x 方向惯性距，$I_x=867.1\times10^4$mm^4；

$[u]$——梯形棚最大容许变形，$[u]=20$mm；

E——弹性模量，取 $E=200$GPa；

q_{max}——梯形棚腿最大容许承载力。

经计算，$q_{max}=33.0$kN/m。

（2）按梯形棚腿最大容许应力计算。

$$q_{max}=q=\frac{16[\sigma]I_x}{l_2^2 h} \tag{6-5}$$

式中 $[\sigma]$——棚腿最大容许应力，$[\sigma]=235$MPa；

h——工字钢高度，取 $h=120$mm。

经计算，$q_{max}=30.0$kN/m。

（3）按梯形棚梁不产生压杆失稳确定棚腿容许荷载。

$$F_1=\frac{\pi^2 EI_y}{l_1^2} \tag{6-6}$$

式中 I_y——沿棚梁截面 y 方向惯性距，$I_y=178.2$cm^4；

l_1——棚梁长度，$l_1=3600$mm。

经计算，$F_1=270.0$kN。

梯形棚腿最大容许荷载应为：

$$q_{max}=\frac{2\times F_1}{l_2} \tag{6-7}$$

式中 l_2——棚腿长度，$l_2=3000$mm。

$F_1=270.0$kN，由此可得：$q_{max}=185.0$kN/m。

棚腿容许承受帮部压力约为0.06MPa。

6.3.2 梯形棚梁最大容许承载力估算

（1）按梯形棚梁容许最大变形计算。计算公式同式（6-4），棚梁长度 = 3600mm，梯形棚梁最大容许变形$[u]=20$mm，可得：$q_{max}=16.0$kN/m。

（2）按梯形棚梁最大容许应力计算。计算公式同式（6-5），可得：$q_{max}=21.0$kN/m。

（3）按梯形棚腿能承受最大轴力确定梯形棚梁最大容许荷载。计算公式同式（6-6），可得梯形棚腿能承受最大轴力为 $F_2=390.0$kN。

巷道围岩顶部作用于棚梁的荷载：$q_{max}=192.0$kN/m。

棚梁容许承载力可达0.04MPa。

6.4 全煤巷道梯形棚支护存在问题分析

6.4.1 梯形棚梁弯曲、扭转分析

（1）压杆失稳。数值模拟和工程实践表明，全煤巷道两帮侧压较大，受较大侧压作用的棚腿将力传递给棚梁，两端受水平荷载作用的棚梁易沿最小惯性距的截面产生压杆失稳。计算结果表明：棚腿所受帮部作用荷载超过 185.0kN/m 时棚梁产生压杆失稳，此时棚腿作用于巷道围岩两帮压力约为 0.3MPa。工程实践表明：新集一矿大部分全煤巷道棚腿作用于围岩两帮的压力超过 0.3MPa，存在棚梁压杆失稳现象。

（2）复合顶板层间离层造成梯形棚梁弯曲变形。复合顶板全煤巷道在煤和岩层的分层面上易发生层间离层，应按顶板发生离层后，梯形棚梁承受载荷计算棚梁弯曲变形。

煤和岩层结构面分离作用于棚梁的荷载为：

$$q = h_0 \times a \times \gamma_{煤} \tag{6-8}$$

式中 h_0——顶煤厚度，mm；

a——棚距，mm；

$\gamma_{煤}$——煤密度，kN/m^3。

取 $h_0 = 2000 \sim 3000mm$，$a = 500mm$，$\gamma_{煤} = 27.0kN/m^3$。计算可得：$q = 27.0 \sim 41.0kN/m$。

当作用于 12 号矿用工字钢棚梁的荷载 $q = 41.0kN/m$ 时，梯形棚梁产生的最大弯曲变形约为 50mm，棚梁已产生较大的弯曲变形。新集一矿全煤巷道部分地段梯形棚梁明显弯曲，从现场监测巷道表面变形结果可知，是由于复合顶板层间离层所致。梯形棚梁变形和跨度成正比，减少棚梁跨度有较为重要的实际意义，若巷道帮部围岩表面变形减少 200mm，棚梁跨度由 $l_1 = 3600mm$ 减少至 $l_1 = 3200mm$，棚梁跨中最大变形可以减小 63%。

6.4.2 梯形棚腿弯曲、扭转分析

（1）巷道围岩两帮显著变形，棚腿变形严重。现场实测表明：部分地段棚腿弯曲变形达到 100mm，帮部作用于棚腿荷载约为 165kN/m，棚腿作用于帮部支护反力约为 0.3MPa。工程实践中可见棚梁存在压杆失稳现象，说明棚腿提供的帮部支护反力应在 0.2 ~ 0.3MPa 之间。棚腿在产生严重弯曲和扭转的同时，帮部也产生了显著变形，说明帮部压力较大，棚腿提供的极限承载力为 0.06MPa，超过极限承载力后仍然不能控制围岩表面变形，提高支架极限承载力或采用组合支护保持帮部稳定尤为必要。

（2）巷道围岩两帮变形较大，棚腿变形不明显。工程实践表明：全煤巷道

局部地段，围岩帮部变形较大，但棚腿无明显变形，这并不是由于围岩两帮压力过大，而是由于棚腿底部约束不够，造成两帮围岩表面产生较大变形，棚腿受荷载作用并不大，棚腿弯曲不明显。增强棚腿底部约束，充分发挥支架支撑能力，可以有效控制围岩两帮变形。

（3）围岩两帮变形不明显，棚腿弯曲较明显。全煤巷道局部地段两帮围岩变形较小，但棚腿有可见弯曲，产生该现象的原因不是由于围岩两帮压力过大引起的，而是由于棚腿底部约束过大，围岩两帮产生较小变形，此时作用于支架上的荷载较大，围岩自承载能力未充分发挥，必须减小棚腿底部约束，容许围岩产生较大变形，减少作用于支架上的荷载。合理支护形式及支护参数确定应使围岩表面变形达到容许值的同时充分发挥围岩自承载力，支架受荷达到极限承载力。围岩两帮岩性为煤时，锚杆支护围岩表面容许变形量为200～300mm，梯形棚支架极限承载力一般在0.04～0.06MPa左右，锚杆支护极限承载力为0.2～0.3MPa。

6.5 围岩变形保持稳定支护反力确定

围岩表面变形和支护反力之间的关系可用式（4-20）示之，系数k_7，k_8，k_9和围岩性质、原岩应力等有关。工程实践中，由于地质条件的复杂性和多变性，采用理论分析和数值模拟难以较为“定量”确定式中系数。可以结合工程实测依据式（4-20）确定围岩变形保持稳定时所需支护反力。理论分析结合工程实测表明：岩性为煤时，采用金属支架支护时煤岩变形保持稳定时表面变形容许值可取为$u=200$mm，锚杆支护时煤岩变形保持稳定时表面变形容许值可取为$u=300$mm，此时煤岩二次蠕变速度衰减系数$B_2\approx0.04$。

6.6 新集一矿全煤巷道合理支护形式选择

新集一矿全煤巷道中顶煤厚度约为2000～3000mm，较为破碎。数值模拟结果和工程实测结果表明，全煤巷道顶板表面变形较小，主要表现为顶煤和上部岩层间的层间离层，采用预应力锚索支护可以有效防止层间分离，但本巷道顶煤松散破碎，施工锚索孔时极易塌孔而无法进行锚索安装，为保证安全起见，巷道顶板布置锚索同时采用梯形棚支护，即使锚索失效由梯形棚梁来承受离层煤体重量，确保不发生冒顶事故。围岩两帮变形显著，为保持帮部煤岩变形稳定，应提供给帮部煤岩较大支撑力，其值应在0.4MPa左右，12号矿用工字钢提供的支撑力一般在0.06MPa左右，显然，仅靠梯形棚支护即使支架产生明显弯曲也不能提供足够的支撑力保持煤岩稳定。对帮部煤岩采用锚杆支护的方法可以提供较大支护反力保持煤岩稳定，帮部选用锚杆和梯形棚组合支护较为合适。帮部支护反力由帮部锚杆和梯形棚腿共同提供，帮部锚杆减少了作用于梯形棚腿上的压力从而减小了作用于棚梁上的轴向荷载，使得棚腿弯曲变形明显减小，棚梁不会产生压杆失稳。

6.7　新集一矿全煤巷道合理支护参数确定

合理支护参数包括锚杆及锚索长度与密度、12 号矿用工字钢梯形棚距。锚杆和梯形棚共同支护应该保证巷道两帮围岩表面变形在容许范围内即 200～300mm，围岩帮部作用于棚腿上的荷载小于 0.06MPa 以保证棚腿不产生明显弯曲和棚梁不产生压杆失稳，锚杆及锚索受荷载作用不超过极限承载力。

6.7.1　梯形棚支护参数

（1）工字钢型号。巷道帮部施加锚杆后，棚梁产生压杆失稳的可能性很小，为增加梯形棚梁承受顶板离层后煤体的重量，将 12 号矿用工字钢棚梁改为 18 号普通工字钢，单位长度工字钢重量相差不大，但棚梁承受垂直方向的抗弯能力却显著增加。

（2）梯形棚距。为充分发挥梯形棚支撑能力，梯形棚距仍取 500mm。

6.7.2　锚杆支护参数确定

由式（4-20）可以确定围岩表面变形稳定时所需支护反力。梯形棚支架棚腿一般能提供 0.06MPa 的支护反力，锚杆支护应提供的支护反力为：

$$p_i' = p_i - 0.06 \tag{6-9}$$

根据围岩表面变形及锚杆支护应提供的支护反力确定锚杆长度和密度。

（1）锚杆长度。数值模拟表明：合理锚杆长度和煤岩巷道两帮煤体变形有关，当煤岩帮部煤体表面变形超过 300mm 时，锚杆长度宜取 $L = 2500 \sim 3000$mm，当煤岩帮部煤体表面变形小于 300mm 时，锚杆长度宜取 $L = 2000$mm 左右。

（2）锚杆间排距。取锚杆间排距相同。通过数值模拟可以确定煤岩变形保持稳定时锚杆的密度。锚杆种类一般选用高强螺纹钢锚杆，锚杆直径选用 ϕ20mm，锚杆锚固力应大于锚杆的拉断力，为了充分发挥锚杆的作用，可适当给锚杆提供一定预紧力。

6.7.3　锚索支护参数

（1）锚索直径与长度。锚索直径一般取 ϕ15.24mm，锚索长度应保证锚索穿过直接顶锚固到坚硬岩层中。

（2）锚索预紧力。应提供足够锚索预紧力保持结构面层间离层稳定，锚索预紧力一般应达到 100kN。

（3）锚索间排距。应能保证顶煤离层后锚索能悬吊顶煤重量，提供给结构面总预紧力使层间离层不超过规定容许值。

（4）锚固力。锚索锚固力不应小于锚索极限承载力，取锚固力 200kN，松散煤层中锚索不易锚固，锚固剂长度不宜小于 1.0m。

松散煤层中钻孔极易塌孔，特别是巷道顶部煤层更易冒落，为保证锚索顺利施工，在顶煤表层 1.0m 深度钻孔内安装套管，锚索由套管穿入。

6.8　211302 风巷合理支护形式及参数确定

6.8.1　工程概况

新集一矿 211302 风巷位于 13－1 煤层中，本区内煤层厚度总体较稳定，煤层厚度 5.40～7.60m，平均为 6.33m，局部受断造影响，煤层厚度和倾角变化较大。

直接顶：泥岩或砂质泥岩，厚度 3000～6000mm，平均 4000mm。

直接底：砂质泥岩，块状，性脆，裂隙发育，含大量植物根化石碎片及菱铁颗粒，较稳定。泥岩块状，厚度 4.30～4.56m，平均厚度为 4.43m。

巷道断面为矩形，断面尺寸为 4000mm×2800mm（宽度×高度），巷道沿煤层底板掘进，顶部留有顶煤。巷道原采用 12 号矿用工字钢梯形棚支护，棚距＝500mm。

6.8.2　合理支护形式选择

针对新集一矿 211302 风巷具体地质条件，确定合理支护形式和参数。

数值模拟结果表明：原梯形棚支护巷道顶板表面变形较小，顶煤和直接顶结构面间易产生层间离层；巷道帮部表面变形显著，u＝400～500mm，底鼓严重。

为了验证分析的正确性，现场布点对梯形棚支护巷道两帮及顶底表面变形进行了实测。现场实测结果表明：巷道大部分地段帮部确实产生了较大变形，巷道顶部结构面也产生了不稳定层间离层，有较为严重底鼓。通过现场观测可以看出：采用 12 号矿用工字钢，棚距为 500mm 时棚腿承受了较大的帮部压力，棚梁承受了较大荷载。为保证顶煤与复合顶板结构面分离的稳定性，巷道顶部宜选择梯形棚梁和锚索共同支护；巷道帮部压力较大，原梯形棚距 500mm 已经较小，不宜再通过缩小棚距来增加对围岩的支撑力，帮部宜采用锚杆＋梯形棚联合支护形式，锚杆起主要支撑作用。

6.8.3　合理支护参数确定

6.8.3.1　梯形棚支护参数确定

（1）棚距：棚距仍选用 500mm。

（2）棚梁工字钢型号：

1）棚梁受载计算。按层间离层荷载进行校核：全煤巷道顶板煤层厚度为3000mm，作用于顶梁的荷载按式（6-8）计算，应为 $q=41.0$kN/m。按压杆失稳进行校核：帮部采用锚杆支护时，棚腿受荷载作用应在0.06MPa左右，作用于棚梁上的轴向荷载为75.0kN。

2）棚梁工字钢型号。棚梁一般采用12号矿用工字钢，依据式（6-4），梯形棚梁产生的最大弯曲 $u=50.0$mm，此时棚梁已产生较大的弯曲变形。依据式（6-6），棚梁发生压杆失稳时最大轴向压力为270.0kN，帮部施加锚杆作用后棚腿作用于棚梁上的压力不会使棚梁产生压杆失稳。棚梁采用18号普通工字钢，帮部施加锚杆可使棚梁轴向压力显著减小，不易产生压杆失稳，18号普通工字钢和12号矿用工字钢比较，单位长度重量相差不大，抵抗压杆失稳能力有所降低，但棚梁抵抗由于层间荷载作用而弯曲的能力却增加较大，由于帮部施加锚杆后作用于棚梁的轴向压力较小，当顶部层间荷载较大时宜选用18号普通工字钢。18号普通工字钢和12号矿用工字钢有关参数对比如表6-2所示。

表6-2 18号普通工字钢和12号矿用工字钢有关参数对比

工字钢型号	理论质量/kg · m^{-1}	$x-x$ 转动惯性矩 I_x/cm^4	$y-y$ 转动惯性矩 I_y/cm^4
18号普通工字钢	24.1	1660.0	122.0
12号矿用工字钢	31.2	867.1	178.2

按式（6-4）计算18号普通工字钢能承受的最大轴力为198.0kN，不易产生压杆失稳，按式（6-6）计算，18号普通工字钢承受层间离层荷载作用时顶梁中部最大弯曲变形为25.0mm，变形程度明显减小。选用18号普通工字钢棚梁应比12号矿用工字钢有明显的优越性。

（3）棚腿工字钢型号。仍选用12号矿用工字钢。

6.8.3.2 锚杆支护参数确定

（1）锚杆种类及直径：选用 ϕ20mm 的全螺纹钢高强锚杆。

（2）锚杆长度。工程实测表明，巷道帮部表面最大变形可达350mm，数值模拟分析锚杆长度宜取 $L=2500\sim3000$mm。

（3）锚杆密度。从原有的梯形棚支护效果可以看出，巷道帮部表面变形为320mm时，棚腿提供的支护反力约为0.15MPa，为控制巷道帮部围岩表面变形为200mm，必须增加对巷道帮部的支护反力，围岩表面变形和支护反力之间的关系可用式（4-20）表示。结合数值模拟分析，可得该巷道工程地质条件下，$u_1=190.0$，$c_1=210.0$，$t_1=0.15$，即巷道帮部表面变形随支护反力的变化可表示为：

$$u=190+210e^{-p_i/0.15} \tag{6-10}$$

从式中可以看出，无支护反力作用时，巷道帮部围岩表面变形 $u \approx 400$mm，即使 $p_i \to \infty$，巷道帮部表面变形也近于 200mm，当 $p_i > 0.3$MPa 时，巷道表面变形随支护反力几乎不变，仅采用梯形棚或其他金属支架提供外力支护较难保持围岩的稳定性。

巷道帮部施工锚杆时，锚杆作为主动支护，该巷道煤岩条件下表面变形随锚杆密度的变化可表示为：

$$u = 130 + 270e^{-m/2.5} \tag{6-11}$$

式中　m——锚杆密度，根/m²。

围岩表面变形容许值 $u = 200$mm，锚杆支护围岩容许变形时还可适当增大，依据式（6-11）可得锚杆密度 $m \approx 3.0$ 根/m²。

（4）锚杆间排距。由 $m \approx 3.0$ 根/m²，考虑到棚腿承载不超过 0.06MPa，可取锚杆间距 $a = 650$mm。考虑到施工方便，锚杆排距 $b = 500$mm。

（5）锚杆布置。数值模拟和工程实际表明，巷道两帮中部围岩表面变形最大，顶角和底角处变形最小，锚杆应尽量布置在巷道两帮中间，但巷道顶角和底角处应变较大，围岩产生较小的变形即破碎，为控制围岩破碎，便于锚网固定，在顶角和底角处宜布置锚杆。锚杆布置形式为：沿巷道围岩两帮中心对称各布置 1 根锚杆，在巷道顶角和底角各布置锚杆 1 根，肩窝和腿窝的锚杆应向上和向下倾斜 15°左右。

（6）锚杆预紧力。单根高强螺纹钢锚杆极限承载力为：

$$F_3 = \frac{\pi}{4} d^2 [\sigma] \tag{6-12}$$

式中　d——锚杆直径，$d = 20$mm；

$[\sigma]$——高强螺纹钢的极限抗拉强度，$[\sigma] = 400$MPa。

计算可得：$F_3 = 126.0$kN。

高强螺纹钢锚杆极限伸缩量为：

$$\Delta L = \frac{[\sigma]}{E} \times L \tag{6-13}$$

式中　L——锚杆长度，$L = 2500$mm；

ΔL——锚杆极限伸缩量，mm。

计算可得：$\Delta L = 500$mm。

巷道帮部表面变形控制在 200mm 时单根锚杆提供的承载力为：

$$F_3' = \frac{1}{4} \times 3.14 \times d^2 \times E \times \varepsilon \tag{6-14}$$

式中　ε——锚杆的应变，$\varepsilon = 0.08$。

计算可得：$F_3 = 50.0$kN。

计算可知，锚杆极限变形大于围岩表面容许变形 200mm，锚杆提供的承载力小于锚杆极限承载力，锚杆极限承载力和可伸缩量都未充分发挥，为了充分发挥锚杆的支护作用，锚杆应有一定的预应力以保持围岩稳定性。取锚杆预紧力为50.0kN，锚杆预紧力增加可使围岩帮部表面变形进一步减小。

（7）锚杆锚固力。锚杆必须具有足够锚固力才能保证锚杆受拉后不产生移动，锚杆锚固力必须大于锚杆极限承载力，锚杆锚固力可取为150.0kN。

（8）钢带设计。锚杆之间围岩是支护薄弱区域，锚杆对两锚杆间围岩表面变形的控制主要通过钢带实现，钢带将近似集中荷载的锚杆作用力转化为作用于围岩表面的均布荷载，使围岩受荷载作用更加均匀；若干根锚杆共用钢带使它们相互联系，构成一个整体支护结构，增强整体支护能力。为控制钢带变形，钢带必须具有一定刚度，其转动惯性矩可表示为：

$$I = \frac{385Eqf}{5a^4} \tag{6-15}$$

式中 a——锚杆间距，$a = 650\text{mm}$；

E——钢带弹性模量，$E = 200\text{GPa}$；

f——钢带挠度，$f = 30\text{mm}$；

q——围岩作用于钢带的压力，$q = p_1/a = 86\text{kN/m}$。

计算可得：钢带转动惯性矩 $I = 5 \times 10^8\text{cm}^4$。

工程中经常使用H型钢带，钢带直径可表示为：$d = \left(\frac{32I}{\pi}\right)^{\frac{1}{4}}$。为保证钢带变形不超过20mm，钢带直径应选为 $d' = 26\text{mm}$。工程中经常使用的钢带直径为 $\phi 12\text{mm}$，需采用双层钢带。

（9）托盘。由于帮部压力较大，托盘附近岩体可能被压碎，造成托盘松动，锚杆起不到控制围岩变形的作用，托盘选用200mm×200mm×30mm（长×宽×高）的钢板，锚杆施工完毕后，应及时检查并对锚杆补加预紧力。

6.8.3.3 锚索支护参数确定

由于顶煤较厚，利用锚索提供预紧力是最佳选择，但在松散破碎煤层表面一定范围内，锚索孔极易发生塌孔，导致锚索难以穿透，在锚索孔孔口2.0~2.5m的范围内布置导管可以有效解决这个问题，保证锚索施工便捷。但煤体较为松散，承载力不够，锚索施加预紧力后很难采用托盘固定；梯形棚梁固定锚索可以有效地将锚索传递的作用力均匀地分配到结构面上并将锚索固定住；帮部布置锚杆后棚腿受载明显减小。用钢带连接托梁。

（1）锚索直径与长度。锚索直径取 $\phi 15.24\text{mm}$，合理锚索长度应使锚索锚固到直接顶泥岩或泥质砂岩中，顶煤厚度一般为3.5m，直接顶厚度一般为4.0m，一般情况下锚索长度取7.3m。

（2）锚索预紧力。锚索预紧力取为100.0kN。

（3）锚索间排距。巷道顶板中间布置1根锚索，距巷道中心1000mm对称布置两根锚索。相邻两排锚索间距1500mm，即每隔3架梯形棚布置1排锚索。

（4）锚固力。锚索锚固力取200.0kN，锚固剂长度取1.0m。

根据分析结果，应选择的合理组合支护形式如图6-5所示，相应支护参数如表6-3所示。

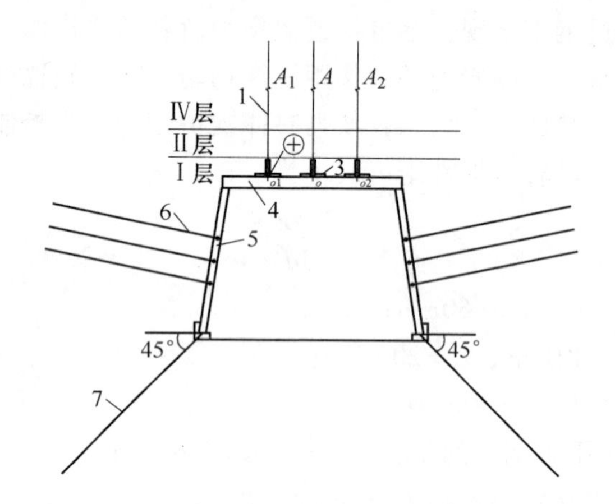

图6-5　调整后全煤巷道支护装置

表6-3　全煤巷道支护参数

左旋无纵筋帮部锚杆			左旋无纵筋底角锚杆			顶板锚索		
长度/mm	间排距/mm×mm	直径/mm	长度/mm	水平倾角/(°)	直径/mm	长度/mm	间排距/mm×mm	直径/mm
3000	400×500	22	3500	45	22	9300	1000×500	15.23

W形钢带			锚索穿孔导管		锚索固定托梁		支撑托梁的棚腿	
材质	宽度/mm	厚度/mm	长度/mm	型号	间距/mm	型号	间距/mm	型号
Q235	500	5.0	2000~2500	1寸钢管	500	18号普通工字钢	500	12号矿用工字钢

6.8.3.4　组合支护现场使用效果

现场观测围岩表面变形情况，布点测量巷道两帮及顶底表面变形随时间的变化，分析围岩变形稳定性。在现场试验段，共布置6个测点，测量巷道每测点处两帮及顶底表面变形随时间的变化。

围岩两帮表面变形随时间的变化如果用式（2-30）表示，测点两帮表面变形随时间的变化分别如图6-6~图6-11所示。

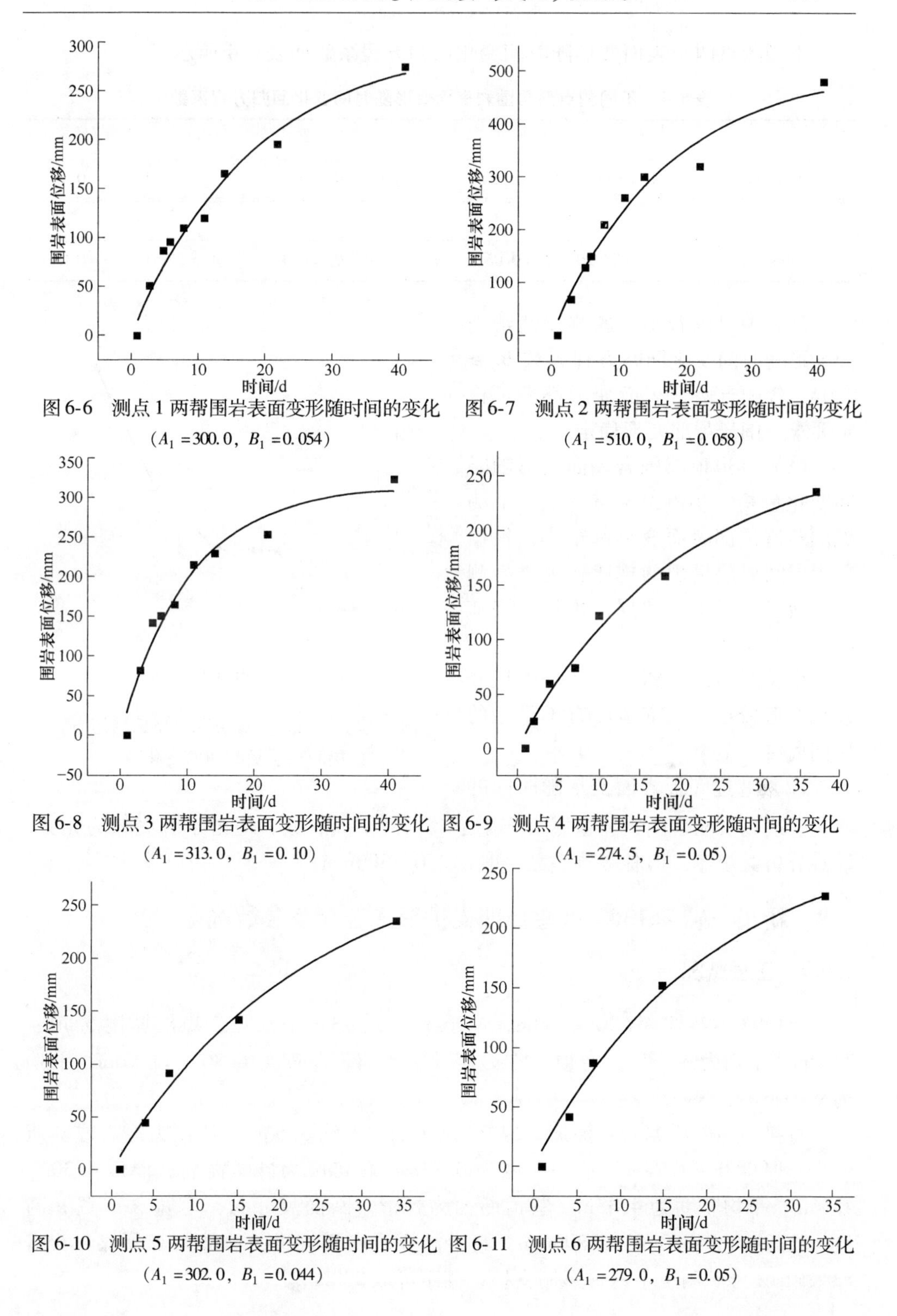

图 6-6 测点 1 两帮围岩表面变形随时间的变化
（A_1 = 300.0，B_1 = 0.054）

图 6-7 测点 2 两帮围岩表面变形随时间的变化
（A_1 = 510.0，B_1 = 0.058）

图 6-8 测点 3 两帮围岩表面变形随时间的变化
（A_1 = 313.0，B_1 = 0.10）

图 6-9 测点 4 两帮围岩表面变形随时间的变化
（A_1 = 274.5，B_1 = 0.05）

图 6-10 测点 5 两帮围岩表面变形随时间的变化
（A_1 = 302.0，B_1 = 0.044）

图 6-11 测点 6 两帮围岩表面变形随时间的变化
（A_1 = 279.0，B_1 = 0.05）

不同测点两帮表面变形随时间变化回归方程系数如表6-4所示。

表6-4　不同测点两帮围岩表面变形随时间变化回归方程系数

测点	1	2	3
回归系数	$A_1=300.0$，$B_1=0.054$	$A_1=510.0$，$B_1=0.058$	$A_1=313.0$，$B_1=0.10$
测点	4	5	6
回归系数	$A_1=279.0$，$B_1=0.05$	$A_1=302.0$，$B_1=0.044$	$A_1=279.0$，$B_1=0.05$

从表中可以看出，各测点两帮表面变形随时间变化回归方程系数 $B_2 \geqslant 0.04$，各测点两帮表面变形都满足稳定要求，围岩帮部变形稳定。

(1) 巷道顶部围岩表面变形随时间变化分析。实测结果表明，6个测点的巷道顶部表面变形都很小，根据顶板层间离层呈现的规律，第3号测点顶板发生了层间离层，顶板离层随时间的变化如图6-12所示，呈现为随时间增长的不稳定离层。211302风巷顶板变形较小，局部地段有不稳定的层间离层。

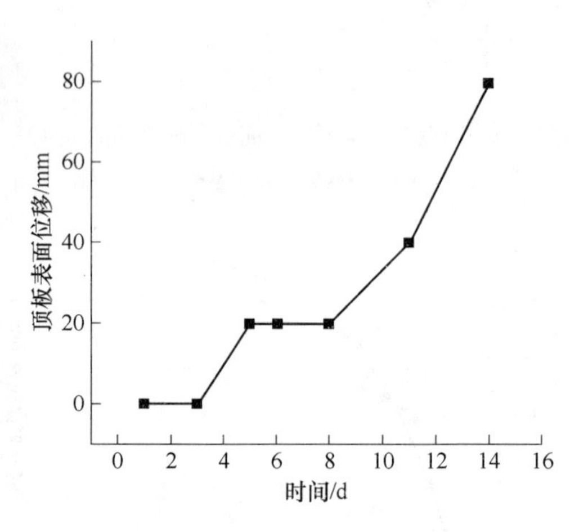

图6-12　测点3顶煤与复合顶板结构面层间离层随时间的变化

(2) 巷道底板表面变形随时间的变化。现场实测表明，巷道底板产生了较为严重的底鼓，但由于卧底较为频繁，较难分析其规律，但各测点底鼓一般在250~300mm。

6.9　新集一矿261302风巷合理支护形式选择及参数确定

6.9.1　工程概况

261302风巷埋深500~550m，位于13-1及13-1下煤层，煤层厚度5.40~7.60m，平均为6.33m，老顶为细砂岩、中砂岩，厚度为6.86~11.96m，平均为9.41m。

直接顶为砂质泥岩，泥岩，厚0~7.32m，平均3.66m。伪顶为泥岩或碳质泥岩，厚度0~1.74m，平均厚度为0.87m。直接底为砂质泥岩，厚度4.30~4.56m，平均厚度为4.43m。巷道断面为梯形，断面尺寸为：上宽×下宽×高度=3200mm×4000mm×2800mm，巷道沿煤层底板掘进，顶部留有顶煤。巷道原采用12号矿用工字钢梯形棚支护，棚距可取500mm。

6.9.2 原巷道支护效果

与 211302 风巷比较，261302 风巷梯形棚梁弯曲扭转更为严重。棚腿弯曲，两帮变形更为显著，巷道底鼓普遍存在。巷道多次返修，难以保证稳定。布置 2 个测点（测点 7、8）测量随时间变化的围岩两帮表面变形及顶底表面变形，假设围岩表面变形随时间变化满足式（2-30），测量的早期围岩两帮及顶底表面变形随时间变化的典型形式如图 6-13 ~ 图 6-14 所示，由围岩早期两帮表面变形可以推断 261302 回风巷围岩两帮表面变形可达 500mm，超过了规定容许值，围岩二次蠕变速度衰减系数 $B_2 \leqslant 0.04$，围岩有失稳趋势。

宜采用梯形棚 + 锚杆及锚索的支护方式并确定合理支护参数保持围岩变形稳定性。

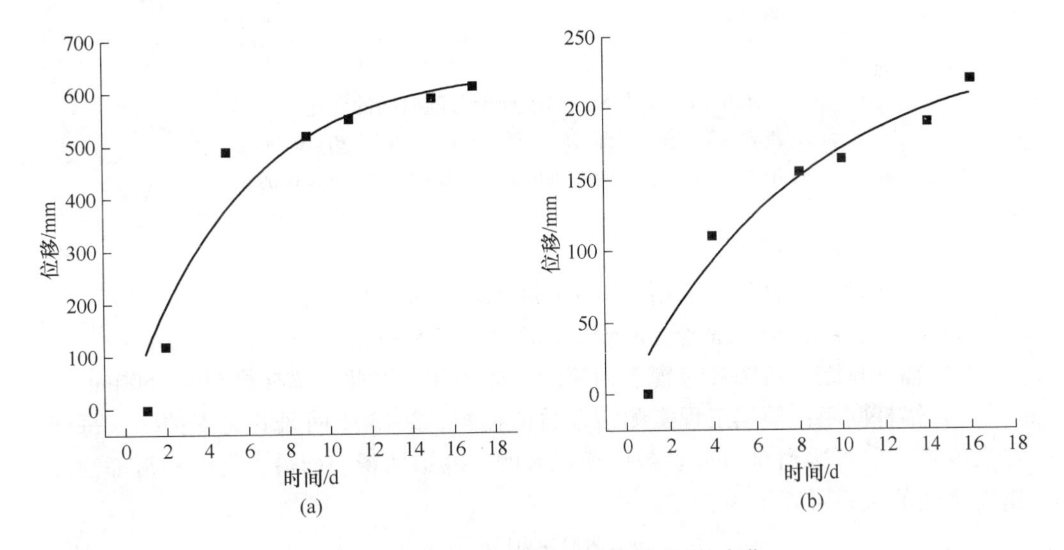

图 6-13 测点 7 围岩表面变形随时间的变化

（a）围岩两帮表面变形随时间的变化（A_1 = 648.0，B_1 = 0.18）；

（b）围岩底板表面变形随时间的变化（A_1 = 247.0，B_1 = 0.12）

6.9.3 合理支护形式确定

合理支护形式：选用梯形棚 + 锚杆及锚索支护形式。

6.9.4 合理支护参数

（1）梯形棚参数：

1）梯形棚型号：棚腿采用 12 号矿用工字钢；棚梁 18 号普通工字钢。

2）棚距：500mm。

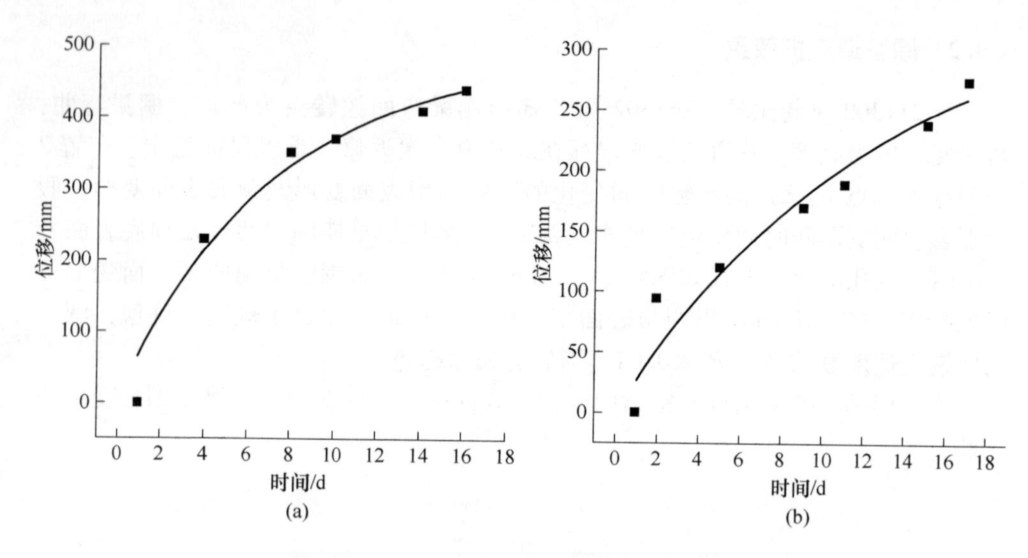

图 6-14　测点 8 围岩表面变形随时间的变化

（a）围岩两帮表面变形随时间的变化（$A_1=700.0$，$B_1=0.14$）；

（b）围岩底板表面变形随时间的变化（$A_1=355.0$，$B_1=0.08$）

（2）帮部锚杆支护参数：

1）锚杆种类及直径：选用 ϕ20mm 的全螺纹钢高强锚杆。

2）锚杆长度：由于围岩变形较大，取 $L=2500$mm。

3）锚杆排距：将锚杆布置于相邻两架棚中间，因此，锚杆排距 $b=500$mm。

4）锚杆间距：根据工程实测结合数值模拟，261302 回风巷无支护时，每帮最大变形一般可达到 600mm。数值模拟表明，巷道两帮表面最大变形和帮部锚杆密度之间的关系可表示为：

$$u=200+400\mathrm{e}^{-m/3} \tag{6-16}$$

取 $u=250.0$mm，可得 $m=4.4$ 根/m^2。

锚杆间距和锚杆密度及排距的关系为：

$$a=\frac{1}{mb}A \tag{6-17}$$

由此可得，$a=450.0$mm。

5）锚杆布置：在每相邻两架梯形棚之间布置一排锚杆，取锚杆排距 $b=500$mm，每排布置 6 根锚杆，其中肩窝、腿窝各 1 根，应分别向上和向下倾斜 15°左右，其余 4 根锚杆沿每帮中心线对称布置，间距为 450mm。

6）锚杆预紧力：50kN。

7）钢带：ϕ12mm 的 H 型钢带双层。

8）锚固力：不小于 10kN。

9）托盘使用长 × 宽 × 高为 200mm × 200mm × 30mm 的钢板。

（3）顶部锚索支护参数：

1）锚索直径与长度：取锚索直径 ϕ15.24mm，取合理锚索长度保证锚索锚固到老顶中，一般取 7.3m。

2）锚索预紧力：锚索预紧力取为 100kN。

3）锚索间排距：巷道顶板中部布置 1 根锚索，距巷道中心 800mm 对称布置两根锚索。相邻两排锚索间距 1500mm，即每隔 3 架梯形棚布置 1 排锚索。

4）锚固力：取锚索锚固力为 200kN，锚固剂长度为 1.0m。

支护调整后，巷道围岩变形稳定，支架受荷正常，达到了预期效果。

7　口孜东矿 11 煤顶板离层临界值确定及合理支护选择

7.1　工程概况

口孜东矿 11 煤顶板为复合顶板，煤层埋深 900m 以上，属于典型深部开采复合顶板，必须合理确定顶板塑性离层和层间离层临界值，以便及时对顶板离层稳定性进行判别，确保施工安全。由于原岩应力、复合顶板岩性、巷道断面宽度及复合顶板结构面特性等对层间离层及其临界值产生影响，工程中煤层顶板地质条件、顶板岩性及厚度将产生变化，离层临界值应根据地质条件变化综合确定。中央（11-2）采区行人上山为中央（11-2）采区提供行人、通风作用，巷道位于松散破碎 11-2 煤层中，巷道断面见图 7-1。本项目以典型的口孜东矿 11-2 煤行人上山为例，数值模拟分析该巷道复合顶板结构面分离及层间离层、不同锚杆（索）支护参数与层间分离及离层的关系，现场实测结构面离层并将其区分为层间离层和塑性离层；在此基础上，考虑巷道断面、顶板岩性、顶板厚度、顶板组成等对层间离层及其临界值影响，确定巷道复合顶板离层临界值。

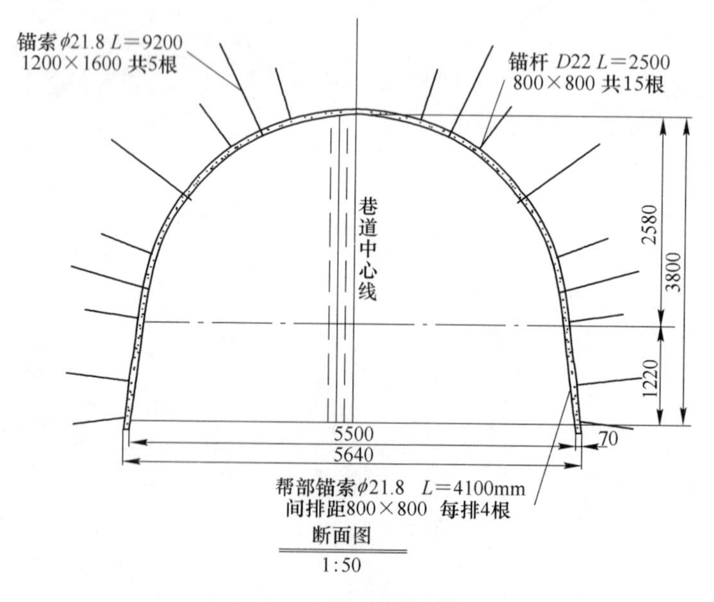

图 7-1　巷道断面及支护图

7.2　巷道支护

巷道掘进正常条件下采用锚网索喷联合支护方式，即采用锚杆、锚网、锚索支护方式。锚网索喷联合支护后如顶板离层超过临界值则进行托棚支护，托棚滞后迎头不超过100m。

（1）锚杆支护参数。采用MG5OO新型锚杆，规格为ϕ型锚杆，锚杆间排距800mm，扭矩260N·m以上。锚杆抗拔力为岩巷120kN/根，煤巷顶部120kN/根，帮部80kN/根。锚杆托板采用长×宽=150×150mm，厚度12mm钢板加工。

（2）锚索支护参数。采用ϕ15.23mm锚索，钢绞线加工，锚索预应力不小于160kN/根。锚索托板采用厚14mm钢板加工，采用大小两块托板叠加，大托板规格为长×宽=300mm×300mm，厚14mm，小托板规格为长×宽=150mm×150mm，厚度14mm。断面拱基线以上采用9200mm长锚索，间排距为800mm；帮部拱基线以下采用4100mm长锚索，间排距为800mm。

7.3　顶板地质条件

该巷道在掘进过程中将依次揭露：细砂岩，岩层厚度为5.96m；11-2煤，岩层厚度为2.42m；泥岩，岩层厚度为2.31m；煤线，厚度为0.4m；细砂岩，岩层厚度为0.69m；砂质泥岩，岩层厚度为3.69m；11-2煤，岩层厚度为2.42m；砂质泥岩，岩层厚度为3.82m；细砂岩，岩层厚度为0.77m；砂质泥岩，岩层厚度为1.0m；煤线，厚度为0.43m，砂质泥岩，岩层厚度为3.5m；11-1煤，厚度为0.82m；砂质泥岩，岩层厚度为4.44m；泥质砂岩，岩层厚度为1.79m；细砂岩，岩层厚度为3.96m；炭质泥岩，岩层厚度为0.24m；砂质泥岩，岩层厚度为1.11m；煤线，厚度为0.40m；砂质泥岩，岩层厚度为5.80m；泥岩，岩层厚度为6.04m；砂质泥岩，岩层厚度为6.09m；炭质泥岩，岩层厚度为0.60m；砂质泥岩，岩层厚度为1.64m；炭质泥岩，岩层厚度为0.44m；煤线，厚度为0.30m。巷道拨门后沿11-2煤顶板掘进，根据地质柱状图，巷道顶板10.0m范围内依次为泥岩、中砂岩及粉砂岩。拨门掘进一段距离后，巷道布置于煤层顶板之中，巷道地板沿煤层掘进，巷道顶板岩性依次为：中砂岩、粉砂岩、炭质泥岩、粉砂岩、炭质泥岩以及粉砂岩。地质柱状图为一般地质条件下地层地质分布，具体煤层顶板地层地质条件应结合钻孔取芯观测、钻孔摄像法观测具体确定。

7.4　顶板离层监测

顶板离层指示仪的浅基点应固定在锚杆端部位置，深基点一般固定在锚索端部位置。每段隔 50.0～70.0m 安装 1 个 YHB300C 型顶板离层仪，进行顶板离层观测，岩巷安设的顶板离层仪距迎头不得超过 100.0m，巷道压力异常处、构造带、三岔门、四岔门等增板补安设，因掘进、喷浆等原因造成顶板离层仪损坏的，必须立即更换。顶板离层有失稳趋势时打加长锚索（至少加长 2m 以上）、二次支护或打托棚加强支护，如果顶板离层不能得到有效控制，必须进行套棚支护。

7.5　现场实测测点布置

巷道布置于 11-2 煤层顶板、巷道底板沿 11-2 煤掘进时，在典型三种不同位置巷道中部安装多点位移计及钻孔摄像观测顶板不同位置层间离层。典型三种不同位置顶板地层及岩性分布如图 7-2 所示。

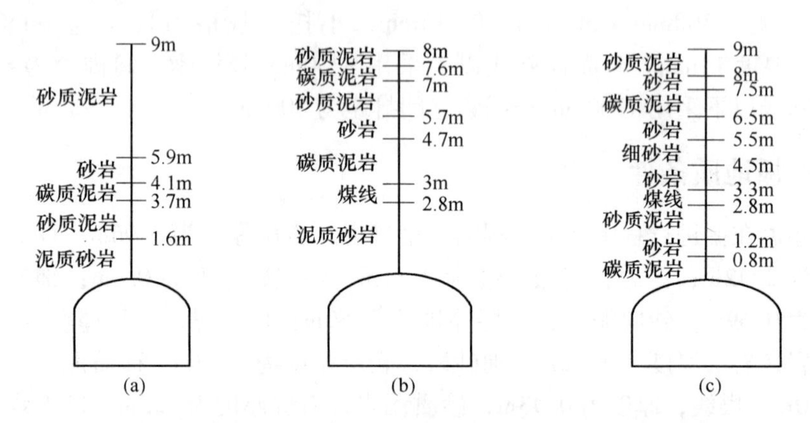

图 7-2　典型三种不同位置顶板地层及岩性分布
(a) 1 号孔位置；(b) 2 号孔位置；(c) 3 号孔位置

7.6　复合顶板层间离层数值模拟分析

7.6.1　数值计算模型

布置于 11-2 煤层中，沿煤层顶板掘进，根据地质柱状图，确定巷道复合顶板构成、两帮煤体及底板岩性建立数值计算模型如图 7-3 所示。根据巷道埋深取原岩应力 $p=18.0$MPa。计算模型岩层岩性分布从上至下分别为砂质泥岩、泥质砂岩、泥质砂岩、中砂岩、泥岩、11-2 煤、砂质泥岩，不同岩性力学参数见表 7-1。

为分析 11-2 煤层巷道两帮围岩岩性、支护对顶板离层稳定性的影响，以图 7-3 数值计算模型为基础，比较两帮岩性为煤及砂岩、有无预紧力（锚杆预紧扭矩 260N · m、锚索预紧力 16t），支护强度分别为无支护、锚杆支护（按规定锚杆支护参数）、锚杆索支护（按规定锚杆索支护参数）、加密锚杆索支护（锚杆索间排距分别为设计的一半及三分之一）时顶板结构面分离及离层分布。

表 7-1　11-2 煤及其顶底板力学参数

岩性	弹性模量 /GPa	泊松比	黏聚力 /MPa	内摩擦角	抗压强度 /MPa	抗拉强度 /MPa
砂质泥岩	4.60	0.25	2.0	25	47.5	1.92
硬砂岩	11.62	0.30	5.0	35	164.4	7.29
泥岩	4.00	0.20	1.4	23	28.6	1.35
11-2 煤	3.10	0.20	0.8	20		
砂岩	9.83	0.30	3.5	32	90.0	3.61
泥质砂岩	5.60	0.25	2.5	29	59.7	2.55

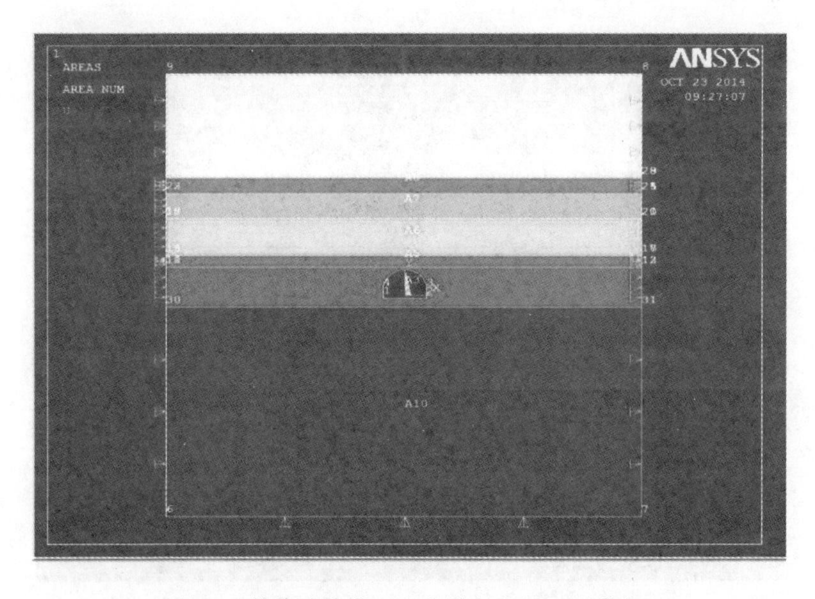

图 7-3　数值计算模型（巷道布置于 11-2 煤中）

7.6.2　数值计算结果及分析

数值计算模型中锚网索支护、两帮岩性为煤时巷道围岩第一主应力及垂直位移分布数值模拟结果如图 7-4 所示。

数值模拟结果表明：巷道顶板 A5 及 A6 层之间结构面第一主应力即法向应力呈现拉应力。不同支护反力（无支护、锚杆支护及锚杆索支护）作用该结构

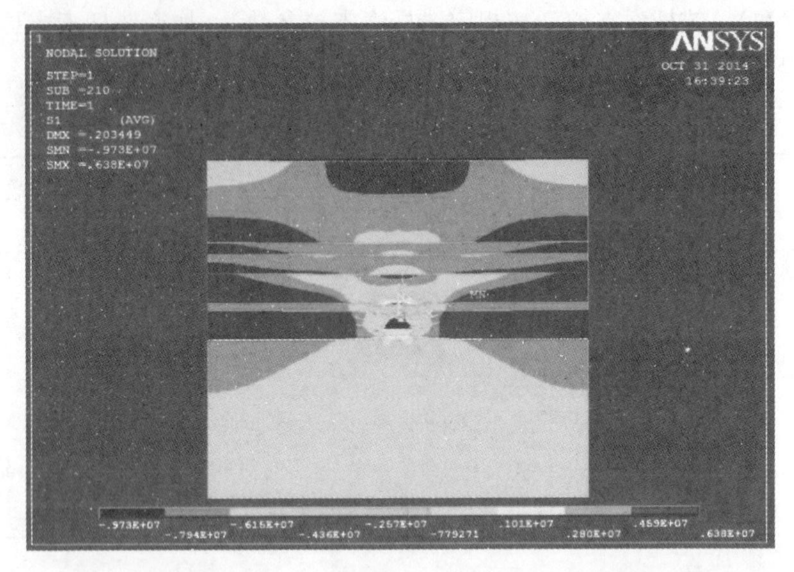

(a)

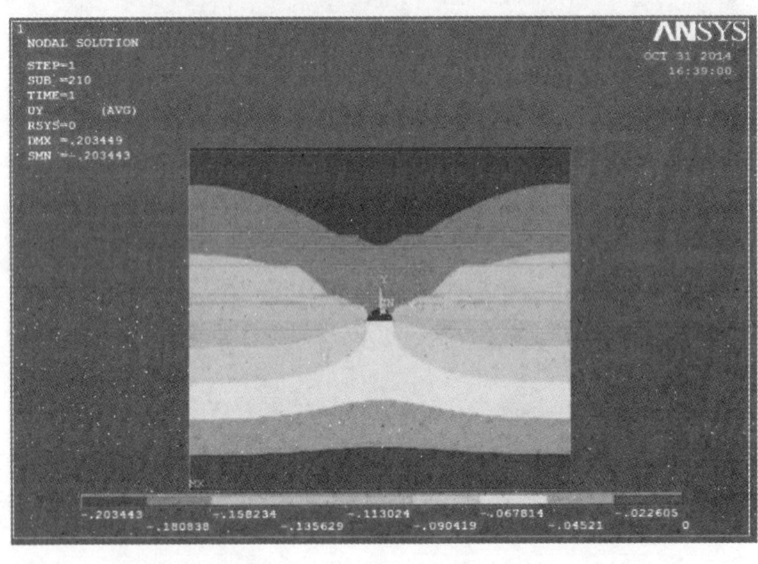

(b)

图 7-4　锚网索支护煤层顶板应力及垂直位移分布数值模拟结果

（a）第一主应力；（b）垂直位移

面法向应力及层间离层分布见图 7-5。巷道帮部岩性由 11-2 煤改变为细砂岩时该结构面法向应力及层间离层分布见图 7-6。不同锚杆索支护密度结构面法向应力及层间离层分布见图 7-7。有无预紧力作用锚杆索支护该结构面法向应力及层间离层分布见图 7-8。

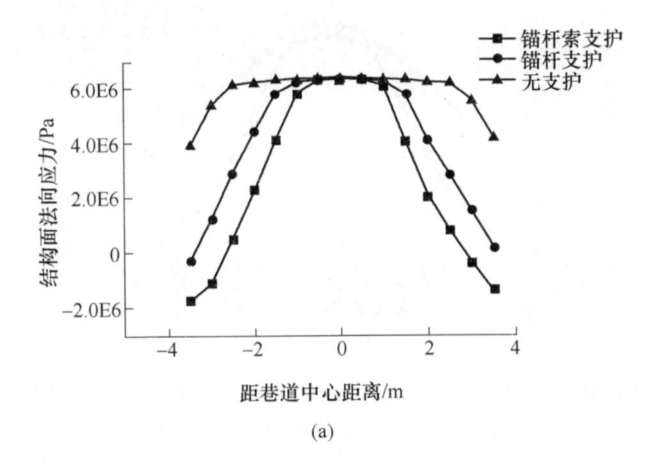

(a)

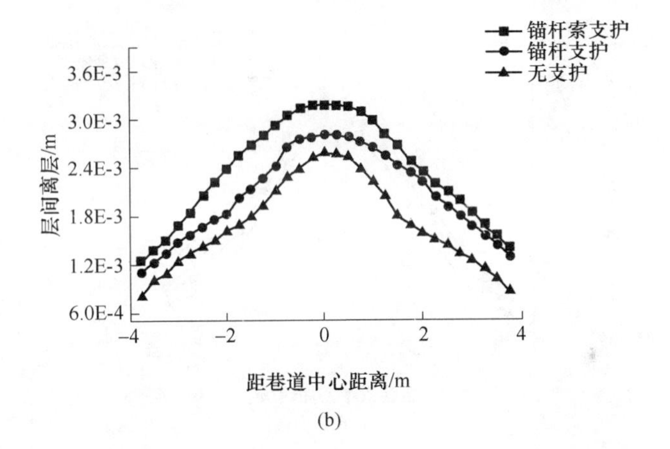

(b)

图 7-5 不同支护反力结构面法向应力及层间离层分布
(a) 法向应力分布；(b) 层间离层分布

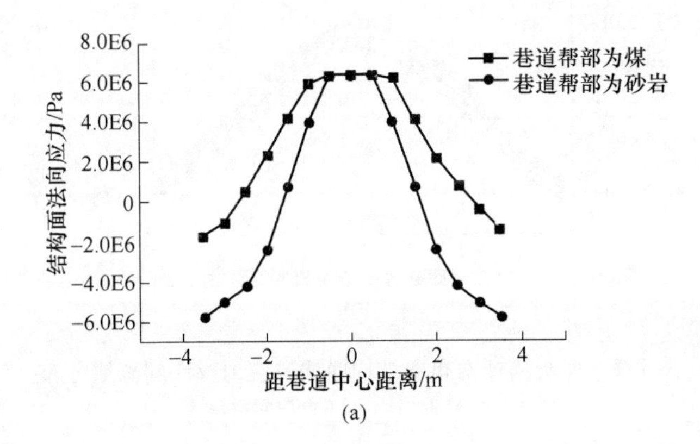

(a)

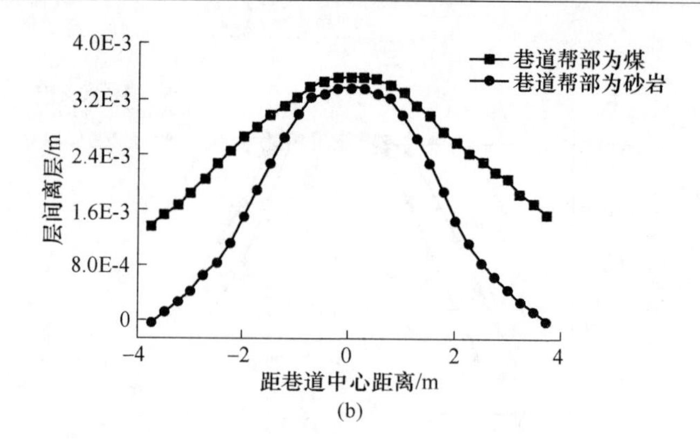

图 7-6　巷道帮部不同岩性结构面法向应力及层间离层分布

（a）法向应力分布；（b）层间离层分布

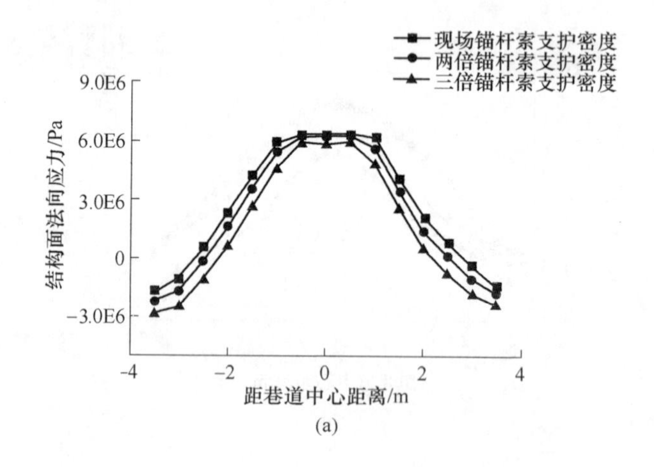

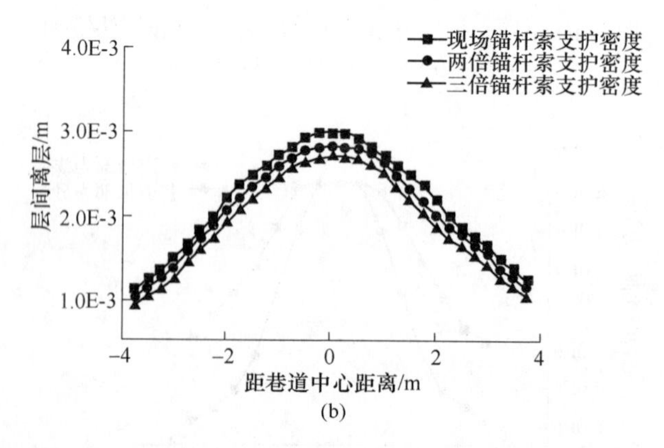

图 7-7　加密锚杆索布置结构面法向应力及层间离层分布

（a）法向应力；（b）层间离层

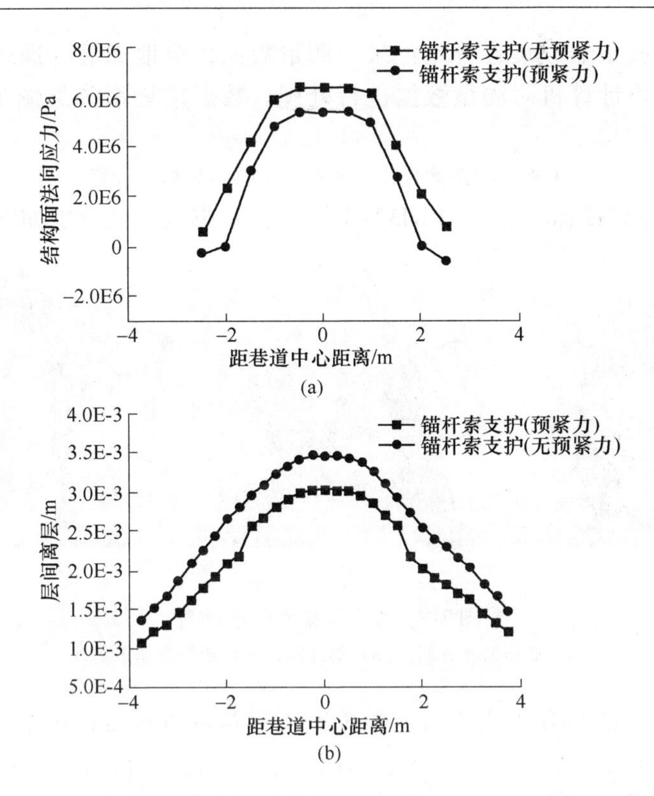

图 7-8 锚杆索不同预紧力作用该结构面法向应力及层间离层分布

（a）法向应力分布；（b）层间离层分布

分析结果表明：

（1）部分巷道顶板结构面法向存在拉应力，由于法向拉应力作用使结构面分离，同时使局部岩层（关键层）产生层间离层；

（2）锚杆及锚索支护能显著减少关键层结构面拉应力范围即结构面分离范围，同时使结构面层间离层减小；

（3）巷道帮部岩性由软弱煤岩改变为砂岩时，关键层结构面分离范围显著减少；

（4）增加锚杆索支护密度和增加预紧力可以减少关键层结构面分离范围和层间离层，增加预紧力效果更好。

7.7 顶板离层现场观测及结果分析

7.7.1 巷道顶板离层现场观测

选用北京泰瑞金星仪器有限公司生产的 KJ327-F 型矿压监测分站和 KJ327-Z 型手持数据收集器来获取多点位移计测得的数据。矿压监测分站每隔 2min 对多点位移计各测点测量数据进行及时“动态”记录，记录数据为各测点与孔口相对位移。数据收集器收集各分站记录的测量数据，至地面后，通过 USB 接口和计算机连接，由计算机对测量数据进行处理。数据采集系统见图 7-10，分析过程为：

顶板离层监测分站→数据收集器→数据→计算

KJ327-F 型矿压监测分站和 KJ327-Z 型手持数据收集器分别如图 7-9 所示。

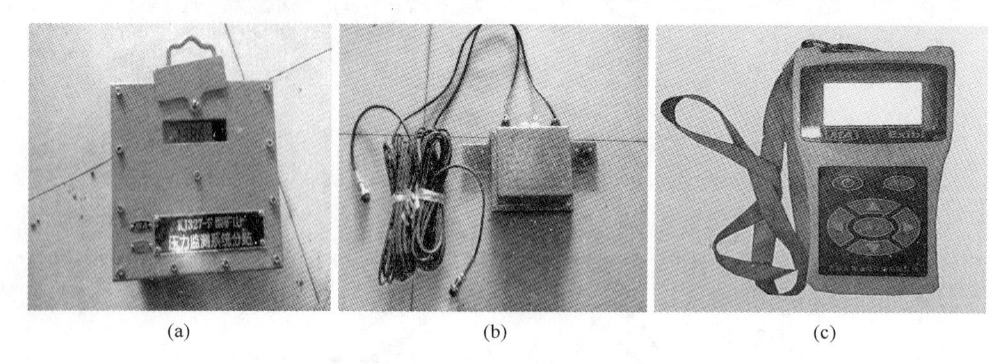

(a)　　(b)　　(c)

图 7-9　数据采集系统示意图

（a）矿压监测分站；（b）集线器；（c）手持数据采集器

巷道位于 11-2 煤顶板之中时，在 3 种不同巷道位置顶板中部钻孔布置多点位移计，钻孔中测点布置见图 7-10，采用 4 个矿压监测分站，其中 1、2 号分站 3 个测点，3、4 号分站 2 个测点。典型的 1 号孔多点位移计及矿压监测分站布置见图 7-11。

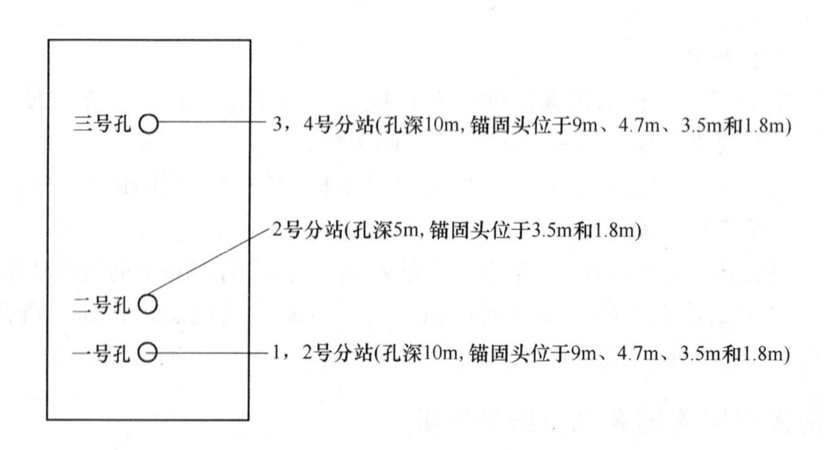

图 7-10　钻孔及钻孔内测点布置

7.7.2　顶板离层仪观测

为对顶板离层状况进行实时监控，11-2 煤行人上山每掘进 50.0m，在巷道顶

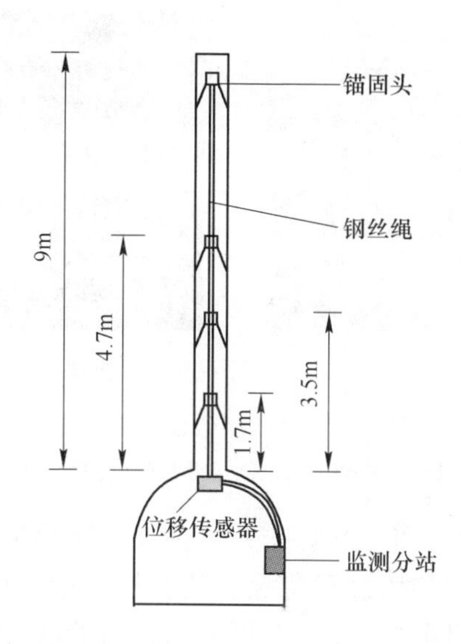

图 7-11　1 号孔多点位移计测点及测试系统布置

板中部布置 HBY-300C 型顶板离层仪，钻孔中两测点分别位于锚杆及锚索端部，测量锚固区内外离层并实时显示，每天读取数据 1 次并作记录。顶板离层的实测数据包括测点与孔口之间塑性变形差和结构面层间离层两部分，数据处理时应将离层值分离为层间离层和塑性变形两部分。

7.7.3 钻孔摄像仪观测

为直观反映顶板离层状况，采用钻孔摄像法对顶板离层进行观测，钻孔摄像仪采用如图 7-12 所示的中国矿业大学研制的 YTJ20 型岩层探测记录仪。该仪器主要由主机和摄像头组成，由摄像头 CCD 将钻孔内岩层实测图像（包括裂缝、裂隙），由视频信号线传输到显示器显示出来，并用记忆卡将图像在主机内储存起来，可由 USB 接口传送到计算机上通过软件进行分析，本产品为矿用本安型防

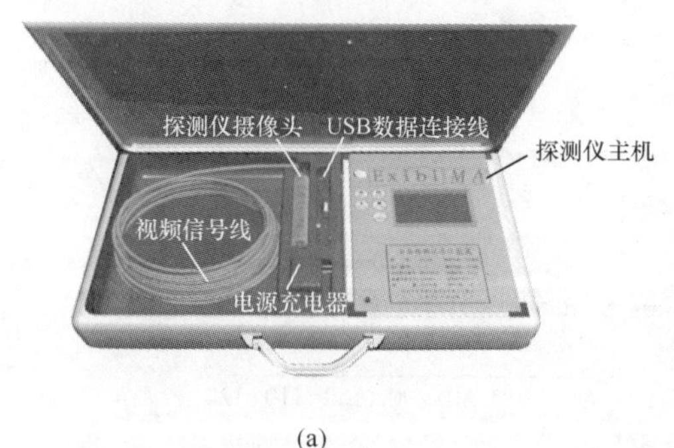

(a)

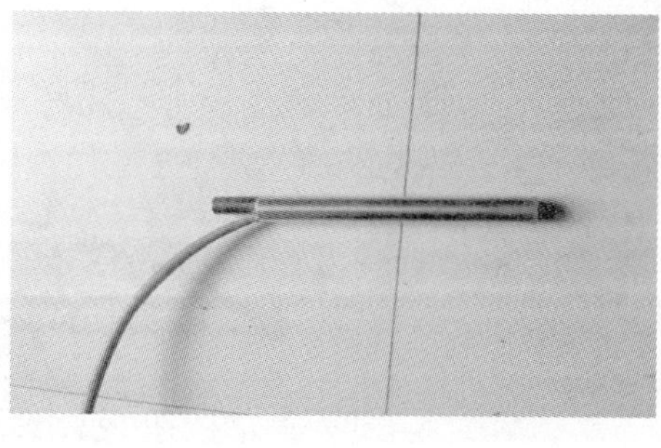

(b)

(c)

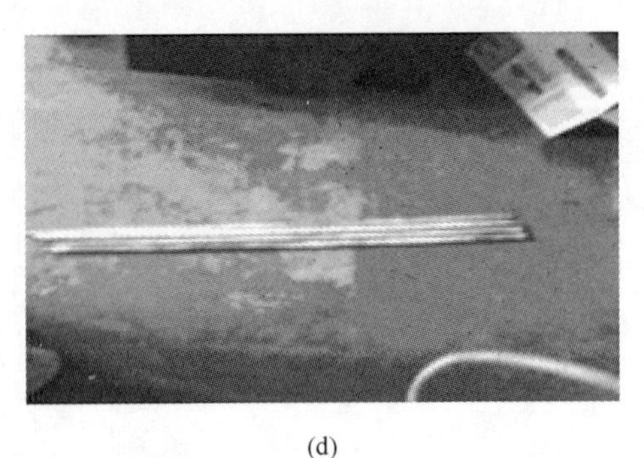

(d)

图 7-12　钻孔摄像仪结构示意

(a) 主机; (b) 摄像头; (c) 安装杆; (d) 深度指示器

爆产品，具有防爆合格证，可以在煤矿井下使用，连续录像存储容量大于4h，连续观测时间超过8h。每次使用过程将探头放在钻孔中不同位置进行摄像或拍照，记录仪主机会自动记录不同位置对应的实测图像，钻孔位置也由记录仪自动量测并记录储存起来，通过对实测图像分析，可以得出钻孔不同结构面层间离层的状况。

7.7.4　十字拉线法观测

巷道两帮及顶板布置测点，采用十字拉线法每隔一定时间记录两帮距离、顶板表面及底板表面距水平拉线距离，从而计算两帮位移、顶板下沉及底板鼓起。

7.8　现场实测结果

7.8.1　KJ327-F 型矿压监测分站现场实测结果

不同钻孔位置各测点距孔口相对位移随时间变化的实测结果如图 7-13 所示。由此可得不同顶板范围内离层随时间的变化如图 7-14 所示。

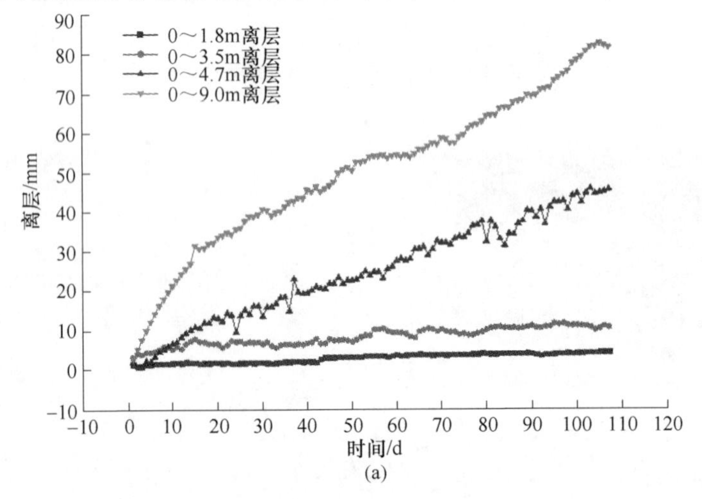

(a)

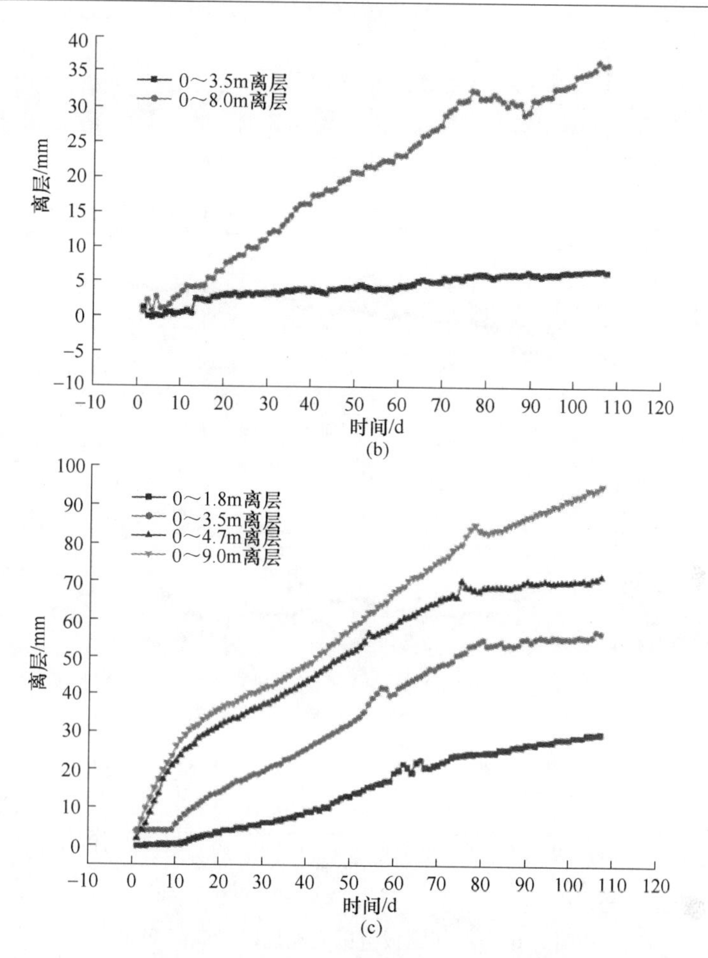

图 7-13 KJ327-F 型矿压监测分站实测顶板不同位置离层随时间的变化

(a) 1 号孔位置；(b) 2 号孔位置；(c) 3 号孔位置

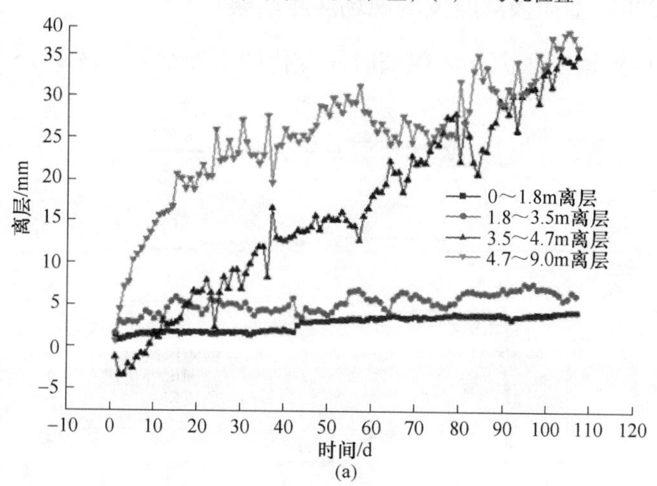

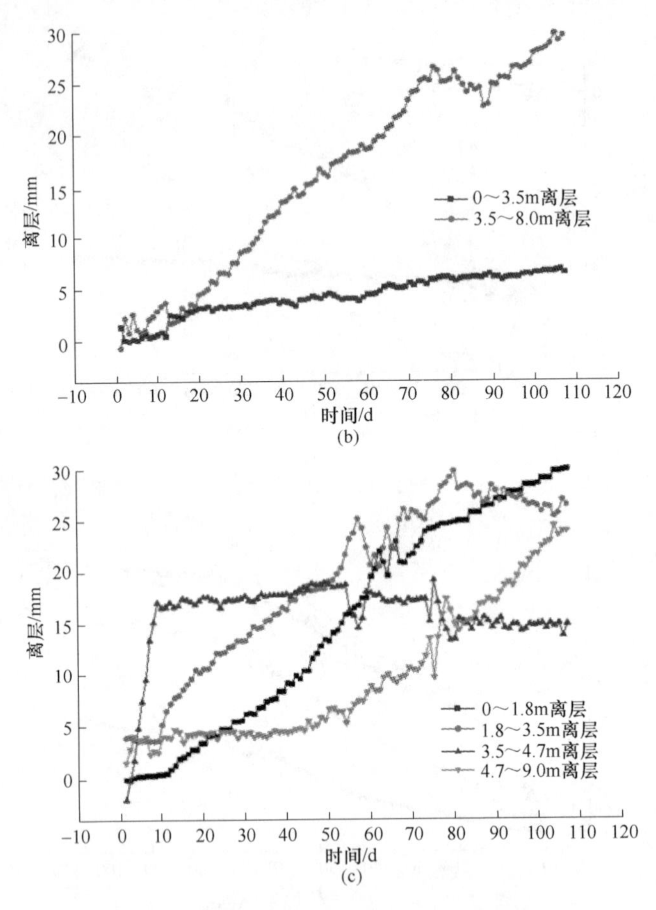

图 7-14　不同顶板范围内离层随时间的变化

(a) 1 号孔位置；(b) 2 号孔位置；(c) 3 号孔位置

7.8.2　HBY-300C 型顶板离层仪的现场实测结果

巷道不同位置锚固区内外离层随时间变化的实测结果如图 7-15 所示。

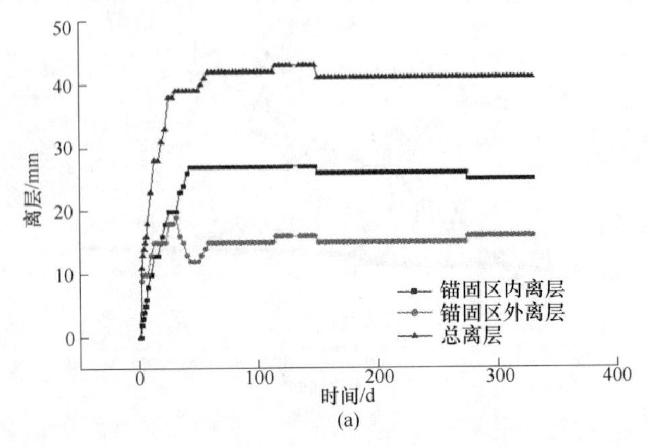

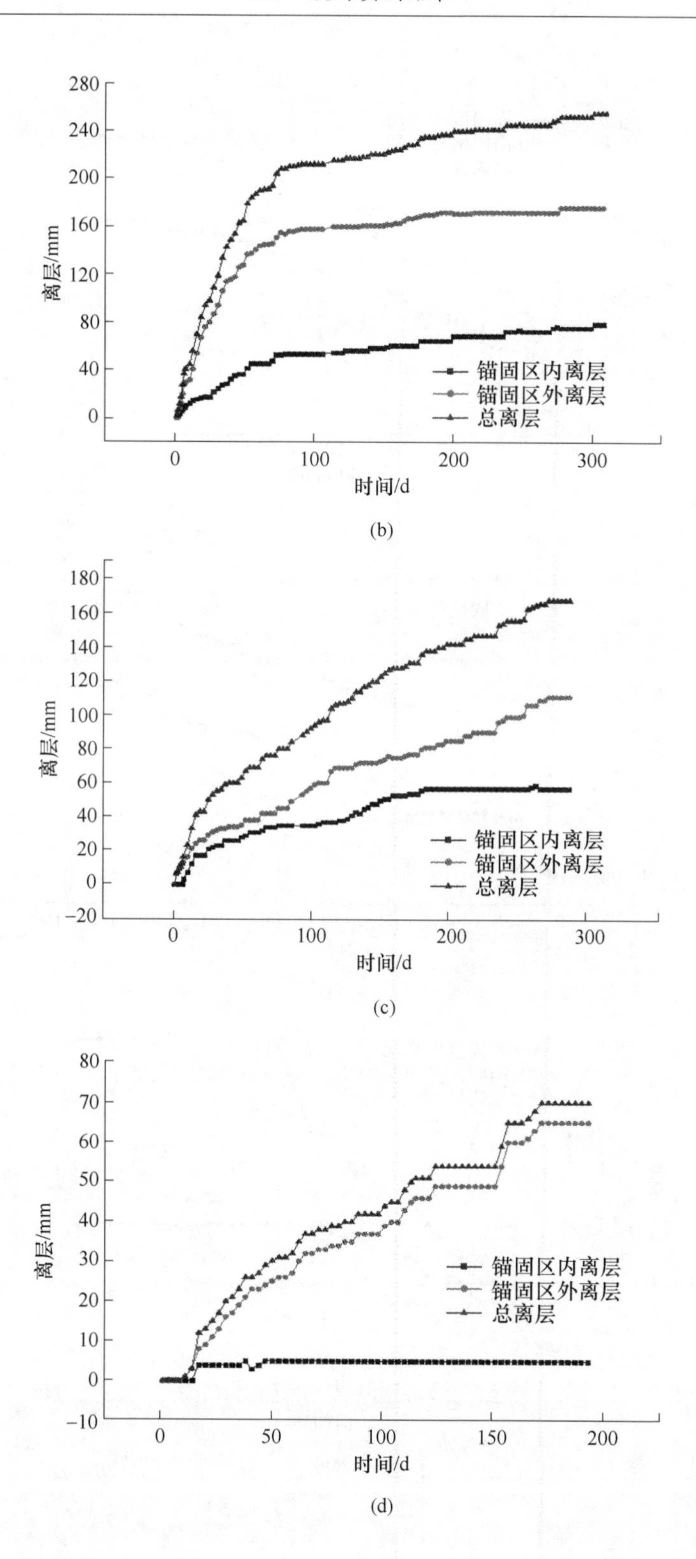

280
240
200
160
120
80
40
0
离层/mm
0
100
200
300
时间/d
锚固区内离层
锚固区外离层
总离层

(b)

180
160
140
120
100
80
60
40
20
0
−20
离层/mm
0
100
200
300
时间/d
锚固区内离层
锚固区外离层
总离层

(c)

80
70
60
50
40
30
20
10
0
−10
离层/mm
0
50
100
150
200
时间/d
锚固区内离层
锚固区外离层
总离层

(d)

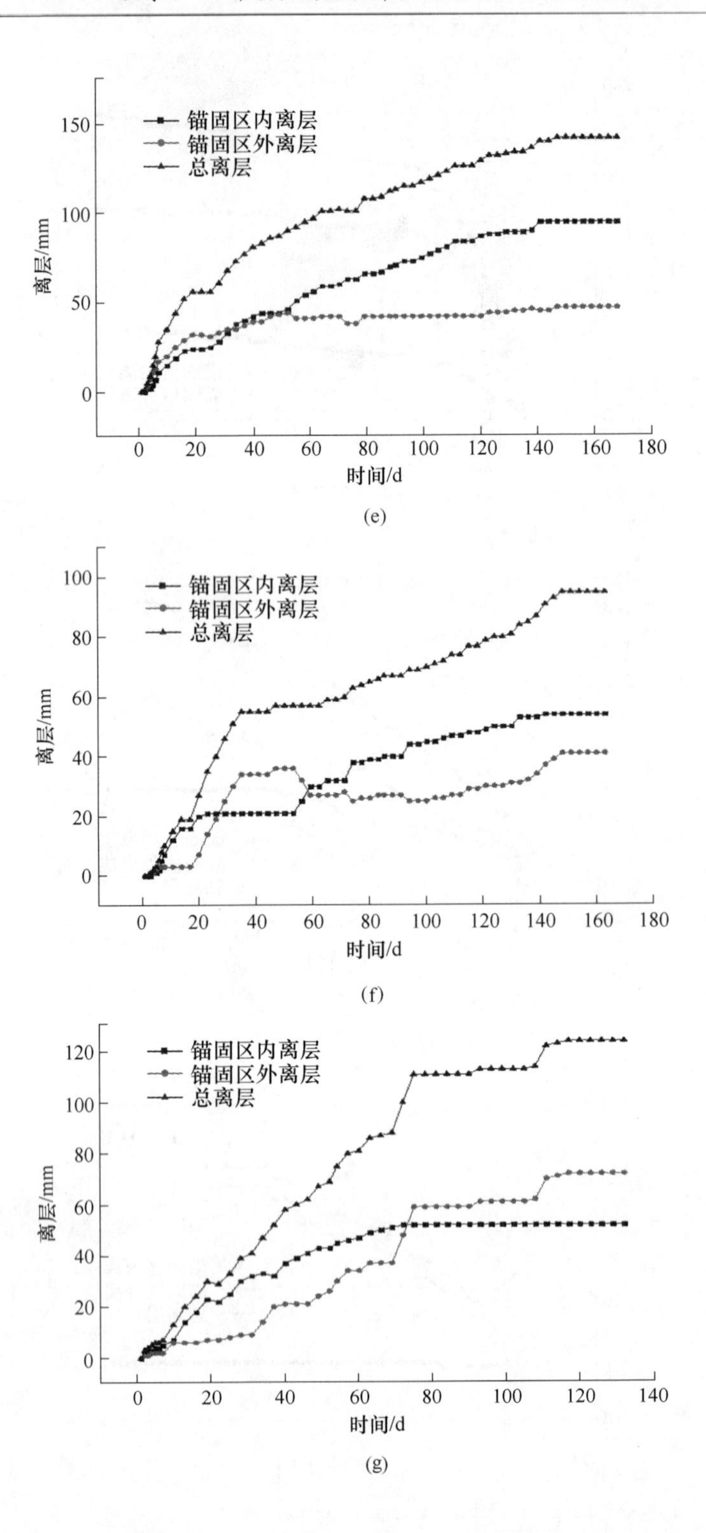
锚固区内离层
锚固区外离层
总离层
离层/mm
时间/d
0
50
100
150
0
20
40
60
80
100
120
140
160
180

(e)

锚固区内离层
锚固区外离层
总离层
离层/mm
时间/d
0
20
40
60
80
100
0
20
40
60
80
100
120
140
160
180

(f)

锚固区内离层
锚固区外离层
总离层
离层/mm
时间/d
0
20
40
60
80
100
120
0
20
40
60
80
100
120
140

(g)

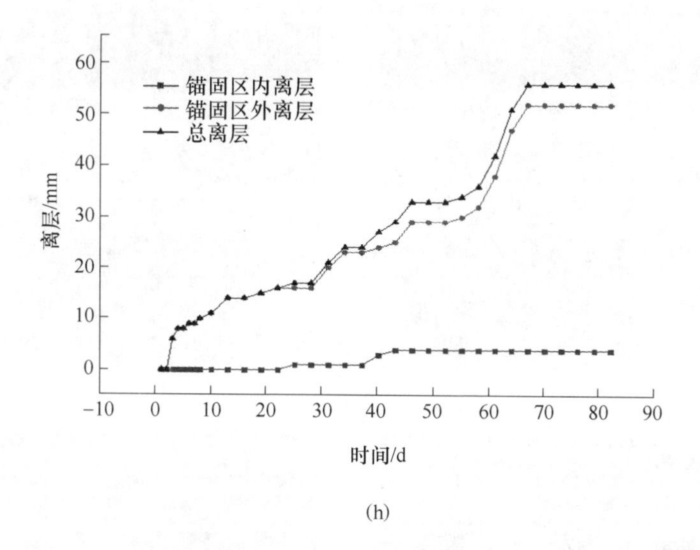

(h)

图 7-15　HBY-300C 型顶板离层仪实测锚固区内外离层随时间的变化

（a）拨门位置；（b）距拨门 60.0m 位置

（c）距拨门 120.0m 位置；（d）距拨门 170.0m 位置

（e）距拨门 220.0m 位置；（f）距拨门 270.0m 位置

（g）距拨门 320.0m 位置；（h）距拨门 390.0m 位置

7.8.3　YTJ20 型岩层探测记录仪实测结果

多点位移计 1 号孔附近，YTJ20 型岩层探测记录仪实测结果如图 7-16 所示；多点位移计 2 号孔附近，岩层探测记录仪实测结果如图 7-17 所示；多点位移计 3 号孔附近，YTJ20 型岩层探测记录仪实测结果如图 7-18 所示。

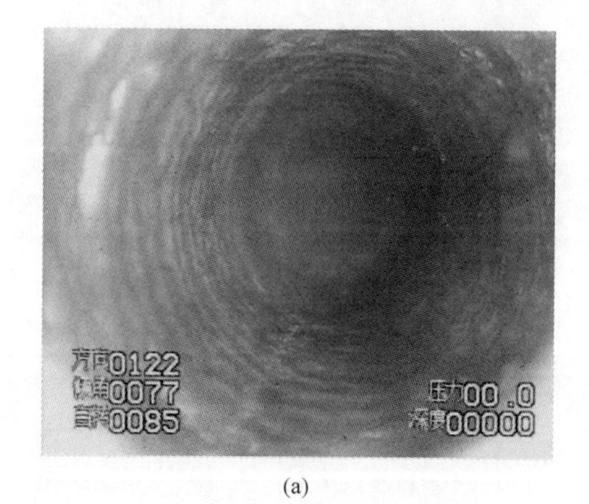

(a)

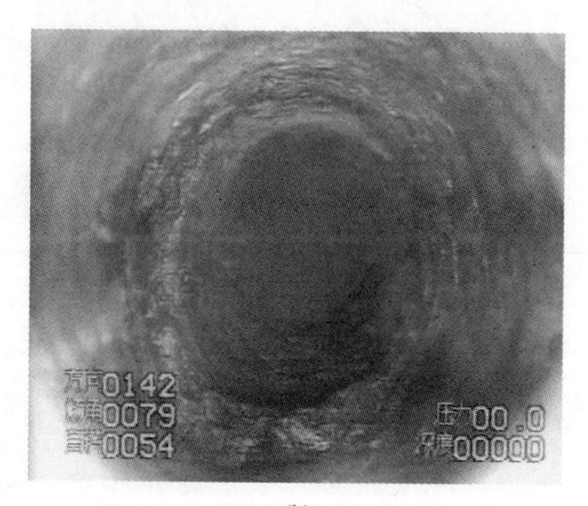

(b)

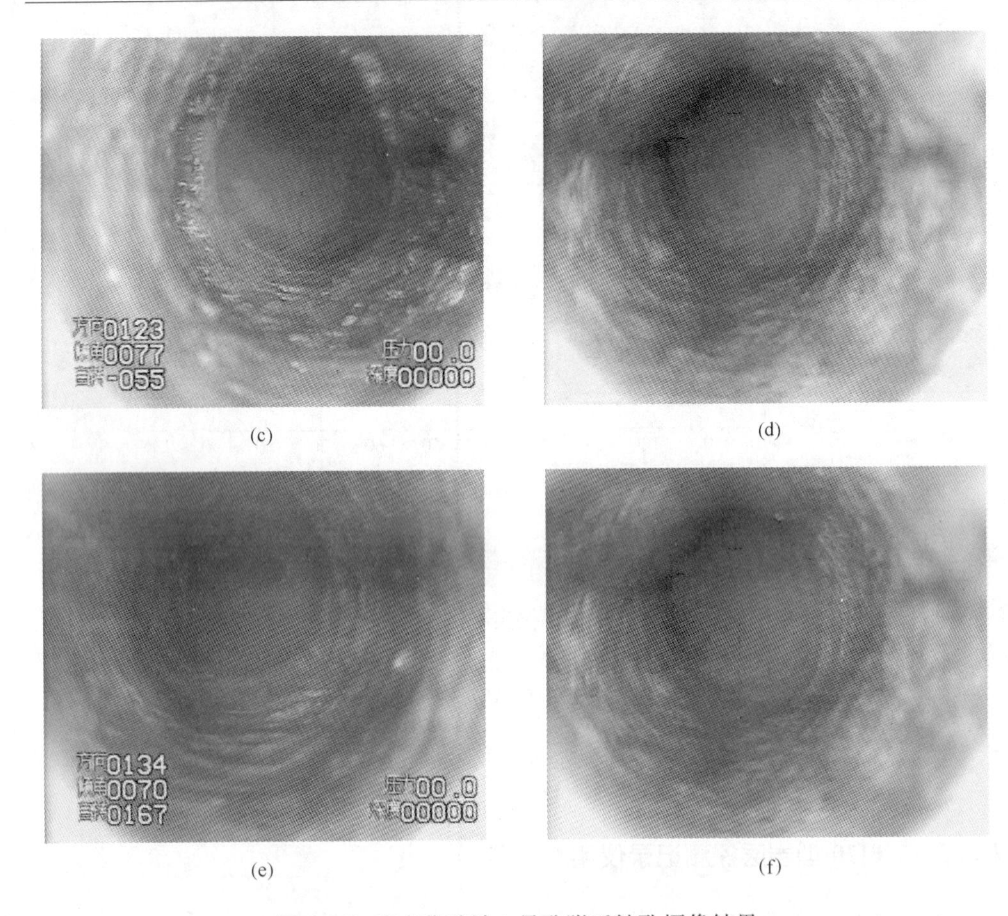

(c)　　(d)

(e)　　(f)

图 7-16　多点位移计 1 号孔附近钻孔摄像结果

（a）1.6m 位置砂岩与砂质泥岩界面；（b）3.5m 位置砂质泥岩与碳质泥岩界面

（c）4.0m 位置碳质泥岩与砂岩界面；（d）4.2m 位置碳质泥岩

（e）5.9m 位置砂岩与砂质泥岩界面；（f）7.0m 位置砂质泥岩

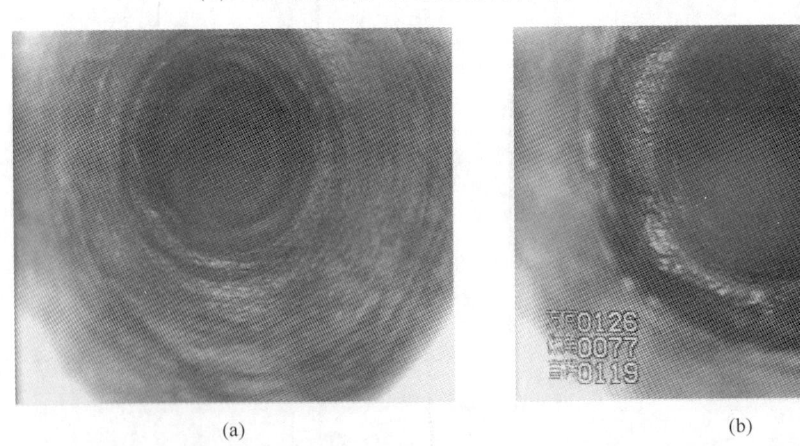

(a)　　(b)

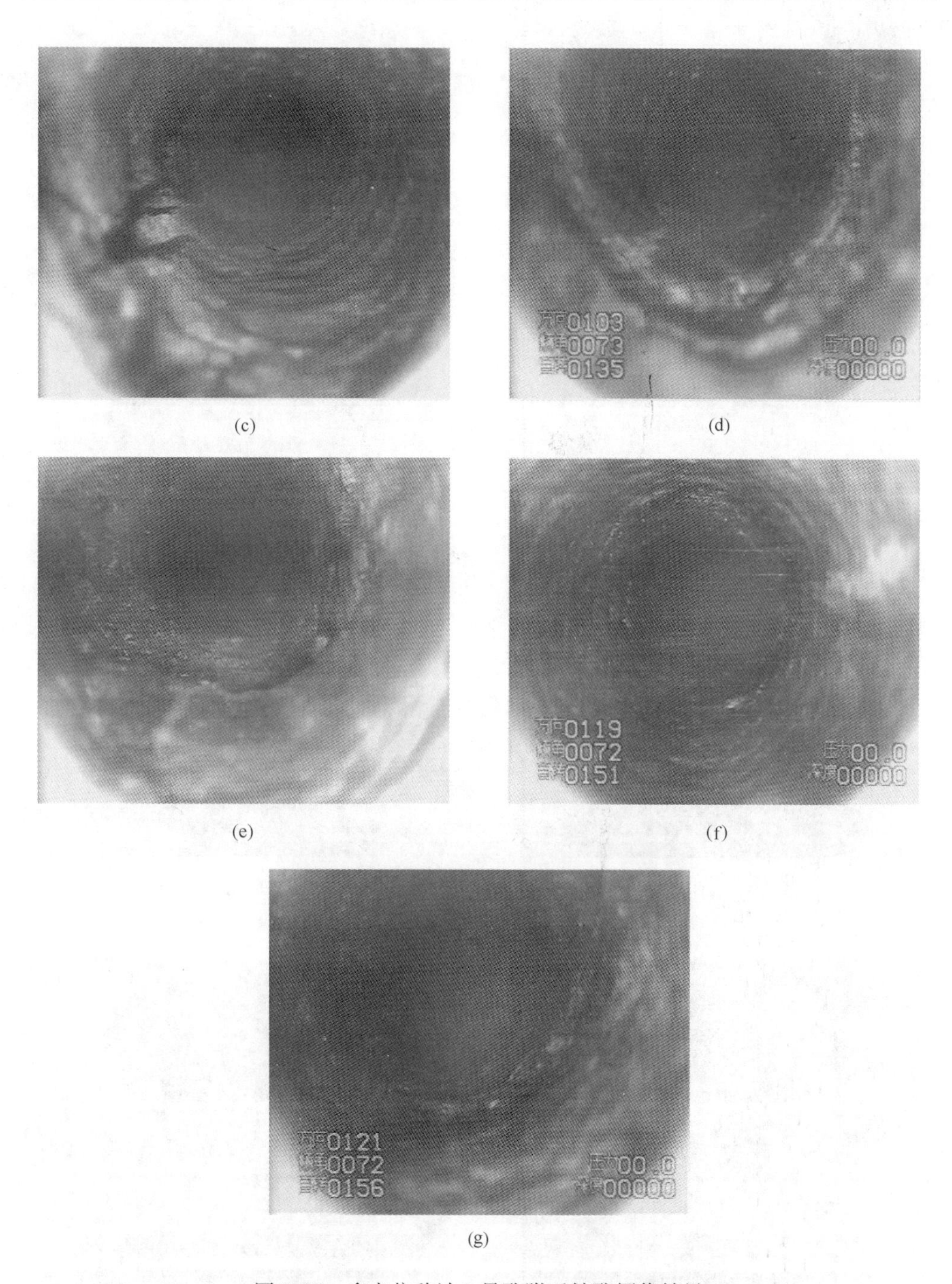

(c)　(d)

(e)　(f)

(g)

图 7-17　多点位移计 2 号孔附近钻孔摄像结果

（a）3.0m 位置泥质砂岩与碳质泥岩界面；（b）4.5m 位置碳质泥岩与砂岩界面；（c）5.0m 位置砂岩；（d）5.5m 砂岩与砂质泥岩界面；（e）6.0m 砂质泥岩；（f）7.0m 砂质泥岩与碳质泥岩

（g）7.5m 碳质泥岩与砂质泥岩

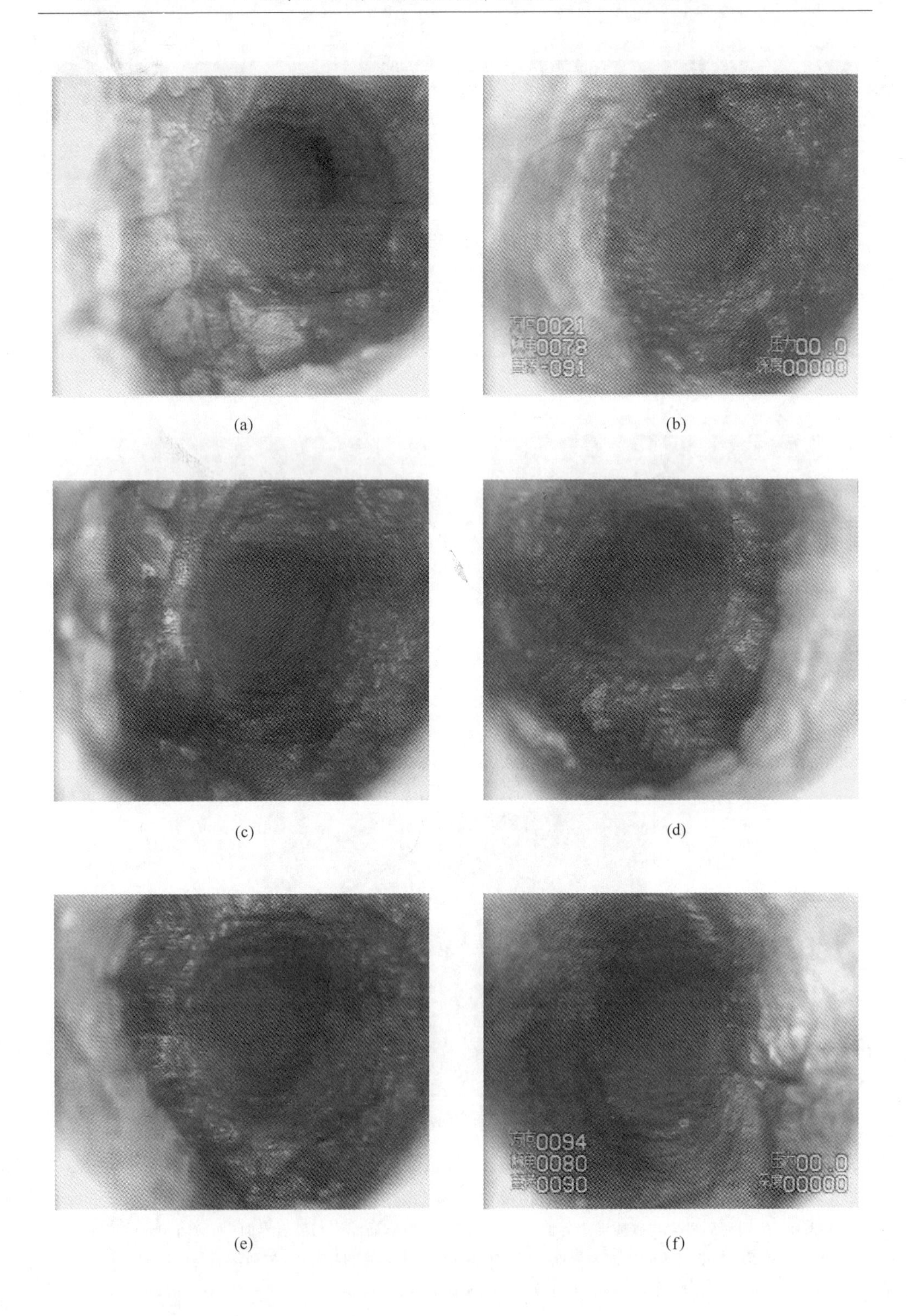

(a)　(b)

(c)　(d)

(e)　(f)

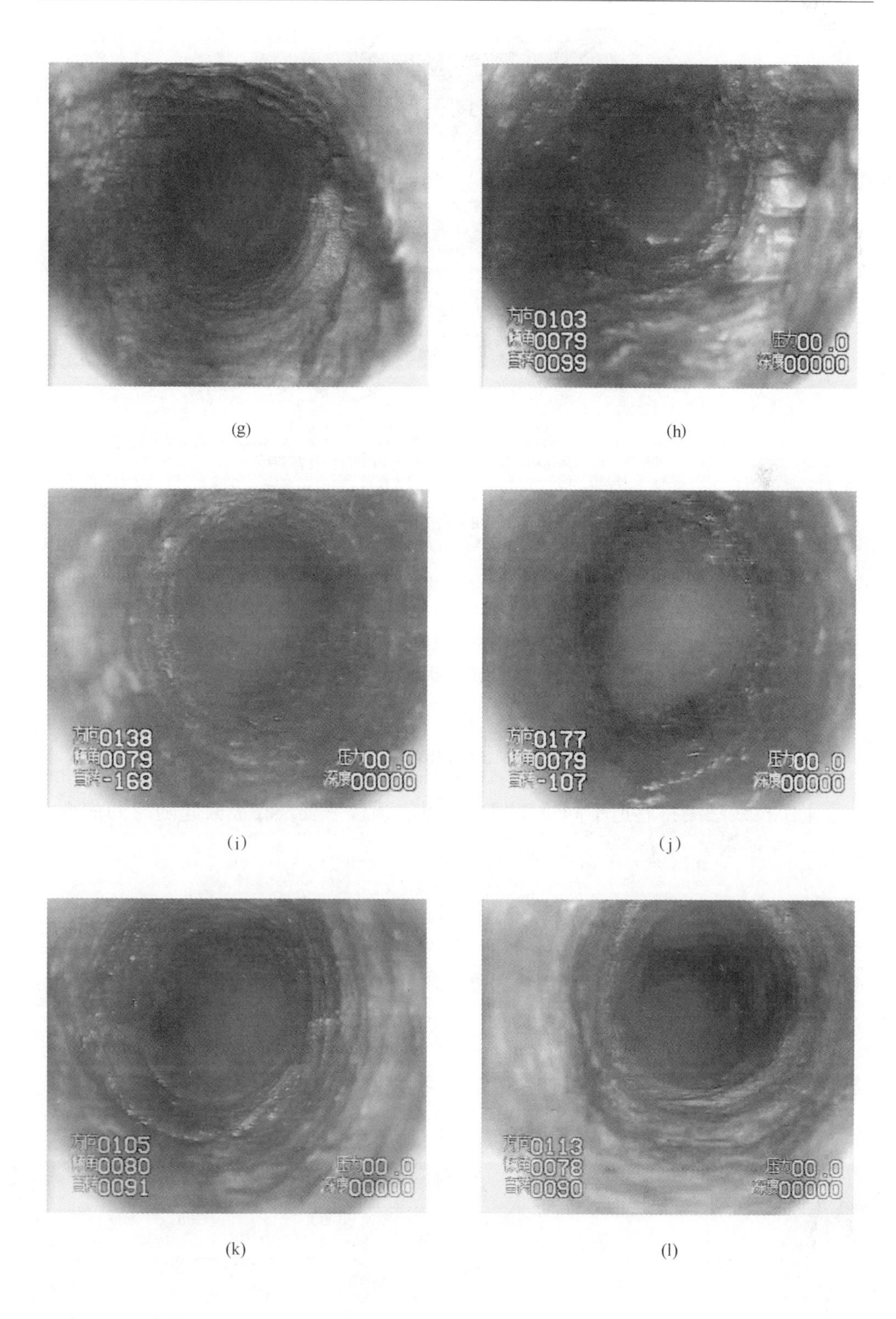
方向0103
倾角0079
0099
压力00.0
深度00000
方向0138
倾角0079
-168
压力00.0
深度00000
方向0177
倾角0079
-107
压力00.0
深度00000
方向0105
倾角0080
0091
压力00.0
深度00000
方向0113
倾角0078
0090
压力00.0
深度00000

(g) (h)

(i) (j)

(k) (l)

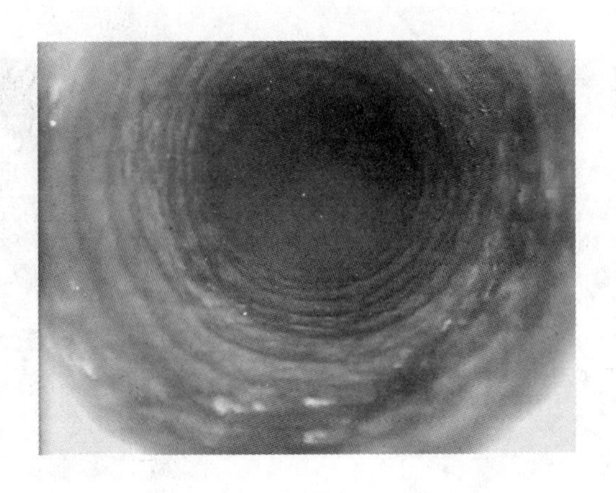

(m)

图 7-18　多点位移计 3 号孔附近钻孔摄像结果

（a）喷射混凝土与岩体分界面；（b）0.45m 位置碳质泥岩
（c）0.55m 位置碳质泥岩；（d）0.8m 位置碳质泥岩与砂岩分界面（第一图）
（e）0.8m 碳质泥岩与砂岩分界面（第二图）；（f）1.2m 位置砂岩（纵向裂隙）
（g）1.5m 位置砂质泥岩（纵向裂隙）；（h）1.8m 位置砂质泥岩
（i）2.8m 位置砂质泥岩与煤岩分界面；（j）3.0m 位置煤线
（k）3.3m 位置煤线与砂岩分界；（l）4.5m 位置砂岩与细砂岩分界
（m）5.5m 位置细砂岩与砂岩分界

7.8.4　十字拉线法巷道帮部及顶底位移观测

十字拉线法测得巷道不同位置帮部移近、顶板下沉及底板鼓起随时间的变化如图 7-19 所示。

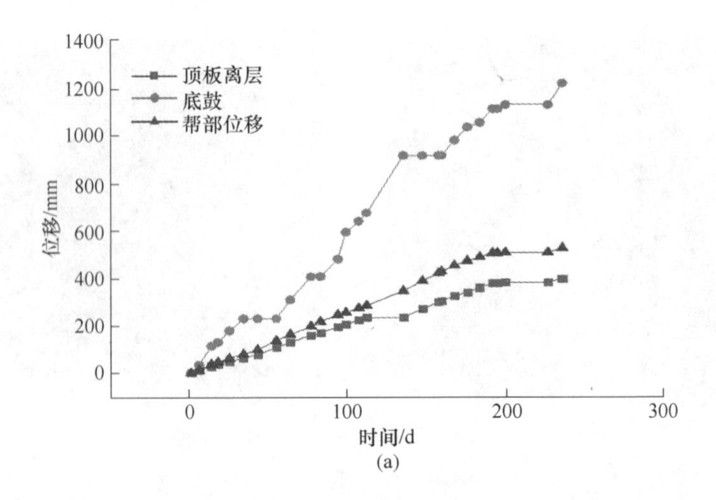

(a)

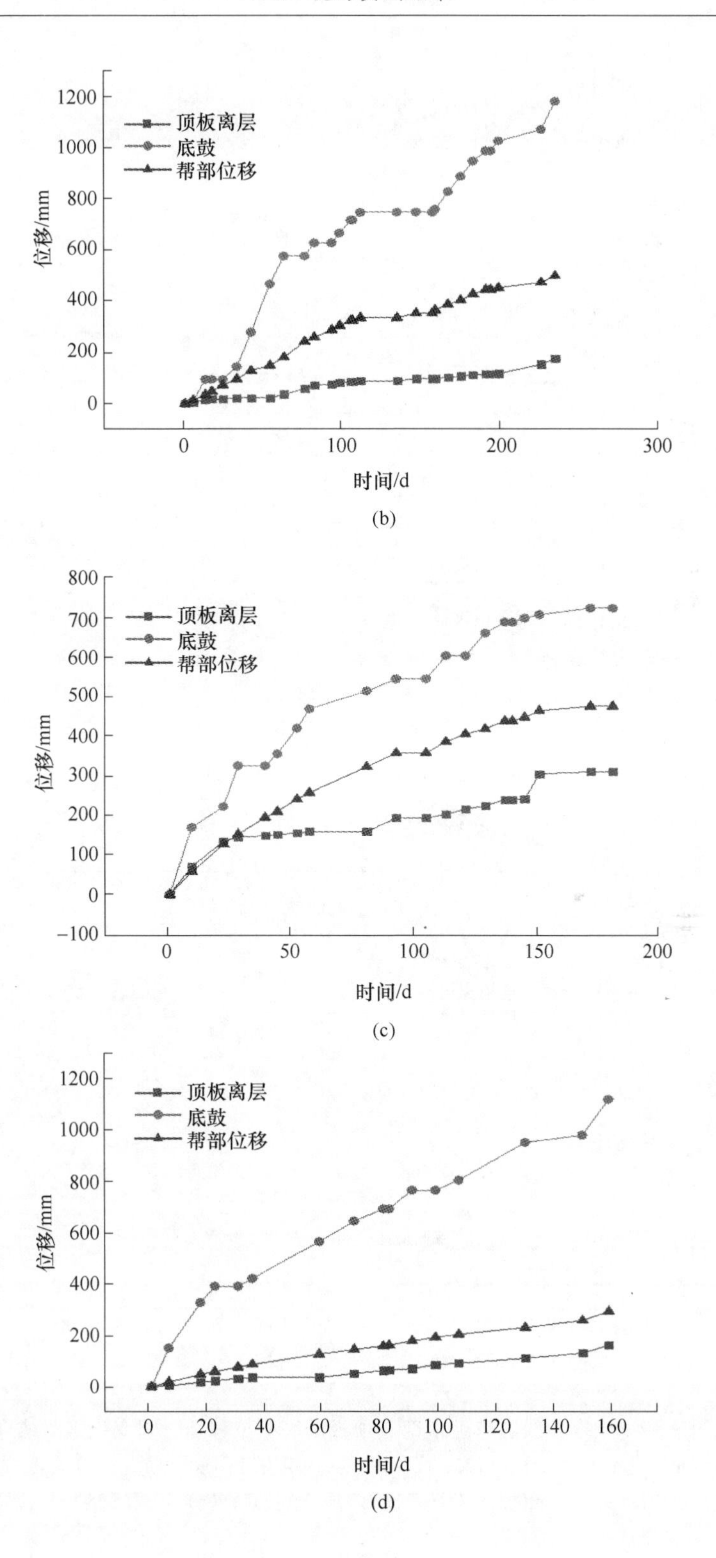

1200
1000
800
600
400
200
0
位移/mm
顶板离层
底鼓
帮部位移
0
100
200
300
时间/d
800
700
600
500
400
300
200
100
0
−100
0
50
100
150
200
1200
1000
800
600
400
200
0
0
20
40
60
80
100
120
140
160

(b)

(c)

(d)

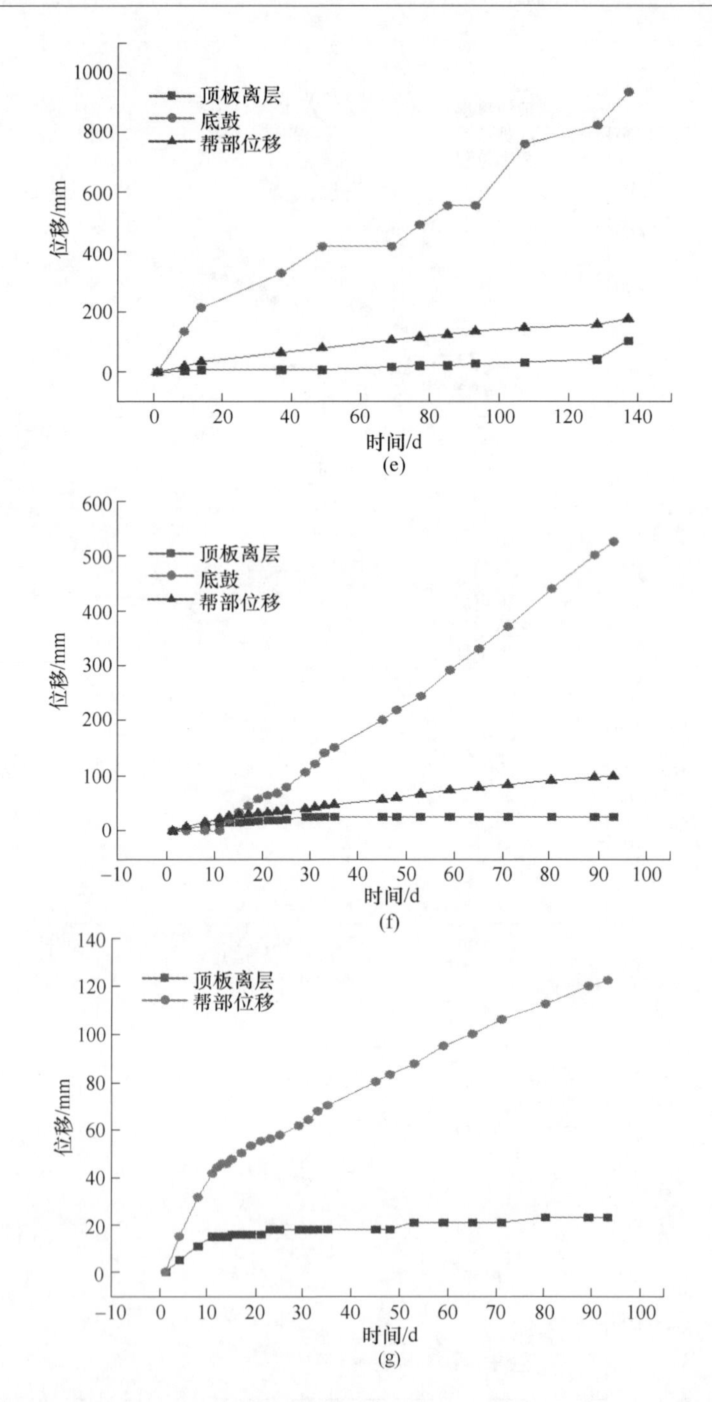

图7-19　十字拉线法巷道帮部、顶板及底板位移随时间变化实测结果

(a) 距拨门55.0m位置；(b) 距拨门125.0m位置；(c) 距拨门165.0m位置；(d) 距拨门210.0m位置
(e) 距拨门270.0m位置；(f) 距拨门340.0m位置；(g) 距拨门380.0m位置

7.9 数据处理

以上工程实测表明：多点位移计实测结果包括结构面分离形成的层间离层以及围岩扩容、碎胀形成的塑性变形，层间离层失稳与塑性变形失稳呈现不同特点，临界值也不同，深部开采塑性变形临界值可达10cm量级，层间离层临界值仅在cm量级，为此，必须分析层间离层与塑性变形随时间变化的不同特点，在此基础上，将实测的总离层分离为塑性变形和层间离层两部分，分别确定塑性变形及层间离层临界值，并分别推断塑性变形及层间离层稳定性。

7.9.1 复合顶板离层随时间的变化

7.9.1.1 复合顶板塑性变形随时间的变化

围岩塑性变形随时间的变化主要表现为一次蠕变趋于稳定、二次蠕变趋于稳定以及二次蠕变后加速蠕变失稳三种典型形式。

三种典型形式曲线如图7-20所示。

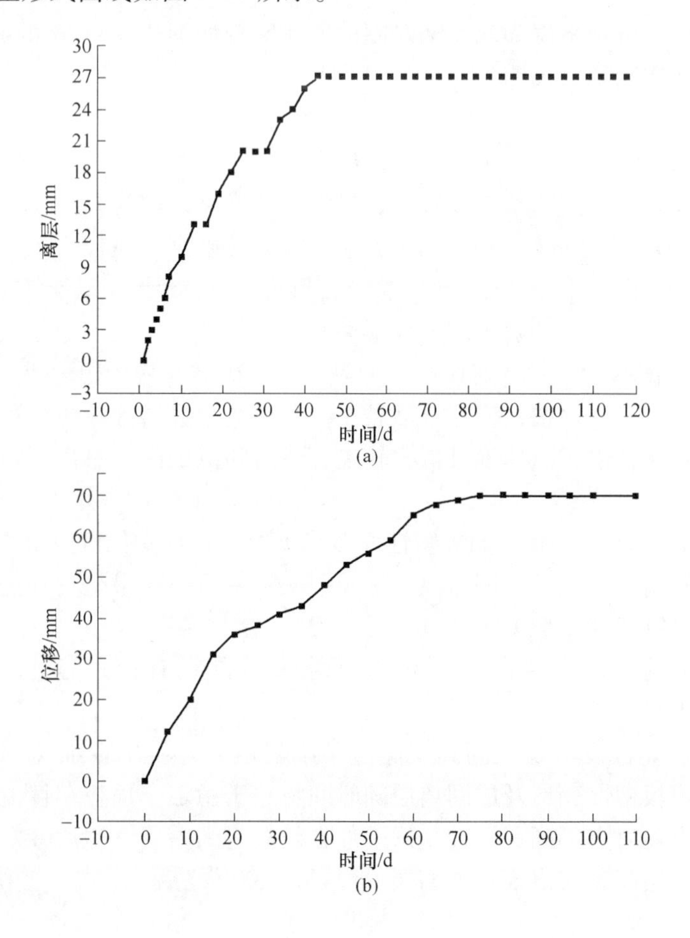

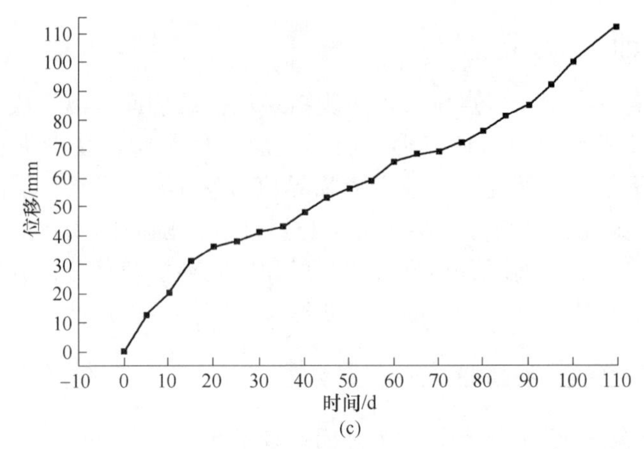

(c)

图 7-20　巷道复合顶板塑性变形随时间变化的三种典型形式

（a）一次蠕变趋于稳定；（b）二次蠕变趋于稳定；（c）二次蠕变后加速蠕变

7.9.1.2　深部开采复合顶板层间离层随时间的变化

深部开采复合顶板层间离层随时间的变化呈现如图 7-21 所示的典型形式。

大量工程实测结果表明：

（1）深部开复合顶板结构面层间离层随时间呈“跳跃”式增长。与塑形变形随时间变化的特征比较，无论层间离层发展趋于“稳定”还是“失稳”，变形初期，层间离层随时间增长速度较小，但增长速度衰减较为缓慢。

（2）顶板离层初期 0～15d，稳定的层间离层数值一般较小，一般在 mm 量级最多在 cm 量级，但同时段稳定的塑形变形可达到 cm 量级甚至 10cm 量级，顶板离层初期较大离层量一般为塑形变形。

（3）顶板离层 15～35d 时段内，如果围岩一次蠕变趋于稳定或二次蠕变，由于围岩变形速度衰减较快，变形速度较小，塑性变形量增加较少；稳定的层间离层增长速度虽然较慢，但速度衰减也较慢，该时间范围内，总离层量中有一定层间离层量。

（4）顶板离层 35d 后，如果塑性变形趋于稳定，其变化量应很小，总离层主要表现为层间离层量增长。围岩经一次及二次蠕变后，如果呈现加速蠕变，后期总离层量中仍以塑性变形为主。

（5）不稳定层间离层和塑性变形，顶板离层初期有较大变量，但顶板离层后期变化更为显著。

（6）顶板塑性变形及层间离层超过某临界值时，将出现加速而失稳；小于某临界值，顶板塑性变形及层间离层随时间将趋于稳定。顶板塑性变形及层间离层出现加速失稳时点不同，塑性变形一般在较短时间内（一般 35d 左右）即出现加速失稳，而层间离层出现加速离层一般要在 100d 之后。

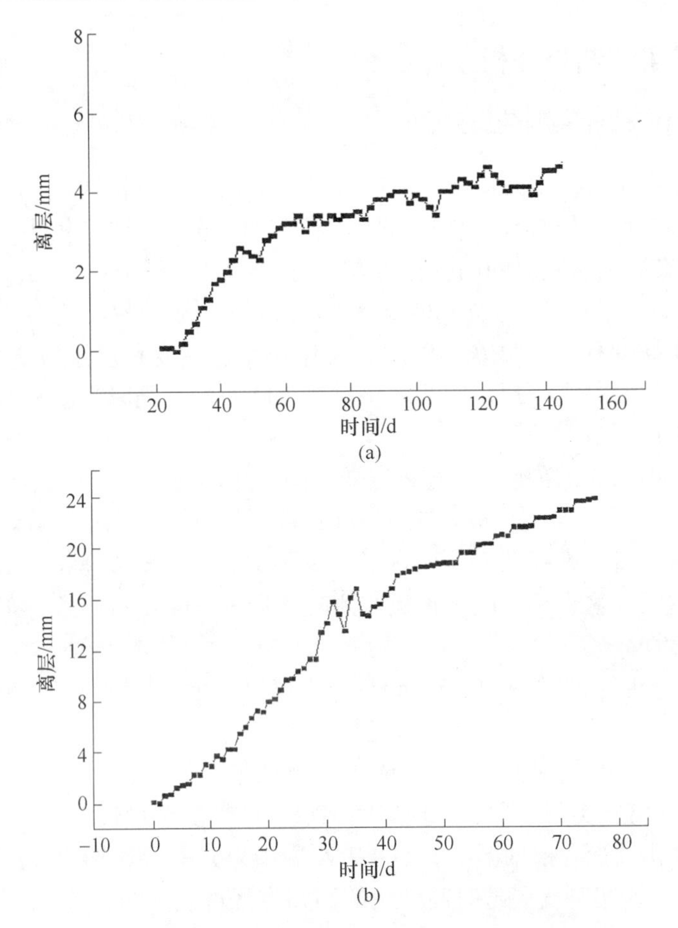

图 7-21　巷道复合顶板层间离层随时间变化的典型形式

（a）稳定的层间离层；（b）不稳定的层间离层

7.9.2　复合顶板层间离层分离

稳定层间离层，顶板离层初期 15d 内离层近乎塑性变形；稳定的塑性变形 15 ~ 35d 时间段内层间离层虽然有较多增长，但离层增长中仍有较大数量的塑性变形，总离层包括塑性变形和层间离层两部分。稳定的塑性变形 35d 后塑性变形趋于稳定，变化较小。

为工程估算方便，可认为顶板离层初期 0 ~ 15d 顶板离层为塑性变形，顶板离层 15d 后离层值增长为层间离层变化。

如此，将顶板离层初期 0 ~ 15d 实测的离层值作为顶板离层初期 15d 内的塑性变形值，确定顶板离层稳定时巷道掘进 15d 的塑性变形不应超过的变形值作为临界值来推断塑性变形稳定性；15d 后顶板离层实测值减去 15d 时顶板离层实测值，即可得到 15d 后不同时间顶板层间离层。依此层间离层计算值与临界值比较来判断层间离层稳定性。

7.10　工程实测结果分析

7.10.1　多点位移计实测结果分析

（1）1 号孔位置。根据图 7-13(a)的实测结果，变形初期 0 ~ 15d 时间段内，由于围岩岩性较好及锚杆锚固作用，距顶板 3.5m 范围离层量较小。距顶板表面 4.7m 范围内实测离层随时间的变化可表示为：

$$u = 24.97 \times (1 - e^{-0.03t}) \tag{7-1}$$

反映初次蠕变程度系数 $B_1 = 0.03$，与反映初次蠕变程度系数 $B_1 \approx 0.1$ 比较，相差较大，这主要是由于顶板监测晚于掘进 10d 左右，同时实测离层值中有一定数量的层间离层所致。

距顶板表面 9.0m 范围内实测离层随时间变化的回归方程可表示为：

$$u = 47.34 \times (1 - e^{-0.06t}) \tag{7-2}$$

反映初次蠕变程度系数 $B_1 = 0.06$，与一般条件初次蠕变程度系数 $B_1 \approx 0.1$ 比较，有一定差距，这主要是由于顶板监测晚于掘进 10d 左右所致，工程实测离层值应主要为塑性变形。

以上分析表明：距顶板 0 ~ 3.5m 范围内离层较小，3.5 ~ 4.7m 范围包括层间离层和塑性变形两部分，4.7 ~ 9.0m 范围有较大塑性变形。

（2）2 号孔位置。根据图 7-13(b)的实测结果，2 号孔位置，距顶板 3.5m 及 8.0m 测点位置离层实测值主要呈现层间离层，塑性变形量较小。

（3）3 号孔位置。根据图 7-13(c)的实测结果，离层初期 30d 内 3 号孔距顶板表面 4.7m 位置实测离层随时间变化的回归方程可表示为：

$$u = 41.49 \times (1 - e^{-0.09t}) \tag{7-3}$$

反映初次蠕变程度系数 $B_1 = 0.09$，与一般条件初次蠕变程度系数 $B_1 \approx 0.1$ 比较，有一定差别，实测离层中主要为塑性变形。

离层初期 30d 内 3 号孔距顶板 9.0m 位置实测离层随时间变化的回归方程可表示为：

$$u = 44.24 \times (1 - e^{-0.07t}) \tag{7-4}$$

反映初次蠕变程度系数 $B_1 = 0.07$，与一般条件初次蠕变程度系数 $B_1 \approx 0.1$ 比较，有一定差别，实测总离层主要为塑性变形，但包括一定量层间离层。

根据工程实测结果，距顶板较近范围（0 ~ 3.5m），离层以层间离层为主；距顶板一定范围（3-5 ~ 4.7m）离层主要为塑性变形；距顶板较远范围（4.7 ~ 9.0m），顶板变形以层间离层为主。

7.10.2　顶板离层仪实测数据分析

（1）如图 7-14(a)所示，依据式（2-30）对顶板离层初期 30d 的锚固区内外实测离层进行回归分析，可以得出无论锚固区内外，顶板离层都呈现明显塑性变形，并且30d后塑性变形趋于稳定。虽然工程实测30d后锚固区内外总离层接近20mm，但分离后的层间离层仅mm量级。

（2）如图7-14(b)所示，锚固区内离层呈现明显的层间离层特征；锚固区外离层尽管发展较快，在30d内即达到40.0mm，50d内即接近70.0mm，但回归分析表明塑性变形变化不显著，表明离层仍以层间离层为主。由于40d采用了加固措施，锚固区外层间离层增速变缓，锚固区内离层趋于稳定，锚固区外层间离层仍以一定速度发展。

（3）如图7-14(c)所示，顶板离层初期30d内锚固区内外离层随时间的变化较好满足式（5-10），说明初期锚固区顶板离层以塑性变形为主，并趋于稳定，随后，主要呈现层间离层发展。由于后期加强了支护，层间离层发展变缓。

（4）如图7-14(d)所示，顶板离层过程中锚固区内外都呈现层间离层，0～30d锚固区内层间离层实测值较小，大约为2.0mm，且层间离层随时间的变化趋于稳定。0～30d锚固区外层间离层较大，达7.0mm左右，层间离层以较快速度增长。

（5）如图7-14(e)所示，离层初期30d内锚固区内外离层以塑性变形为主，30d后实测总离层包括层间离层和塑性变形两部分。

（6）如图7-14(f)、(g)、(h)所示，锚固区内外离层主要呈现层间离层并以较快速度增长。

7.10.3　十字拉线法实测数据分析

如图7-19所示，十字拉线法巷道两帮顶底位移随时间变化的实测结果表明：巷道表面变形呈现显著底鼓，其次为两帮位移，顶板位移相对较小。如图7-19(a)～(c)所示，巷道布置于煤层中，由于离层实测时间晚于巷道掘进时间，顶板典型一次蠕变特征难以表现，离层初期顶板较大塑性变形及层间离层混合在一起，难以区分，但离层后期顶板塑性变形趋于稳定趋势，层间离层有显著加速失稳趋势。如图7-19(d)～(e)所示，顶板离层初期离层随时间的变化中无显著塑性变形，但层间离层呈现不稳定发展趋势。如图7-19(f)～(g)所示，顶板总离层值较小且随时间增长趋于稳定，分析表明，此时顶板离层初期0～30d内较好满足式（2-30），稳定塑性变形不超过10.0mm左右，层间离层不超过1.0mm。

7.11　层间离层分离

（1）KJ327-F型矿压监测分站现场实测层间离层分离。以30d顶板离层为塑性变形，30d后不同时间顶板层间离层用实测总离层与30d时顶板离层实测值差值示之，可以得出各布孔位置不同区段层间离层分布如图7-22所示。

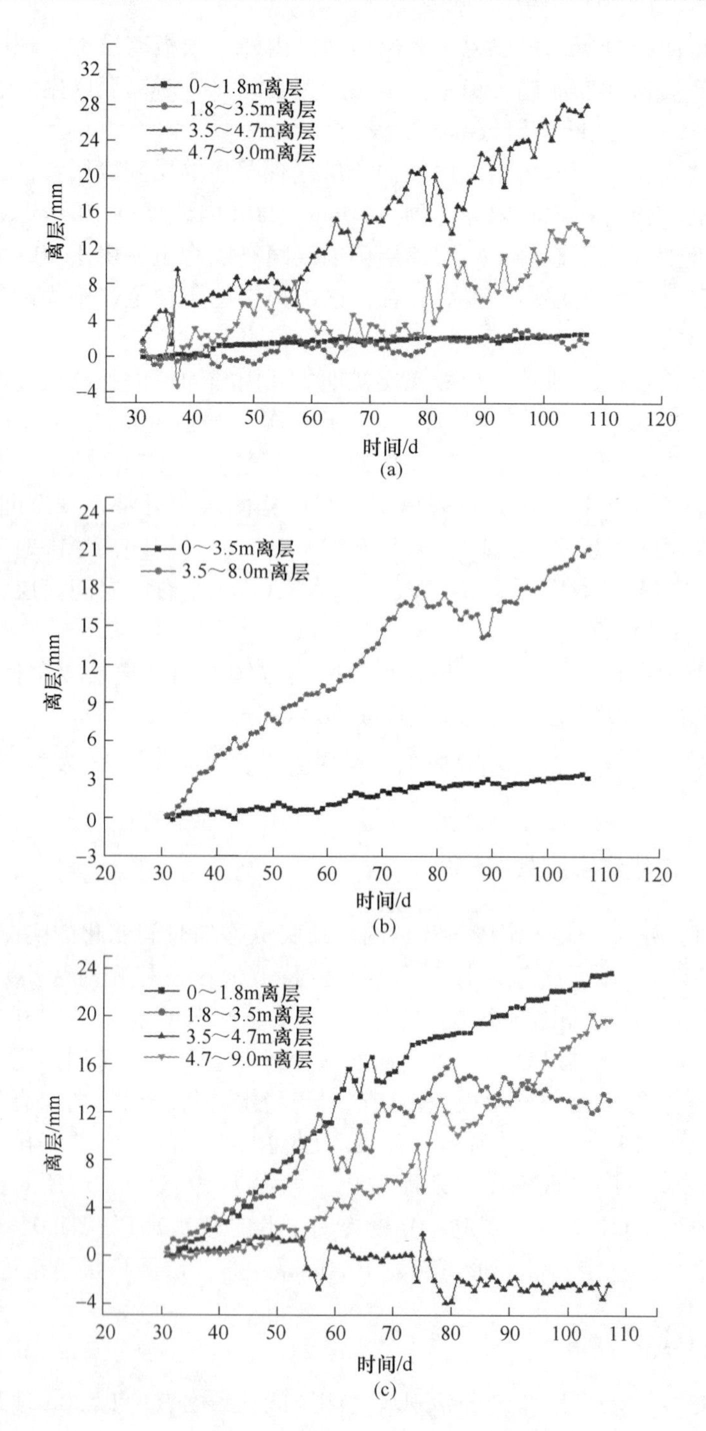

图 7-22 多点位移计实测值中层间离层分离

(a) 1 号孔位置；(b) 2 号孔位置；(c) 3 号孔位置

（2）HBY-300C 型顶板离层仪现场实测层间离层分离。顶板离层仪实测的锚固区内外离层值中层间离层分离如图 7-23 所示。

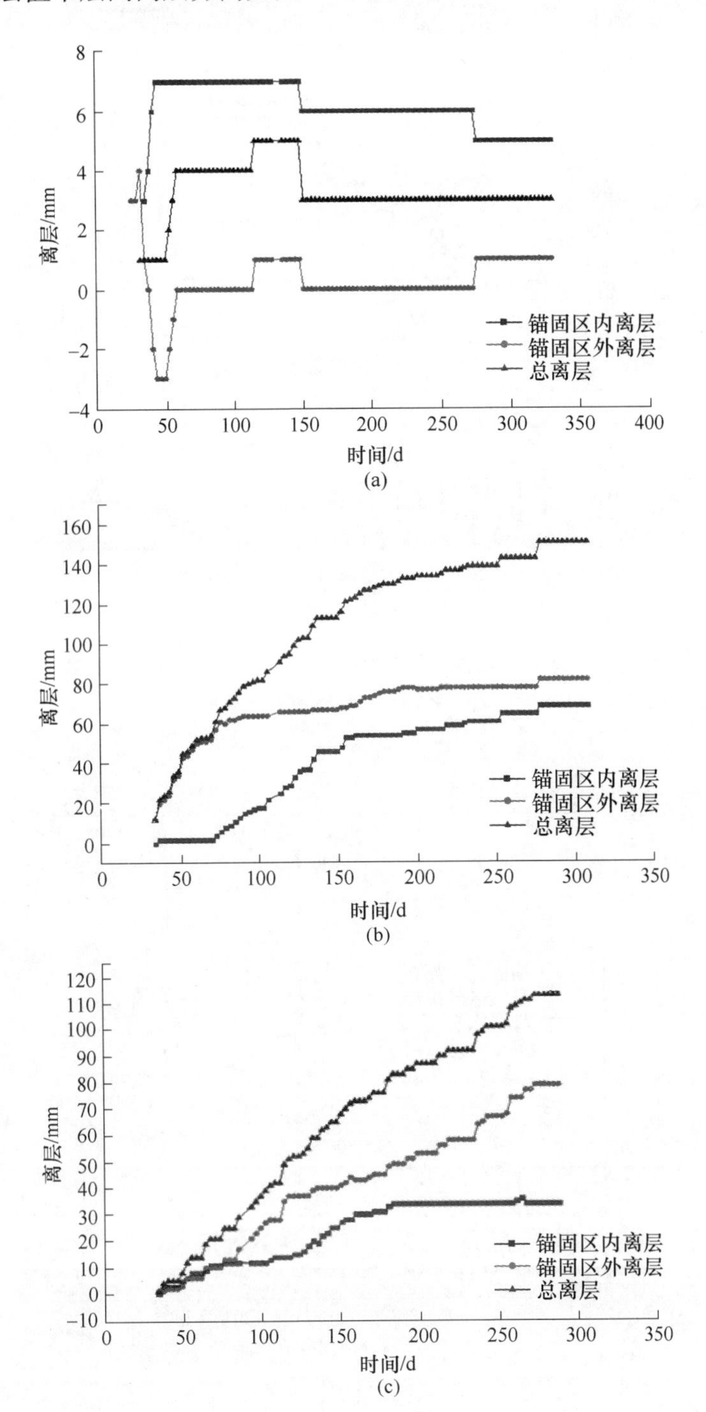

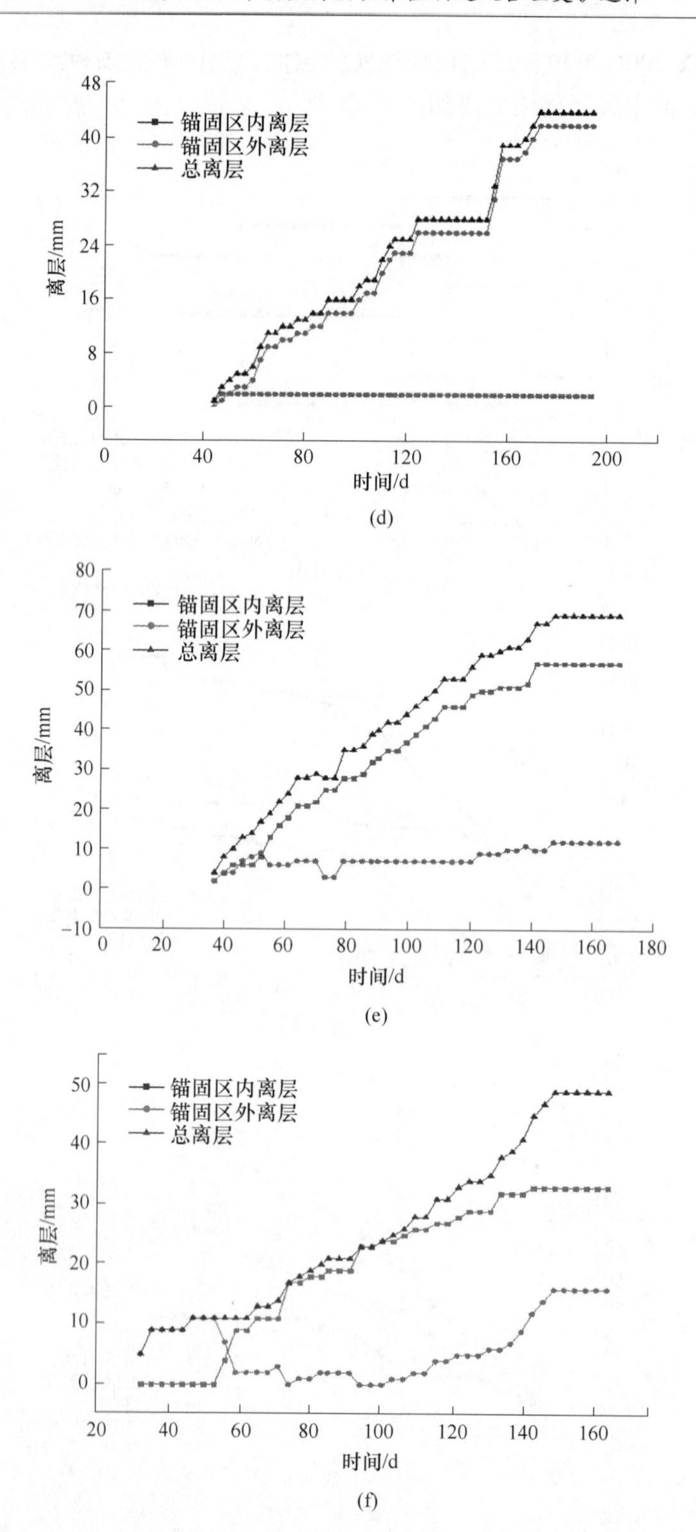
锚固区内离层
锚固区外离层
总离层
离层/mm
时间/d
(d)
锚固区内离层
锚固区外离层
总离层
离层/mm
时间/d
(e)
锚固区内离层
锚固区外离层
总离层
离层/mm
时间/d
(f)

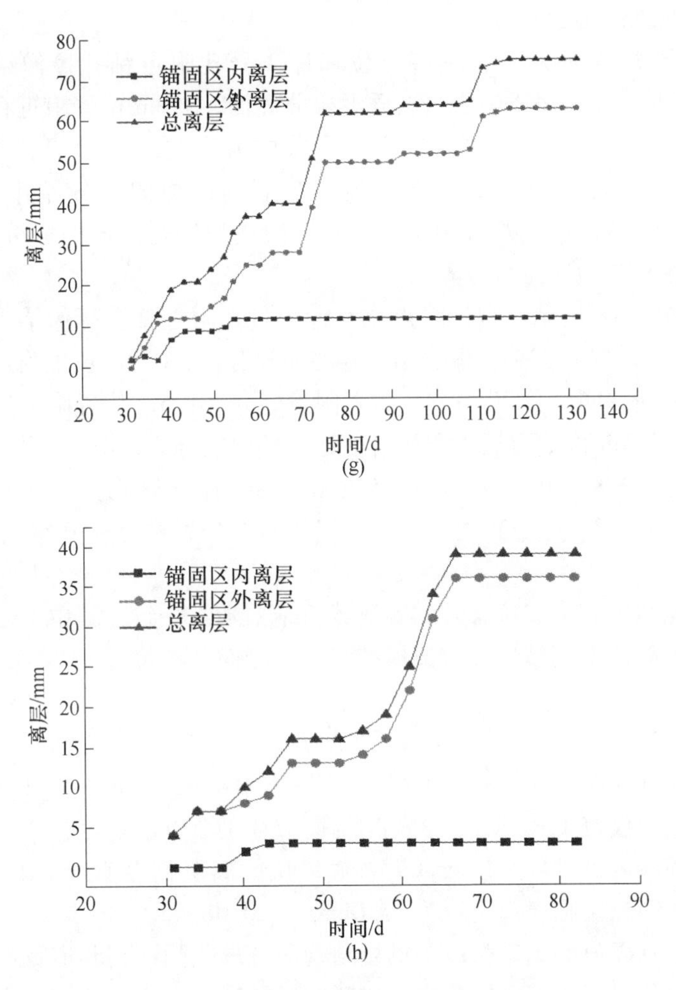

图 7-23 顶板离层仪锚固区内外离层实测值中层间离层分离

(a) 拨门位置;(b) 拨门向里 60.0m 位置

(c) 拨门向里 120.0m 位置;(d) 拨门向里 170.0m 位置

(e) 拨门向里 220.0m 位置;(f) 拨门向里 270.0m 位置

(g) 拨门向里 320.0m 位置;(h) 拨门向里 390.0m 位置

7.12 钻孔摄像法对分析结果验证

根据多点位移计安装位置附近钻孔摄像结果,可以看出:

(1) 如图 7-16 所示,根据多点位移计 1 号孔附近钻孔摄像结果:距顶板 1.6m 位置附近,存在砂岩与砂质泥岩分界面;3.7m 位置附近,存在砂质泥岩与碳质泥岩结构面并有明显破碎。4.0m 位置存在碳质泥岩与砂岩的结构面并明显分离,5.9m 位置附近存在砂岩与碳质泥岩交界面并有分离趋势,7.0m 位置存在砂岩与砂质泥岩结构面。

（2）如图7-17所示，根据多点位移计2号孔附近钻孔摄像结果：距顶板2.8m位置附近，存在泥质砂岩与碳质泥岩分界面，3.0m位置附近存在泥质砂岩与碳质泥岩分界面，4.5m位置附近存在碳质泥岩与砂岩分界面并分离明显，5.0m位置附近砂岩破裂，5.5m位置附近砂岩与砂质泥岩分界并有分离趋势，6.0m位置附近砂岩有破裂。7.0m位置附近砂质泥岩与碳质泥岩分界，7.5m位置附近碳质泥岩与砂质泥岩分界。

（3）如图7-18所示，根据多点位移计3号孔附近钻孔摄像结果：距顶板约0.45m、0.55m位置附近碳质泥岩中，存在明显分离；0.8m位置附近碳质泥岩与砂岩存在分界面并明显分离；1.2m位置附近砂岩、1.5m位置附近砂质泥岩中存在纵向裂隙；1.5m位置附近砂质泥岩中存在环向裂隙，1.8m位置附近砂质泥岩中有分离趋势，2.8m位置附近存在砂质泥岩与煤体分界面并有分离趋势，3.0m位置附近为煤层，3.3m位置附近存在煤线与砂岩分界并存在分离，4.5m位置附近为砂岩与细砂。

钻孔摄像结果和多点位移计的实测分析结果基本一致。其中1号孔钻孔摄像结果、多点位移计实测结果、数值模拟结果三方面基本符合。

7.13 口孜东矿11-2煤巷道顶板层间离层临界值确定

根据地质柱状图以及钻孔取芯摄像工程实测结果，巷道布置于11-2煤层中，锚固区内结构面仅有1个，锚固区外结构面应在4个以上。尽管巷道两帮为软弱煤层以及锚固区内关键层厚度较薄对锚固区层间离层临界值产生影响但不显著，锚固区内外层间离层临界值可取为15.0mm及20.0mm。

层间离层临界值的确定是以关键层结构面分离范围达到巷道宽度一半来确定的，关键层中危岩还未形成，危岩形成脱落后的层间离层应比该值大，因此，层间离层临界值的选取偏于安全，层间离层达到该临界值时，虽然还未脱落分离，但随时间演化，最终有失稳趋势，在此临界点进行加强支护可以及时有效阻止层间离层不稳定发展趋势。

数值模拟及工程实测表明深部巷道顶板有较为显著的塑性变形，特别是巷道布置于煤层中，应将总离层中塑性变形除去后再确定层间离层。

7.14 口孜东矿11-2煤巷道顶板塑性变形临界值确定

深部开采围岩松动破裂后仍具有一定承载力，容许围岩产生一定范围内的松动破裂，但松动圈厚度及破碎程度必须控制在一定范围内。围岩表面变形与松动破碎紧密相关，由于围岩表面变形工程易测，工程中可以通过确定围岩表面变形临界值，比较围岩表面变形与临界值来推断围岩塑性变形稳定性，为做到对顶板塑性变形稳定性进行早期判别，选择30d顶板塑性变形容许值作为临界值。煤矿开采深度超过600m后即进入深部开采，巷道埋置深度、巷道断面及支护对塑性变形临界值影响不显著，围岩岩性显著影响临界值的大小，可根据围岩岩性选择表面变形临界值。已有研究成果表明：围岩岩性为砂岩时，表面变形临界值为50.0mm；围岩岩性为泥质砂岩和砂质泥岩时，表面变形临界值取60.0mm；围岩岩性为泥岩时，表面变形临界值取75.0mm；围岩岩性为煤时，表面变形临界值取100.0mm。

巷道布置煤层中，顶板有一定厚度的松散煤层，以煤岩为主，综合考虑其他岩性塑性变形临界值，可取顶板塑性变形临界值为80.0mm，其中锚固区内顶板塑性变形临界值为40mm，锚固区外顶板塑性变形临界值为40.0mm；巷道布置在煤层顶板中，顶板岩性以砂岩为主，并有泥岩、砂质泥岩及泥质砂岩等组分，可取顶板塑性变形临界值为50.0mm，其中锚固区内顶板塑性变形临界值为20.0mm，锚固区外顶板塑性变形临界值为30.0mm。

7.15 口孜东矿11-2煤巷道顶板离层临界值确定

工程中一般采用锚固区内离层（锚固区内塑性变形与层间离层之和）、锚固区外离层（锚固区外塑性变形与层间离层之和）、顶板总离层（锚固区内外离层之和）来判断顶板离层稳定性。根据锚固区内外塑性变形及层间离层临界值可以得到不同条件的顶板离层临界值为：巷道布置在煤层中，锚固区内离层临界值可取55.0mm，锚固区外离层临界值可取60.0mm，锚固区内外总离层临界值可取115.0mm。

7.16 口孜东矿11-2煤巷道顶板离层稳定性判别

在比较锚固区内外离层实测值、锚固区内外总离层实测值与锚固区内外离层临界值、锚固区内外总离层临界值来判断锚固区内外离层稳定性的同时，为了更加准确地判断层间离层及塑性变形稳定性，以便选择相应支护形式及参数来保持顶板离层稳定，应根据巷道顶板塑性变形及层间离层随时间变化的不同特点，在顶板变形初期30d内主要采用锚固区内外塑性变形临界值与锚固区内外离层实测值比较来判断顶板塑性变形稳定性，在顶板变形30d后主要采用锚固区内外层间离层临界值与30d后锚固区内外离层增加值的比较来判断锚固区内外层间离层的稳定性。

7.17 巷道顶板合理支护形式及参数分析

7.17.1 巷道顶板离层特征分析

根据十字拉线法、多点位移计、顶板离层仪及钻孔摄像实测结果，可以得出：

（1）与巷道帮部表面位移及底鼓比较，顶板总离层量较小。

（2）顶板离层包括顶板塑性变形及层间离层两部分。尽管顶板塑性变形量占总离层较大，但由于临界值较大（最大可达到100.0mm），大部分地段塑性变形基本保持稳定；尽管顶板层间离层占总离层比例较小，但由于层间离层临界值较小（在10.0mm量级），结构面关键层难以保持稳定。顶板离层不稳定主要由结构面层间离层不稳定引起。

（3）巷道位于煤层中，由于两帮岩性由软弱煤体改变为强度较高的岩石，顶板塑性变形量减小，更趋于稳定；层间离层量也有一定程度的减少，但大部分地段关键层结构面仍有不稳定发展趋势。

（4）顶板结构面层间离层不稳定的产生和发展主要是从关键层开始的，合理支护（主要锚杆索支护）应重点加强对关键层的支护，保持关键层稳定。

（5）顶板岩层组成影响关键层位置及不稳定发展趋势，顶板关键层主要由岩层距巷道顶板高度、岩层厚度及岩层力学性质确定。临近巷道软弱薄层部位易产生不稳定层间离层。

（6）顶板地质条件多变，应根据地质条件变化，分析锚固区内外不同形式的失稳从而选择不同的支护形式及参数。

（7）巷道锚杆索支护参数影响关键层位置及关键层层间离层稳定性，锚杆索预紧力对层间离层的影响最为显著。

（8）深部软弱煤岩巷道复合顶板关键层结构面分离主要是由结构面中部法向拉应力引起的，应重点加强关键层结构面中部支护，保持层间离层稳定。

7.17.2　深部软弱煤岩巷道复合顶板合理支护形式及参数选择

7.17.2.1　巷道复合顶板合理支护形式

由于巷道顶板离层主要是由层间离层不稳定产生的，塑性变形基本稳定，预紧力是保持层间离层稳定最关键的因素，合理支护应能有效提供预紧力。锚杆索支护可以主动及时提供预紧力；金属支架支护为不能有效提供预紧力的被动支护；为提供较大预紧力有效阻止层间离层不稳定，应选择锚杆索支护形式。

7.17.2.2　巷道顶板锚网索合理支护参数选择

（1）应根据地质条件变化，动态选择顶板锚网索支护参数。与顶板塑性扩容碎胀失稳特征不同，复合顶板组成（岩层厚度及岩性改变）即地质条件变化对顶板关键层位置及层间离层稳定产生最为显著的影响，锚杆（索）支护参数必须随地质条件变化及时改变，保持整个巷道围岩稳定。钻孔取芯及钻孔摄像实测结果表明本巷道顶板地质条件多变，如多点位移计1、2、3号钻孔位置距离较近，但巷道顶板岩层组成及岩性分布差别较大。相同锚杆索支护参数必然使顶板产生不同形式的层间离层失稳。如多点位移计 1 号孔位置关键层为 3.5 ~4.7m 范围岩层；3 号孔位置关键层为 0 ~1.8m 及 4.7 ~9.0m 范围岩层；顶板离层仪实测结果中关键层有位于锚固区内的，也有位于锚固区外的，还有位于锚固区内外的。应根据地质条件的变化"动态"选择合理锚杆索支护参数。

（2）应选择合理初次支护、合理时机的"动态"二次支护。根据地质条件变化及时调整锚网索支护参数，工程不易实现。可以根据工程一般地质条件，选择较为合理的初次支护；随后，加强对锚固区内外离层"动态"监测，通过比较锚固区内外离层实测值与临界值来及时选择锚杆索合理二次支护参数来保持顶板离层稳定。合理二次支护时机选择尤为重要，离层临界值选择过大，二次支护时机选择过迟，顶板离层已进入不稳定分离失稳阶段，即使加大二次支护强度，也难以保持层间离层稳定。合理二次支护时机一般在巷道掘进后 60d 左右。

（3）合理锚杆初次支护参数。根据煤层顶板地质柱状图确定巷道顶板一般地质条件，选择合理锚杆索支护参数。锚杆支护参数确定以控制顶板塑性变形及锚固区内层间离层，锚索支护参数确定以控制锚固区外层间离层。

参考文献

[1] 姜耀东，刘文岗，赵毅鑫，等．开滦矿区深部开采中巷道围岩稳定性研究［J］岩石力学与工程学报，2005，24（11）：1857～1862.

[2] 陈建功，贺虎，张永兴．巷道围岩松动圈形成机理的动静力学解析［J］．岩土工程学报，2011，12：1964～1968.

[3] 吴德义，程桦．软岩允许变形合理值现场估算［J］．岩土工程学报，2008，30（7）：1029～1032.

[4] 宋宏伟，贾颖绚，段艳燕．开挖中的围岩破裂性质与支护对象研究［J］．中国矿业大学学报，2006，35（2）：192～196.

[5] 黄文忠，王卫军，余伟健．深部高应力碎胀围岩二次支护参数研究［J］．采矿与安全工程学报，2013，30（5）：660～672.

[6] 吴德义．新集矿区全煤巷道合理支护形式及参数研究［J］．建井技术，2000，30（5）：25～27，34.

[7] 靖洪文，李元海，梁军起，等．钻孔摄像测试围岩松动圈的机理与实践［J］．中国矿业大学学报，2009，38（5）：645～649.

[8] 康红普，司林坡，苏波．煤岩体钻孔结构观测方法及应用［J］．煤炭学报，2012，3（12）：1949～1956.

[9] 牛双建，靖洪文，杨大方，王建文．深部巷道破裂围岩强度衰减模型及其在 FLAC～（3D）中的实现［J］．采矿与安全工程学报，2014，04：601～606.

[10] 陈坤福．深部巷道围岩破裂演化过程及其控制机理研究与应用［D］．中国矿业大学，2009.

[11] 康勇，李晓红，杨春和．深埋隧道围岩损伤破坏模式的数值试验研究［J］．岩石力学与工程学报，2007，26（3）：21～23.

[12] Diering D H. Tunnels under pressure in an ultra-deep Wifwatersrand gold mine［J］. Journal of the South African Institute of Mining and Metallurgy，2000，100：319～324.

[13] 徐坤，王志杰，孟祥磊，等．深部隧道围岩松动圈探测技术研究与数值模拟分析［J］．岩土力学，2013，34（增2）：464～470.

[14] 朱合华，黄锋，徐前卫．变埋深下软弱破碎隧道围岩渐进性破坏试验与数值模拟［J］．岩石力学与工程学报，2010，06：1113～1122.

[15] 庞建勇，郭兰波，刘松玉．高应力巷道局部弱支护机理分析［J］．岩石力学与工程学报，2004，23（12）：2001～2004.

[16] 王汉鹏，李术才，李为腾，等．深部厚煤层回采巷道围岩破坏机制及支护优化［J］．采矿与安全工程学报，2012，29（5）：631～636.

[17] 吴子科，王文斌．层状顶板煤巷锚杆预紧力的作用分析［J］．矿业安全与环保，2008，35（5）：47～49.

[18] 吴德义，王爱兰，杨蔡君．金属梯形棚支架棚腿底部合理约束确定［J］．广西大学学报（自然科学版）.

[19] 孔德森．深部巷道围岩稳定性预测与锚杆支护优化［J］．矿山压力与顶板管理，2002，

19 (02): 29 ~ 31, 33.

[20] 马世志，张茂林，靖洪文．巷道围岩稳定性分类方法评述 [J]. 建井技术，2004. 25 (5): 24 ~ 27, 43.

[21] 柏建彪，侯朝炯．深部巷道围岩控制原理与应用研究 [J]. 中国矿业大学学报 .2006, 35 (2): 145 ~ 148.

[22] 何满朝，张国锋，齐干，等．夹河矿深部煤巷围岩稳定性控制技术研究 [J]. 采矿与安全工程学报，2007，24 (1): 27 ~ 31.

[23] 靖洪文，李元海．深埋巷道破裂围岩位移分析 [J]. 中国矿业大学学报，2006，35 (5): 565 ~ 570.

[24] 樊克恭，蒋金泉．弱结构巷道围岩变形破坏与非均称控制机理 [J]. 中国矿业大学学报，2007，36 (1): 54 ~ 59.

[25] 姚国圣．软岩巷道围岩扩容 - 塑性软化变形及有限元分析 [D]. 西安科技大学，2006: 37 ~ 45.

[26] 朱维申，何满潮．复杂条件下围岩稳定性与岩体动态施工力学 [M]. 北京：科学出版社，1995.

[27] 李世辉．隧道支护设计新论 [M]. 北京：科学出版社，1999.

[28] Jaeger J C，COOK N G W，岩石力学基础 [M]. 北京：科学出版社，1981.

[29] 于学馥．地下围岩稳定性分析 [M]. 北京：煤炭工业出版社，1988.

[30] 李书民，张奇．软岩巷道支护试验研究 [J]. 建井技术，2000，21 (02): 27 ~ 29.

[31] 唐义明．潘三矿软岩巷道联合支护技术 [J]. 矿山压力与顶板管理，2003，20 (01): 8 ~ 9.

[32] 靖洪文，安毅．锚杆支护理论的探讨 [J]. 建井技术，1998，19 (04): 30 ~ 32, 33.

[33] 陈庆敏，郭松．煤巷锚杆支护新理论与设计方法 [J]. 矿山压力与顶板管理，2003，19 (01): 12 ~ 15.

[34] 侯朝炯．煤巷锚杆支护的关键理论与技术 [J]. 矿山压力与顶板管理，2002，19 (01): 2 ~ 5.

[35] 沈运才．刚性梁理论在煤巷锚杆支护中的应用 [J]. 矿山压力与顶板管理，2003，20 (02): 41 ~ 42, 86.

[36] 高明中．煤巷锚杆支护对动压适应性的探讨 [J]. 建井技术，2002，23 (05): 23 ~ 26.

[37] 李德忠，何重伦．三软回采巷道锚杆支护参数的选择 [J]. 建井技术，2003，24 (01): 30 ~ 32, 29.

[38] 余荣强．困难条件下煤巷锚杆支护技术研究 [J]. 矿山压力与顶板管理，2004，13 (06): 28 ~ 29.

[39] 王连国，李明远，毕善军，等．高应力构造复杂区煤巷锚注支护试验研究 [J]. 矿山压力与顶板管理，2004，21 (01): 2 ~ 4.

[40] 许兴亮，孙明来．预应力锚杆支护技术对两帮的效用分析 [J]. 矿山压力与顶板管理，2004，21 (02): 71 ~ 72.

[41] 杨建辉，王伟堂，夏建中．煤巷层状顶板锚杆组合铰接拱支护机理数值模拟研究 [J]. 煤炭科学技术，2004，32 (06): 65 ~ 67, 52.

[42] 赵岩峰．极松散全煤巷道顶板全锚索支护技术的应用 [J]．煤炭科学技术，2002，30 (11)：33～36.

[43] 勾攀峰．极软煤层复合顶板回采巷道锚杆支护技术 [J]．建井技术，2000，21 (04)：19～22.

[44] 陈玉萍，张生华．软岩巷道二次支护最佳时间的研究 [J]．矿山压力与顶板管理，2003，20 (02)：56～58.

[45] 石伟，邹德蕴．深井软岩巷道围岩二次支护新技术 [J]．矿山压力与顶板管理，2003，20 (1)：28～29.

[46] 常玉林，程乐团．井下深部大巷锚索和注浆联合支护 [J]．矿山压力与顶板管理，2003，20 (02)：27～28，31.

[47] 卢爱红．软岩巷道的时间效益模拟 [J]．矿山压力与顶板管理，2004，21 (03)：1～3，7.

[48] 黄超，章烈敏．一起典型煤锚巷道冒顶的调查 [J]．矿山压力与顶板管理，2004，21 (4)：88～89，72.

[49] 鞠文君，刘东才．锚杆支护巷道顶板离层界限确定方法 [J]．煤炭科学技术，2001，29 (4)：27～29.

[50] 王诚，高谦，李月．锚杆支护巷道顶板离层的现场监测与分析 [J]．矿业工程，2006，4 (6)：29～31.

[51] 李唐山，黄侃．锚梁网巷顶板离层机理和观测数据处理 [J]．煤矿开采，2003，8 (1)：49～50，55.

[52] 刘立，梁伟，李月，等．岩体层面力学特性对层状复合岩体影响 [J]．采矿与安全工程学报，2006，23 (2)：187～191.

[53] 孔恒，马念杰．基于顶板离层监测的锚固巷道稳定性控制 [J]．中国安全科学学报，2002，12 (3)：55～58.

[54] 顾士坦，王春秋，赵同彬，等．锚杆支护巷道顶板稳定性潜力分析及应用 [J]．山东科技大学学报，2003，22 (3)：4～6.

[55] 蔡美锋．岩石力学与工程 [M]．科学出版社，2002.

[56] 贾剑青，王宏图，李晓红，等．深埋隧道软硬交替复合顶板岩体变形破坏分析．岩土力学，2005，26 (06)：937～940，950.

[57] 张百胜，康力勋，杨双锁．大断面全煤巷道层状顶板离层变形模拟研究 [J]．采矿与安全工程学报，2006，23 (3)：264～267.

[58] MENG Xiang-rui，GAO Zhao-ning. Breakability analysis of the elastic rock beam based on the winkler mode [J]. Journal of coal science & engineering，2007，13 (2)：118～122.

[59] SHOU Gen-chen，Hua-gu. Numerical simulation of bed separation development and grout injecting into separations [J]. Geotech Geol Eng，2008，26 (3)：375～385.

[60] Gregory Molinda. Reinforcing Coal Mine Roof with Polyurethane Injection [J]. Geotech Geol Eng，2008，26 (5)：553～566.

[61] LIN S. Displacement discontinuities and stress changes between roof strata and their influence on longwall mining under aquifers [J]. Geotechnical and Geological Engineering，1993，1 (3)：

37 ~ 50.
[62] 罗武贤. 煤巷锚杆支护技术在复合顶板巷道中的应用 [J]. 建井技术，2000，21 (03)：21 ~ 22.
[63] 宋彦波，裴英敏. 测力锚杆力学原理及其应用 [J]. 煤炭科学技术，1999，23 (07)：42 ~ 43.
[64] 赵海云. 全长测力锚杆的标定与分析 [J]. 煤炭科学技术，2003，31 (01)：21 ~ 23.
[65] 赵奇. 淮北矿区煤巷锚杆支护安全质量保障体系 [J]. 矿山压力与顶板管理，2004，21 (2)：73 ~ 74，76.

冶金工业出版社部分图书推荐

书　名	作　者		定价(元)
中国冶金百科全书·采矿卷	本书编委会	编	180.00
中国冶金百科全书·选矿卷	编委会	编	140.00
选矿工程师手册(共4册)	孙传尧	主编	950.00
金属及矿产品深加工	戴永年	等著	118.00
露天矿开采方案优化——理论、模型、算法及其应用	王　青	著	40.00
金属矿床露天转地下协同开采技术	任凤玉	著	30.00
选矿试验研究与产业化	朱俊士	等编	138.00
金属矿山采空区灾害防治技术	宋卫东	等著	45.00
尾砂固结排放技术	侯运炳	等著	59.00
地质学(第5版)(国规教材)	徐九华	主编	48.00
碎矿与磨矿(第3版)(国规教材)	段希祥	主编	35.00
选矿厂设计(本科教材)	魏德洲	主编	40.00
现代充填理论与技术(第2版)(本科教材)	蔡嗣经	编著	28.00
金属矿床地下开采(第3版)(本科教材)	任凤玉	主编	58.00
边坡工程(本科教材)	吴顺川	主编	59.00
爆破理论与技术基础(本科教材)	璩世杰	编	45.00
矿物加工过程检测与控制技术(本科教材)	邓海波	等编	36.00
矿山岩石力学(第2版)(本科教材)	李俊平	主编	58.00
金属矿床地下开采采矿方法设计指导书(本科教材)	徐　帅	主编	50.00
新编选矿概论(本科教材)	魏德洲	主编	26.00
固体物料分选学(第3版)	魏德洲	主编	60.00
选矿数学模型(本科教材)	王泽红	等编	49.00
磁电选矿(第2版)(本科教材)	袁致涛	等编	39.00
采矿工程概论(本科教材)	黄志安	等编	39.00
矿产资源综合利用(高校教材)	张　佶	主编	30.00
选矿试验与生产检测(高校教材)	李志章	主编	28.00
选矿概论(高职高专教材)	于春梅	主编	20.00
选矿原理与工艺(高职高专教材)	于春梅	主编	28.00
矿石可选性试验(高职高专教材)	于春梅	主编	30.00
选矿厂辅助设备与设施(高职高专教材)	周晓四	主编	28.00
矿山企业管理(第2版)(高职高专教材)	陈国山	等编	39.00
露天矿开采技术(第2版)(职教国规教材)	夏建波	主编	35.00
井巷设计与施工(第2版)(职教国规教材)	李长权	主编	35.00
工程爆破(第3版)(职教国规教材)	翁春林	主编	35.00
金属矿床地下开采(高职高专教材)	李建波	主编	42.00